Материалы III международной научно-практической

конференции

Актуальные направления фундаментальных и прикладных исследований

13-14 марта 2014 г.

North Charleston, USA

Том 2

УДК 4+37+51+53+54+55+57+91+61+159.9+316+62+101+330

ББК 72

ISBN: 978-1497446410

В сборнике представлены материалы докладов III международной научно-практической конференции   " Актуальные направления фундаментальных и прикладных исследований "

Все статьи представлены в авторской редакции.

Содержание
Архитектура

Биологические науки

Географические науки

Исторические науки

Содержание

Культурология

Медицинские науки

Науки о земле

Педагогические науки

Содержание

Психологические науки

Социологические науки

Технические науки

Содержание

Физико-математические науки

Филологические науки

Философские науки

Химические науки

Экономические науки

Содержание

Юридические науки

Банцерова О.Л.
кандидат архитектуры, доцент, профессор кафедры «Проектирование зданий и градостроительство» ФГБОУ ВПО «Московский государственный строительный университет»
Арсланбекова Т.В.
старший преподаватель кафедры «Проектирование зданий и градостроительство» ФГБОУ ВПО «Московский государственный строительный университет»

ОПЫТ ПРОЕКТИРОВАНИЯ ПРОСТРАНСТВА ЖИЛОГО ДОМА С УЧЕТОМ ДУХОВНОГО РАЗВИТИЯ СЕМЬИ

Современное малоэтажное домостроение в России развивается быстрыми темпами. Активно осваиваются новые территории в основном под строительство коттеджных поселков с жилыми домами различных типов: индивидуальными усадебного типа, таун-хаусами, дуплексами. Этому способствует в том числе и ряд государственных программ по поддержке строительства доступного жилья [1]. Но в проектировании и строительстве малоэтажного жилья в основном учитываются санитарно-гигиенические, функциональные и инженерно-технические требования в создании комфортной среды [2]. Таким образом, в понятие комфортности жилища входят компоненты, связанные с физическими потребностями человека, например, обеспечение нормативной площади помещений, их естественной освещенности, санитарно-гигиеническим обслуживанием, функциональной взаимосвязи помещений, использованием энергоэффективных технологий и т.п. [3]. Но при таком понимании комфорта не учитывается ряд значимых потребностей человека. Например, согласно теории А.Маслоу физические потребности человека являются базовыми и помимо них существуют потребности в безопастности, любви, признании, познании, эстетическая потребность и как высшая потребность – потребность в самоактуализации как реализации своих целей, способностей, развития собственной личности [4].

Это привело к тому, что в современных условиях жилищного строительства оказался утерянным богатый опыт культур различных регионов мира по формированию архитектурно-пространственной среды, связанной с развитием личности и духовности человека [5, 6, 7, 8]. Реализация задач личностного и духовного развития человека в пространстве жилища неразрывно связана с ролью его ближайшего социального окружения. Причем каждому возрасту характерно решение своих возрастных задач развития [9]. Показано, что в особенности на первых этапах жизни человека, семья как ближайшее социальное окружение, удовлетворяет его потребности в принятии, признании, защите, эмоциональной поддержке, уважении [9, 10, 11, 12]. В семье человек приобретает первый опыт социального и эмоционального взаимодействия. В том числе для ребенка в семье создается зона ближайшего развития, что позволяет ему реализовать свои потенциальные возможности в сотрудничестве с взрослыми [13].

Сложившаяся система архитектурно-планировочной организации жилого дома и его функциональное зонирование не предусматривает пространство для развития личности ребёнка. Жилое пространство должно обеспечить определенные условия для самоактуализации и всестороннего развития всех ее членов. В трудах по архитектуре и градостроительству встречается такое понятие как «духовный центр» пространства дома, который как раз и способствует актуализации потенциала развития личности человека [5]. Система архитектурно-строительного проектирования сегодня нацелена на энергоэффективность и экологизацию как внешней градостроительной среды, так и внутренней структуры здания, что, несомненно, важно и актуально при проектировании [14]. Но вместе с тем анализ объемно-пространственного решения современного жилого дома показывает, что функция духовного центра в нем не реализуется.

Жилище призвано сыграть важную роль в сохранении и передаче семейных ценностей и традиций, дать каждому члену семьи возможность получения и проявления эмоциональной близости, любви, принятия, поддержки архитектурно-пространственными средствами.

Композиционные решения, такие как ритмика, пропорционирование, колористика, а также формы элементов предметного мира являются тем инструментарием, с помощью которого создается смысловое и содержательное наполнение архитектурного пространства. Например, даже форма круглого стола помогает собирать всех членов семьи для общей деятельности [15].

Вопросам поиска решений создания «духовного центра» пространства жилого дома архитектурно-планировочными средствами посвящен ряд архитектурных проектов, выполненных в рамках антропо-центрированного подхода в направлении устойчивой архитектуры [2].

Разработке модели функционально-планировочной организации жилого дома антропо-центрированного типа посвящен дипломный проект "Коттеджный посёлок "Вишнёвый сад", выполненный студентами Н.Янковой, Е.Николаевой под руководством кандидата архитектуры, профессора О.Л.Банцеровой и старшего преподавателя кафедры "Проектирование зданий и градостроительство" Т.В.Арсланбековой (2013 г.).

В процессе дипломного проектирования разработаны несколько типов малоэтажных жилых домов.

Жилые дома отличаются друг от друга общей площадью, размерами участка и степенью комфортности. Они получили названия: "Аркадина", "Раневская", "Ариадна", "Родэ".

Малоэтажный жилой дом "Аркадина" имеет в своем составе развитый набор помещений, предназначенных для детей разных возрастных групп. Для младшего школьного возраста предусмотрена детская с игровой комнатой, связанной через элемент, названный «капитанский мостик» с верёвочной лестницей, ведущей в зимний сад площадью 14,7 кв. м. Элементы игровой комнаты расположены на разных уровнях. Перемещаясь с уровня на уровень, ребенок преодалевает и осваивает пространство, что значительно обогащает ракурсы восприятия окружающих, локомоции, зрительно-моторная координация и пр. ребенка. Тем самым игровое пространство значительно расширено и многовариантно.

План первого этажа жилого дома дан на рисунке 1.

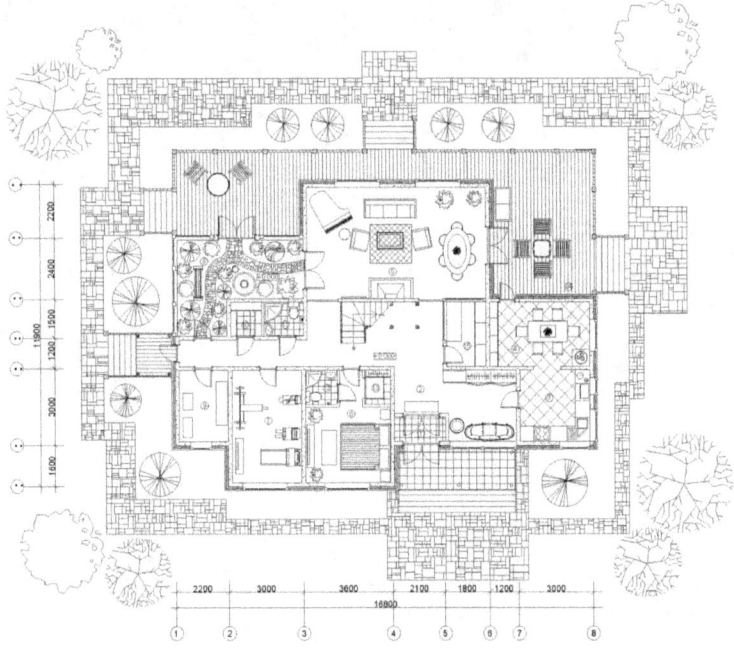

Рис. 1. План первого этажа жилого дома «Аркадина»

Для среднего и старшего возраста запроектирован домашний театр площадью 25,9 кв.м. Подиум сцены в обычное время используется как кабинет с библиотекой, а зона зрительских мест как комната отдыха. Введение в жилое помещение *театрализованного пространства* несет психотерапевтический, развитийный, культурологический, эстетический смысл.

На первом этаже предусмотрена комната с витринами, демонстрирующими предметы, относимые членами семьи к фамильным ценностям. На втором этаже расположен холл-галерея с семейными портретами. Данные пространственные решения направлены на сохранение и объективацию семейной истории в ее преемственности, целостности, единстве.

План второго этажа дан на рисунке 2.

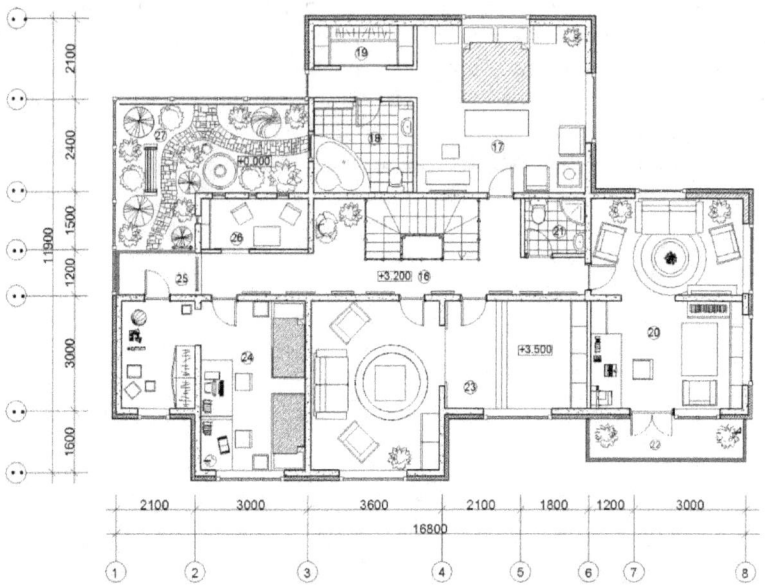

Рис. 2. План второго этажа жилого дома «Аркадина»

Экспликация помещений жилого дома «Аркадина»

№	Наименование	S, м²	№	Наименование	S, м²
1.	Тамбур	2,2	14.	Терраса	48,5
2.	Холл	27,80	15.	Витрина с фамильными ценностями	4,0
3.	Кухня	9,6	16.	Холл-галерея	13,6
4.	Столовая	10,2	17.	Спальня	22,1
5.	Гостиная	30,3	18.	С/у	6,5
6.	Гостевая	15,2	19.	Гардеробная	2,7
7.	Тренажерный зал	11,9	20.	Кабинет с комнатой отдыха	21,8
8.	Зимний сад	14,7	21.	С/у	2,3
9.	Котельная	5,5	22.	Балкон	4,4
10.	Кладовая	1,7	23.	Детский домашний театр	25,9

11.	С/у	2,0	24.	Детская с игровой комнатой	18,0
12.	С/у	1,8	25.	Капитанский мостик с верёвочной лестницей	2,3
13.	Гардеробная	1,4	26.	Потайная комната	3,7
				Итого:	**310,1**

Интересным планировочным решением является предложенная в проекте "потайная комната" – площадью 3,7 кв.м. с верхним освещением. В данном помещении ребёнок имеет возможность уединиться, уйти от излишней пространственной стимуляции, сконцентрироваться.

Жилые помещения предусматривают пространства для физической активности не только в игровой зоне, но и в тренажерном зале и на летней террасе. Предлагаемые зоны вполне могут быть использованы разновозрастными категориями детей, так как являются достаточно универсальными. Более того они представляют интерес и для старшего поколения семьи.

Общий вид дома "Аркадина" представлен на рисунке 3.

Рис. 3. Общий вид жилого дома "Аркадина"

При организации пространства и объемно-планировочном решении малоэтажных жилых домов усадебного типа перед архитектором открываются достаточно большие возможности создания живой планировочной ткани дома с учетом обеспечения потребности человека в духовном развитии, накоплении и передаче подрастающему поколению семейных ценностей и традиций, гармоничному развитию личности.

Исследование взаимосвязи архитектурного пространства и различных социальных институтов достаточно новая междисциплинарная отрасль. Существуют исследования посвященные изучению роли дизайна и планировки помещений, предназначенных для учебной деятельности детей, в эффективности образовательного и воспитательного процессов.

Но данные исследования концентрируются преимущественно на эксплуатационных качествах помещений (Earthman, 2004; Young et al., 2003; Buckley et al., 2004; Fisher, 2001; Schneider, 2002). В частности, показано, у дошкольников более высокие уровни сотрудничества наблюдаются в помещениях с более низкими потолками (Read et al., 1999). Или, например, показано, что цвет стен в классе влияет на продуктивность и аккуратность учащихся, а холодные цвета способствуют концентрации внимания (Engelbrecht, 2003; Brubaker, 1998).

Изучению «психологии пространства» в школьных и дошкольных учреждениях посвящены работы британской исследовательской группы под руководством профессора Гарри Дэниелса [16]. Проект «Дизайн имеет значение? Эффекты школ нового типа на деятельность и восприятие учащихся, учителей, родителей» («Design matters? The effects of new schools on students', teachers' and parents' actions and perceptions») подразумевает тесное сотрудничество архитекторов, дизайнеров и специалистов в области образования.

В исследовании принимают участие пять новых школ, здания которых были построены за последние пять лет. Исследователи наблюдают за детьми по мере того, как они переходят в эти школы из своих начальных школ. Проект будет осуществляться поэтапно на протяжении полутора лет.

В проекте предполагается проанализировать влияние современного дизайна школы на участников образовательного процесса с точки зрения педагогической практики, повседневного использования помещений и конкретных результатов учебного процесса. Школы рассматриваются как деятельностные системы и как меняющиеся семиотические конструкты. В исследовании ставится целью углубление понимания качественных составляющих школьной среды, выдвигая на первый план ключевую роль восприятия и использование пространства учениками, учителями, родителями и другими участниками образовательного процесса. Изучение того, как учителя используют различные пространства для более эффективного обучения, поможет понять, как можно улучшить доступное учителям пространство.

Такое направление работы в решении вопросов пространства и дизайна школ близко нашим научным поискам и означает дальнейший этап работы в области психологии пространства.

Литература

1.   Постановление Правительства Москвы от 10 февраля 2009 г. N 76-ПП О третьем этапе Московской программы "Молодой семье - доступное жилье" на 2009-2011 гг. и заданиях до 2015 г. (в ред. постановлений Правительства Москвы от 08.12.2009 N 1355-ПП, от 02.02.2010 N 88-ПП, от 11.05.2010 N 376-ПП).

2. *Банцерова О.Л., Арсланбекова Т.В.* Проблемы организации архитектурного пространства современного жилого дома, Строительство: наука и образование = Construction: Science and Education. 2012. № 3. С. 87-89.

3. *Табунщиков Ю.А., Бродач М.М., Шилкин Н.В.* Энергоэффективные здания. М.: АВОК-ПРЕСС, 2003. 200 с.

4. *Маслоу А.* Мотивация и личность. СПб.: Питер, 2013 г.

5. *Кристофер Дэй.* Места, где обитает душа (Архитектура и среда как лечебное средство). М. : Ладья, 2000. 280 с.

6. *Шуази О.* Всеобщая история архитектуры. М. : ЭКСМО, 2012. 704 с.

7. *Михайлов Б.П.* Всеобщая история архитектуры. М. : Гос. изд. литературы по строительству. и архитектуре, 1958. 700 с.

8. *Пилявский В.И., Тиц А.А., Ушаков Ю.С.* История русской архитектуры. М.: Архитектура-С, 2003. 512 с.

9. *Эриксон Э.* Детство и общество – Изд. 2-е, перераб. и доп. / Пер. с англ. – СПб.: Ленато, АСТ, Фонд «Университетская книга», 1996. – *592 с.*

10. *Эльконин Д.Б.* Детская психология: учеб. пособие для студ. высш. учеб. заведений / Д. Б. Эльконин; ред.-сост. Б. Д. Эльконин. 4-е изд., стер. М.: Издательский центр «Академия», 2007. 384 с.

11. *Карабанова О.А.* Психология семейных отношений и основы семейного консультирования. М., 2005.

12. *Шведовская А.А.* Специфика позиции родителей при различных типах взаимодействия с детьми дошкольного и младшего школьного возраста // Психологическая наука и образование. 2006. №1. – С. 69-84

13. *Выготский Л.С. К вопросу о психологии и педологии // Культурно-историческая психология. 2007. № 4. – С. 101-112.*

14. *Алексеев Ю.В.* Градостроительные основы развития и реконструкции жилой застройки. М.: АСВ, 2009. 640 с.

15. *Ефимов А.В.* Дизайн архитектурной среды. М.: Архитектура-С, 2005. 354 с.

16. *Harry Daniels.* Design matters? The effects of new schools on students', teachers' and parents' actions and perceptions. Arts and Humanities Research Council - AHRC (2012-2015), The Universities of Bath and Birmingham.

Воробьев В.И. - профессор, доктор биологических наук, заведующий кафедрой ветеринарной медицины Астраханского государственного университета

Воробьев Д.В. - доцент кафедры ветеринарной медицины, доктор биологических наук, Астраханского государственного университета

Захаркина Н.И. – доцент кафедры ветеринарной медицины, кандидат биологических наук Астраханского государственного университета

Полковниченко А.П. – доцент кафедры ветеринарной медицины, кандидат биологических наук Астраханского государственного университета

Казунина Е.Т. – аспирант кафедры ветеринарной медицины Астраханского государственного университета

УРОВЕНЬ СОДЕРЖАНИЯ МАРГАНЦА В ЭКОСИСТЕМАХ РЕГИОНА НИЖНЕЙ ВОЛГИ И ЕГО СОДЕРЖАНИЕ В ОРГАНАХ И ТКАНЯХ ВЕРБЛЮДОВ В БИОГЕОХИМИЧЕСКИХ УСЛОВИЯХ АСТРАХАНСКОЙ ОБЛАСТИ

Определение физиологической нормы состояния организмов остается одним из важнейших вопросов естествознания, будь то биологическое, медицинское, токсикологическое и любое другое исследование.

Известно, что марганец в живом организме имеет физиологическое значение, активизируя деятельность множества ферментов, витаминов, гормонов и участвуя во многих жизненно важных процессах, таких как эритропоэз и образование гемоглобина [2;5;6].

Изучая уровень содержания марганца в организме верблюдов в биогеохимических условиях региона Нижней Волги, мы сочли необходимым изучить гематологические показатели и биохимические параметры сыворотки крови астраханских верблюдов. Была отмечена идентичность аналогичных показателей у верблюдов из других регионов, что свидетельствует о нормальном физиологическом состоянии изучаемых нами животных [9].

Опираясь на результаты работ Воробьева Д.В., Лапшиной Л.Н. (2010), Родионовой Т.Н. (2010) и сопоставляя их с аналогами из черноземной «эталонной» провинции, следует сказать что, регион Нижней Волги можно отнести к району с низким содержанием йода, кобальта и селена в почве, воде и растениях. В растениях был определен уровень марганца, который составил 34,7-83,2 мг/кг сухого вещества [3;4;7;8].

На этом биогеохимическом фоне органы и ткани двугорбого верблюда по уровню содержания марганца располагались в следующей убывающей последовательности: стенка желудка > трубчатая кость > стенка кишечника > печень > кожа с волосяным покровом > стенка прямой кишки > селезенка > почки > головной мозг > скелетные мышцы > сердечная мышца > костный мозг.

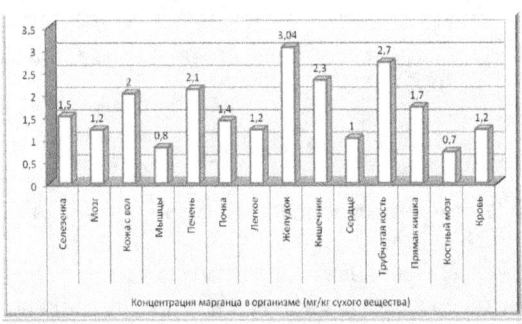

Выяснено что, максимальное содержание марганца было отмечено в стенках желудка (3,04±0,21 мг/кг сухого вещества) и трубчатых костях (2,7±0,11 мг/кг сухого вещества); в коже с волосяным покровом, печени, стенках кишечника, стенках прямой кишки содержание марганца находилось примерно на одном уровне (1,7 -2,3 мг/кг сухого вещества), еще меньше его было в селезенке, головном и спинном мозге, скелетных мышцах, почках, легких, мышцах сердца, крови (1,5– 0,8 мг/кг сухого вещества), что указывает на отсутствие селективности у этих органов к элементу [1] .

Учитывая, что такой физиологический показатель, как уровень содержания функционально важного для организма микроэлемента как марганец в органах и тканях верблюдов до наших работ никем не исследовался, мы лишены возможности сопоставить наши результаты с аналогичными данными из литературы. Однако, сравнивая распределение жизненно необходимого металла – марганца, в органах и тканях, принимающего активное участие в процессах ана- и катаболизма организма с аналогичными показателями других видов жвачных сельскохозяйственных животных, выпасающихся в сходных биогеохимических условиях, можно полагать, что утилизация марганца в организме у всех жвачных, вероятно, достаточно близка [3;5].

Кроме того, были изучены корреляционные связи между марганцем, цинком и медью, а также корреляционная зависимость между макро- и микроэлементами и физиолого-биохимическими показателями крови верблюдов. При анализе корреляционных связей отдельных биохимических показателей сыворотки крови выяснено, что высокая положительная корреляция была отмечена между уровнем содержания марганца и уровнем кальция (r = + 0,9).

Выявленные корреляционные зависимости между марганцем и физиолого-биохимическими показателями крови подчеркивают физиологическую роль изучаемого элемента в организме двугорбых верблюдов, чьи физиологические особенности ранее не изучалась, в том числе в биогеохимических условиях Нижней Волги.

Исследования выполнены при финансовой поддержке РФФИ в рамках научного проекта №14-08-01292а.

Литература

1. Брицке М.Е. Атомно-абсорбционный спектрохимический анализ. – М.: Химия, 1982. – 223с.
2. Виноградов А.П.Основные закономерности в распределении микроэлементов между растением и средой./ Микроэлементы в жизни растений и животных.-М.: Издательство АН СССР,1982,-с.7-20
3. Воробьев, Д.В. Функциональные особенности метаболизма микроэлементов у коров в биогеохимических условиях Нижней Волги /Д.В. Воробьев, Л.Н. Лапшина // ИД «Астраханский университет». - Астрахань. - 2010.- 128 с. - JSBN 978-5-9926-03149-9.
4. Воробьев, В.И. Биогеохимия и рыбоводство / В.И. Воробьев // Саратов. – Изд. Литера, 1993. – 224 с.
5. Георгиевский В.И. // Физиология сельскохозяйственных животных. М.: Агропромиздат, 1990. 511 с.
6. Ковальский А.И. Задачи изучения роли микроэлементов в обмене веществ животных и человека. – В кн. Микроэлементы в СССР. М.: Наука, 1962,вып. 4,с.3-8
7. Ковальский, В.В. Геохимическая экология / В.В. Ковальский. - М.: Наука, 1974. – 372 с.
8. Родионова, Т.Н. Фармакология селенорганического препарата ДАФС-25 и его использование в животноводстве и ветеринарии / Т.Н. Родионова, В.А. Антипов, В.Г. Лазарев. - Саратов, ИЦ «Наука», 2010. – 241с.
9. Селимсултанова Л.А. // Акклиматизация и продуктивность верблюдов калмыцкий бактриан в условиях Карачаево-Черкесской республики // Автореферат – Черкесск, 2010. - С -23.

Беспятых А.В., Кузнецова С.В.
зав. отд. Беспозвоночных зоомузея КФУ; инженер КФУ
andyoctopus@mail.ru, svtkuzn@gmail.com

ТАКСОНОМИЧЕСКАЯ ЗНАЧИМОСТЬ МОРФОЛОГИИ КОГТЕЙ ТАРЗАЛЬНЫХ ЧЛЕНИКОВ ARANEA

Важнейшими структурами, отвечающими за взаимодействие с окружающей средой у членистоногих служат разнообразные рецепторные образования, обеспечивающие животное всем необходимым спектром информации о процессах. происходящих вокруг. При этом механическое взаимодействие с окружающей средой реализуется главным образом конечностями и их всевозможными модификациями [1]. Членистые конечности артикулят служат для передвижения и выполнения целого ряда важнейших функций жизнеобеспечения от охоты и питания до строительства убежищ и размножения.

У пауков конечности и их производные можно объединить в 3 группы: хелицеры и педипальпы, выполняющие функции питания и осеменения (у самцов); ходильные конечности, отвечающие за передвижение, поимку добычи и строительство паутинных конструкций; паутинные бородавки - сильно видоизмененные в процессе эволюции конечности, отвечающие у рецентных форм за синтез паутины и ее использование [3].

В настоящем исследовании мы не касаемся вопросов строения ротовых конечностей и паутинных бородавок и ограничиваемся зучением морфологии когтей тарзальных члеников - самых дистальных участков ходильных конечностей пауков, непосредственно контактирующих с субстратом. Когти тарзальных члеников выполняют ряд важных функций в числе которых - надежная фиксация на различных субстратах, удерживающая функция для поимки добычи и, наконец, наиболее специализированная у разных групп пауков функция, связанная со строительством паутинных конструкций различного назначения и передвижением по паутине [3,188]. Учитывая большое разнообразие форм поведения пауков, тактику охоты, характер использования паутины и многие другие факторы [2] мы предположили неизбежность влияния всех этих факторов на строение когтей тарзальных члеников в различных систематических группах пауков.

Большинство авторов описывают тарзальные членики пауков с точки зрения анализа механизмов, служащих для прикрепления к гладким поверхностям [4;12; 3,25]. При этом когти на тарзальных члениках пауков, которые так важны при осуществлении самых различных функций, остаются вне сферы внимания.

Определение пауков традиционно основывается на сравнении морфологии эпигин самок и педипальп самцов [5, 6]. При этом надежная видовая диагностика становится возможной лишь по зрелым экземплярам. Данные по строению когтей тарзальных члеников - достаточно богатых морфологическими деталями - в определителях не используются. Однако. при современном развитии микроскопической техники, анализ этих, достаточно мелких структур. становится вполне доступным с использованием (наряду со световыми микроскопами) сканирующих электронных микроскопов, работающих в режиме низкого вакуума, например Hitachi TM-1000, TM-3000.

Материалом для исследований послужили пауки из сборов кафедры зоологии беспозвоночных и функциональной гистологии Казанского федерального университета, а также терафозиды из личных коллекций авторов и Хаердинова Н.Н. В общей сложности обработано 78 экземпляров пауков 20 видов из 14 семейств: *Acanthoscurria geniculata* (C.L.Koch, 1841), *Avicularia versicolor* (Walckenaer, 1837), *Brachypelma albopilosum* (Valerio, 1980), *Brachypelma angustum* (Valerio, 1980), *Lasiodora parahybana* (Mello-Leitao, 1921) (Theraphosidae); *Aelurillus v-insignitus* (Clerck, 1757), *Evarcha arcuata* (Clerck, 1757) (Salticidae); *Tibellus oblongus* (Walckenaer, 1802) (Philodromidae); *Latrodectus tredecimguttatus* (Rossi, 1790) (Theridiidae), *Tetragnatha extensa* (Linnaeus, 1758) (Tetragnathidae), *Lycosa singoriensis* (Laxmann, 1770) (Lycosidae); *Allagelena gracilens* (C. L. Koch, 1841) (Agelenidae); *Eresus cinnaberinus* (Olivier, 1789) (Eresidae); *Clubiona caerulescens* (L. Koch, 1867), *Clubiona subsultans* (Thorell, 1875) (Clubionidae); *Pisaura mirabilis* (Clerck, 1757) (Pisauridae); *Araneus diadematus* (Clerck, 1757) (Araneidae); *Haplodrassus cognatus* (Westring, 1861) (Gnaphosidae); *Agroeca proxima* (O. P.-Cambridge, 1871) (Liocranidae); *Xysticus cristatus* (Clerck, 1757) (Thomisidae).

Изучались детали строения когтей и их изменчивость в пределах рассматриваемых семейств. Для исследований отделялись когти тарзальных члеников ходильных конечностей с правой стороны тела паука. Передний и задний когти одной конечности обозначались в соответствии с номенклатурой, предложенной Хиллом [4]. Для обозначения деталей строения когтя была разработана оригинальная номенклатура (рис. 1). В качестве основных нумерических показателей выбраны длина и ширина главного коготка и дистального коготка гребенки (рис. 1). При анализе трехкоготных пауков средний коготь-хук не рассматривался.

Для изучения деталей строения отпрепарованных когтей и микросъемки использовался сканирующий электронный микроскоп Hitachi TM-1000 при увеличениях 100-1200x. Все промеры проводились по микрофотографиям с использованием программы AxioVs40v4.8.2.0.

Установлено, что морфология когтей у представителей разных семейств сильно отличается. Варьирует форма когтя, угол наклона главного когтя относительно основной оси, число дополнительных коготков, их длина и расположение (рис. 2). По нашим данным наиболее отчетливо морфологические структуры, имеющие таксономическое значение, выражены на когтях 3 и 4 пары ходильных конечностей. У большинства исследованных видов морфология переднего и заднего когтей одной конечности принципиально не отличалась за исключением представителей семейств Salticidae и Philodromidae (рис. 2, L, M).

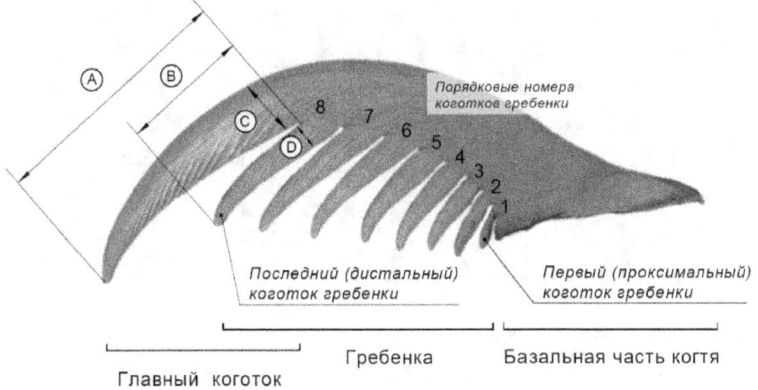

Рис. 1. Детали строения когтя тарзального членика ходильной конечности паука и схема промеров коготков. А - длина главного коготка, В - длина дистального коготка гребенки, С - ширина главного коготка, D - ширина дистального коготка гребенки.

Ниже мы приводим краткую характеристику типичных когтей представителей исследованных семейств.

Семейство Agelenidae (рис. 2, A). Когти вытянутые, с широкой базальной частью. Передний и задний когти одной конечности различаются слабо. Гребенка переднего несет 14-16 узких дополнительных коготков, заднего – 10-11 узких дополнительных коготков. Соотношение длины к ширине главного коготка (ГК) - 5,08, дистального коготка (ДК) - 6,69.

Семейство Araneidae (рис. 2, B). Когти массивные, с широкой базальной частью. Передний и задний когти одной конечности различаются слабо. Гребенка переднего несет 5-9 дополнительных коготков, заднего – 5-8 дополнительных коготков. Соотношение длины к ширине КГ - 5,25, ДК - 5,50.

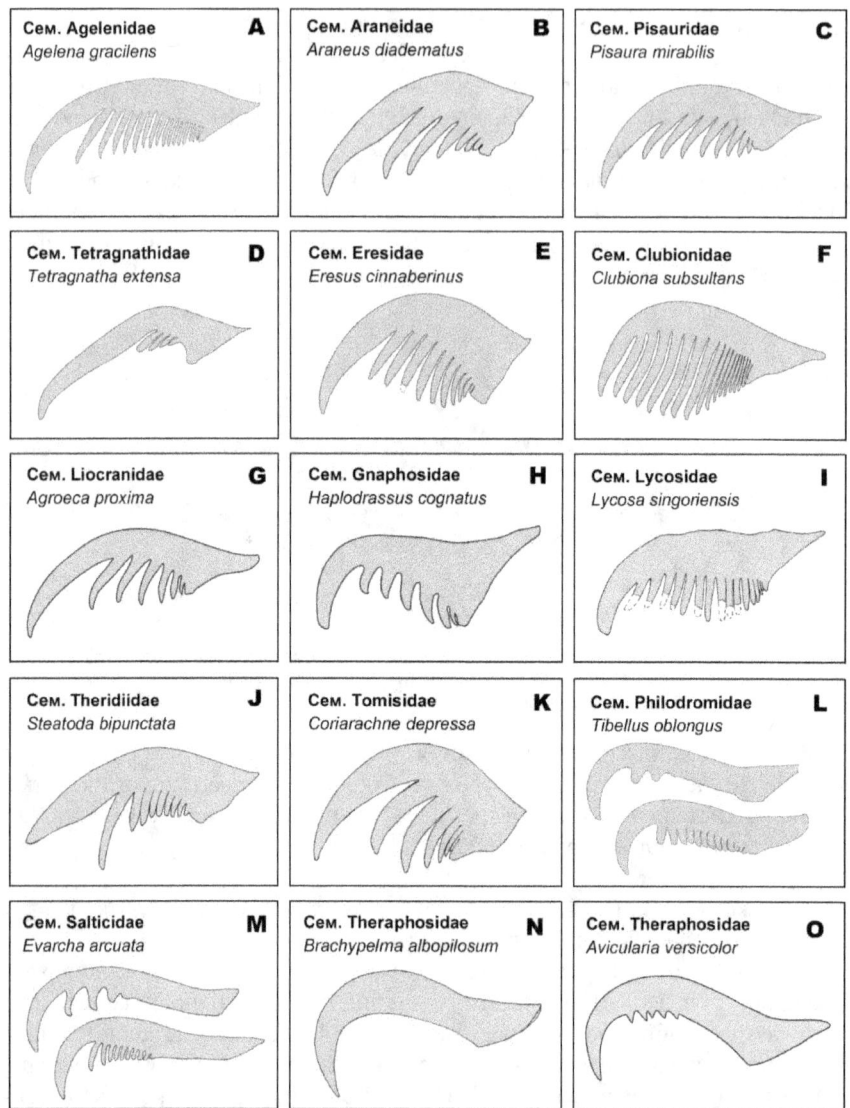

Рис. 2. Контуры передних когтей тарзальных члеников 3 правой ходильной конечности пауков 14 семейств. У *Tibellus oblongus* и *Evarcha arcuata* представлены оба когтя пары. Масштаб не выдержан.

Семейство Pisauridae (рис. 2, C). Когти вытянутые. Число дополнительных коготков на разных когтях одной конечности различается слабо. Гребенка переднего несет 8-10 узких дополнительных коготков, заднего – 7-9 узких дополнительных коготков. Соотношение длины к ширине ГК - 4,04, ДК - 5,69.

Семейство Tetragnathidae (рис. 2, D). Когти вытянутые, с широкой базальной частью и массивным главным зубцом. Передний и задний когти одной конечности различаются слабо. Гребенка переднего несет 6-13 узких зубцов, заднего – 4-15 узких зубцов. Соотношение длины к ширине ГК - 5,84, ДК - 4,61.

Семейство Eresidae (рис. 2, E). Когти с широкой базальной частью Много вытянутых зубцов. Число зубцов на разных когтях одной конечности различается. Гребенка переднего несет 8-11 узких зубцов, заднего – 9-13 узких зубцов. Соотношение длины к ширине ГК - 3,95, ДК - 7,35.

Семейство Clubionidae (рис. 2, F). Когти с узкой базальной частью Число зубцов на разных когтях одной конечности различается. Гребенка переднего несет 9-10 узких зубцов, заднего – 10-17 узких зубцов. Соотношение длины к ширине ГК - 4,09, ДК - 6,41.

Семейство Liocranidae (рис. 2, G). Когти вытянутые. Число зубцов на разных когтях одной конечности различается. Гребенка переднего несет 5-8 узких зубцов, заднего – 6-9 узких зубцов. Соотношение длины к ширине ГК - 5,59, ДК - 6,41.

Семейство Gnaphosidae (рис. 2, H). Когти массивные, с широкой базальной частью. Передний и задний когти одной конечности различаются слабо. Зубцы гребенки загнуты к базальной части. Гребенка переднего несет 6-7 широких зубцов, заднего – 5 широких зубцов. Соотношение длины к ширине ГК - 3,49, ДК - 3,70.

Семейство Lycosidae (рис. 2, I). Когти массивные, с широкой базальной частью. Передний и задний когти одной конечности различаются слабо. Гребенка "веерообразной" формы. Гребенка переднего несет 9-13 зубцов, заднего – 11-12 зубца. Соотношение длины к ширине ГК - 3,76, ДК - 4,15.

Семейство Theridiidae (рис. 2, J). Когти массивные, с широкой базальной частью. Передний и задний когти одной конечности различаются слабо. Гребенка переднего несет 4-5 широких зубца, заднего – 4-5 широких зубца. Соотношение длины к ширине ГК - 3,54, ДК - 3,40.

Семейство Tomisidae: (рис. 2, K). Когти массивные, с широкой базальной частью. Передний и задний когти одной конечности различаются слабо. Гребенка переднего несет 4-6 зубцов, заднего – 4-5 зубцов. Соотношение длины к ширине ГК - 3,11, ДК - 3,78

Семейство Philodromidae (рис. 2, L). Когти вытянутые, с удлиненной базальной частью. Передний и задний когти одной конечности различаются. Гребенка переднего несет 2-3 широких зубца, заднего – 10 узких. Соотношение длины к ширине ГК - 4,25, ДК - 3,20.

Семейство Salticidae (рис. 2, М). Когти вытянутые, с удлиненной базальной частью. Передний и задний когти одной конечности различаются. Гребенка переднего несет 3-4 широких зубца, заднего – 9 узких. Соотношение длины к ширине ГК - 4,55, ДК - 2,97

Семейство Theraposidae (рис. 2, N, O). Когти крючковидные. Гребенка отсутствует. Только у взрослых *Avicularia versicolor* имеются 4-6 небольших треугольных зубца на вентральной поверхности когтя. Передний и задний когти одной конечности идентичны.

В дальнейшем предполагается выявление степени различий в морфологии когтей для разных видов в пределах семейств и родов.

Когти имеют микроскопические размеры, практически не разрушаются в пищеварительном тракте животных, хорошо сохраняются в ископаемых остатках и осадочных породах. Эти структуры могут использоваться в случае необходимости диагностики паукообразных по фрагментам их конечностей или экзувиев. Например анализ различных субстратов, содержащих фрагменты пауков: почва, содержимое желудков, осадочные породы и.т.п. Мы не исключаем возможность применения такого подхода при анализе ископаемых образцов.

Работа выполнена за счет средств субсидии, выделенной в рамках государственной поддержки Казанского (Приволжского) федерального университета в целях повышения его конкурентоспособности среди ведущих мировых научно-образовательных центров.

ЛИТЕРАТУРА

1. *Beutel R.G., Gorb S.N.*. Ultrastructure of attachment specializations of hexapods (Arthropoda): evolutionary patterns inferred from a revised ordinal phylogeny. // Zool. Syst. Evol. Research. -2001. P. 177-207.

2. *Eberhard W.G.* Function and Phylogeny of Spiders Webs. // JSOR. -1990. P. 341-372.

3. *Foelix R.F.* Biology of spiders. N.Y.: Oxford University Press. 419 p.

4. *Hill D.E.* The pretarsus of salticid spiders. // Zoological Journal of the Linnean Society, 1977. P. 319-338.

5. *Almquist S.* Swedish Araneae. Изд.: Scandinavian Entomology Society of Lund, Sweden. 2006. 455 p.

6. *Марусик Ю.Н., Ковблюк Н.М.* Пауки Сибири и Дальнего Востока России. М.: Изд. КМК. 2011. 344 с.

Бегдай И.В.
кандидат технических наук ,
доцент кафедры экологии и природопользования СКФУ
Парфеевец О.Л.
аспирант 3 года обучения специальности «Экология» СКФУ

К ВОПРОСУ О ГЕОХИМИЧЕСКИХ АСПЕКТАХ РЕКУЛЬТИВАЦИИ НЕФТЕЗАГРЯЗНЕННЫХ ПОЧВ

Рекультивация - мероприятие сложное и дорогостоящее, не имеющее непосредственного отношения к добыче полезного ископаемого, требующее значительных изменений технологического процесса при проведении специфических и трудоемких работ. При этом определенную трудность представляет осуществление выбора подходящих приемов рекультивационных работ, требующих дифференцированного подхода и учета региональных особенностей. Для каждого отдельного случая должны разрабатываться индивидуальные решения о направлениях и специфике восстановительных работ.

Естественное восстановление плодородия почв при загрязнении нефтью происходит значительно дольше, чем при других видах добычи полезных ископаемых. Резко изменяется водопроницаемость вследствие гидрофобизации, структурные отдельности не смачиваются, а вода как бы "проваливается" в нижние горизонты профиля почвы; влажность уменьшается. Как следствие этого - выпадение одного из главных звеньев ценоза – растительности.

Нефть и нефтепродукты вызывают практически полную депрессию функциональной активности флоры и фауны. Ингибируется жизнедеятельность большинства микроорганизмов, включая их ферментативную активность. Управление процессами биодеградации нефти должно быть направлено, прежде всего, на активизацию микробных сообществ, создание оптимальных условий их существования.

Отмечается большая неоднородность распределения нефтяных компонентов в почвах разных участков нефтепромыслов, что зависит от физических и химических свойств конкретных почвенных разностей, качества и состава поступившей нефти. В результате этого условия самоочищения окружающей среды от токсичных органических веществ техногенного происхождения в ландшафтных зонах и областях России различны.

Попадая в почву, нефть увеличивает общее количество углерода. В составе гумуса возрастает нерастворимый остаток, что является одной из причин ухудшения плодородия. Это, в свою очередь, наносит ощутимый экономический ущерб земледелию. Возрастает отношение C:N. Ухудшается азотный режим , что в случае рекультивации требует внесения повышенных доз азотных удобрений. На окисление 1 г нефти требуется 80 мг азота и 8 мг фосфора. Рекомендуется вносить массированные дозы органических удобрений, что повышает биохимическую и микробиологическую активность почв, быстрее снижает количество остаточной нефти, чем при внесении одних минеральных удобрений.

Почва, обладая свойством дисперсного гетерогенного тела, действует как хромотографическая колонка, в которой происходит послойное перераспределение компонентов нефти. Показано, что угнетение растений начинается, когда количество нефтяных углеводородов в почве становится выше 1 кг/м2.

Отличительной особенностью процессов преобразования нефтей является пропорциональный характер реакций, реализуемых в системе: реакция дегидрирования всегда компенсирована процессом гидрирования, реакция окисления – восстановлением. Нескомпенсированными являются реакция этерификации, дающая сложноэфирные структуры, которые являются доминирующим типом кислородных соединений битумоидов вод и современных осадков, и реакция конденсации, приводящая к образованию смолистых веществ, судьба которых связана с сингенетичной органикой геосистем. Скомпенсированные реакции продуцируют неустойчивые соединения (окиси, спирты, альдегиды, кетоны, кислоты), этерификация – устойчивые сложные эфиры, способные к миграции, конденсация - приводит к накоплению смолисто-асфальтеновых структур, депонируемых в осадок. Таким образом, деградация нефти в окислительных условиях поверхностных гесистем – многоэтапный, динамический процесс, характерной особенностью которого является различие скоростей преобразования отдельных компонентов нефтяной смеси. В основе механизма трансформации нефти лежат физико-химические и биохимические деструктивные и синтетические процессы превращения углеводородного геосубстрата в разноклассовую гетероатомную субстанцию с высочайшим геохимическим потенциалом и восстановленной биофильностью. Восстановление нефтезагрязненных геосистем связано с включением продуктов трансформации нефти в биогеоценотические круговороты вещества, энергии, информации.

Успешно процессы рекультивации могут проходить лишь при наличии в почве полноценного микробного сообщества, обеспечивающего пополнение питательных элементов, биологически активных веществ, факторов и субстратов для углеводородокисляющих микроорганизмов.

Одним из методов ускорения процессов деструкции углеводородов может стать интродукция в очищаемый объект почву совместно с микроорганизмами-нефтедеструкторами бактерий, способствующих стимуляции жизнедеятельности всего микробного сообщества.

Проблема загрязнения нефтью и нефтепродуктами долгое время рассматривалась на примере основных районов добычи нефти Западной

Сибири и Севера Европейской России, но эта проблема актуальна и для Северного Кавказа в частности Ставропольского края. По территории края проходит 6 магистральных и ведомственных нефтепроводов, по которым перекачивается сырая нефть. Общая протяженность нефтепроводов по территории края составляет 877 км.

Активно применяемыми в крае рекультивационными мероприятиями являются землевание, выжигание, сгребание и вывоз загрязненной почвы в отвалы. Однако эти методы далеко не способствуют восстановлению почв и растительности и часто сами наносят долговременный экологический ущерб природе. Так, например, при сжигании нефти происходит резкое понижение биопродуктивности, гибель растительности, накопление токсичных и канцерогенных веществ; при землевании происходит замедление процессов разложения нефти, возможно загрязнение грунтовых вод; складирование масс нефти с загрязненной земли создает новые очаги вторичного загрязнения. Во всех мероприятиях, связанных с ликвидацией последствий загрязнения и восстановлением нарушенных земель, необходимо исходить из главного принципа: не нанести экосистеме больший вред, чем тот, который уже нанесен при загрязнении.

Нами были проведены лабораторные испытания технологии рекультивации, основанной на применении микроорганизмов торфа при помощи которых возможно разработать схему успешной очистки почвы, загрязненной нефтью.

Длительность эксперимента составила 90 дней. Исходным материалом для исследования являлись: черноземные почвы, верховой торф озера Кравцово (Ставропольский край), нефть (скважины Нефтекумска). Схема проведения исследования следующая:I проба-контрольная (почва:нефть=20:1), II проба-(почва:нефть:торф=20:1:1).Исследования проводили в 3ех кратной повторности. Общая концентрация углеводородов в почве составляла 20 г/кг. Поскольку роль окислителей углеводородов нефти в данном случае принадлежала микроорганизмам торфа, то в пробах определяли общее число микробных клеток методом посева на питательный агар, а также численность и активность нефтеокисляющих микроорганизмов на минеральной плотной и жидкой среде с нефтью в качестве единственного источника углерода и энергии. Нефтеразрушающую активность микроорганизмов выражали в процентах утилизируемой нефти от ее первоначальной концентрации.

Об эффективности очистки судили по степени утилизации углеводородов, определяемой химическими методами (ПДНФ 16.1.21-98. Количественный химический анализ почв, методика выполнения измерений массовой доли нефтепродуктов в пробах почв).

Идентификацию микроорганизмов вели на основе культуральных, морфологических признаков. О процессе биовосстановления судили путем сравнения указанных микробиологических и агрохимических свойств очищаемой почвы с таковыми незагрязненной почвы аналогичного типа.

В опытном образце количество гетерофофов постепенно возрастало. В контроле рост численности бактерий сменился их снижением на два порядка и выходом «на плато»; начиная с 56-х суток их численность составила 10^6 кл/г, что замедлило деградацию углеводородов. В конечном итоге, концентрация нефтепродуктов в контрольном варианте была в 2 – 6 раз выше, чем в опыте. Численность микроорганизмов изменялась во всех экспериментах в пределах 10^5 – 10^7 кл/г. У консорциумов микроорганизмов из контрольного образца нефтезагрязненной почвы нефтеокисляющая активность не превышала 55,0%. а у бактерий из почвы опытного варианта в первом случае повышалась от 79,0% – 83%.

За время проведения эксперимента из образцов нефтезагрязненной почвы выделили культуры аборигенных микроорганизмов, способных снижать концентрацию нефти в почве более чем на 70%.

В процессе идентификации были обнаружены представители следующих родов: Arthrobacter, Tsukamuriella, Rhodococcus, Gordonia, Bacillus и Pseudomonas. Ряд штаммов относился к семейству Microbacteriaceae.. С учетом экспериментальных данных разработана индивидуальная технология микробной очистки, общая схема рекультивационных и технических работ, а также сроки их реализации. Все этапы биоремедиации сопровождались тщательным микробиологическим и химическим мониторингом.

Естественное разложение углеводородов нефти – очень длительный процесс. Прогрессирующие темпы нефтяного загрязнения окружающей среды требуют разработки экологически безопасных и экономически обоснованных мероприятий, направленных на интенсификацию процессов биоразложения углеводородов. Повышение скорости разрушения нефти в почве достигают химическими, физическими, микробиологическими способами. Экологически безопасным методом очистки почв от нефти является биоремедиация, основанная на естественном потенциале микроорганизмов и позволяющая восстановить свойства почв до первоначального состояния. Особенность биоремедиации почвы после углеводородного загрязнения состоит в уникальности каждого такого процесса из-за особенностей характера загрязнения, климата и свойств почвы, в том числе и свойств почвенной микрофлоры.

Мазитова А.М.[1], Павлова Г.А.[1], Шарафетдинова Л.М.[1], Ковалева Ю.А.[2], Кравцова О.А.[1]

Мазитова А.М.-студент, Павлова Г.А-аспирант, Шарафетдинова Л.М-аспирант, Кравцова О.А.-к.б.н., доцент, Ковалева Ю.А.- врач акушер-гинеколог

[1] Казанский (Приволжский)Федеральный университет, Институт Фундаментальной Медицины и Биологии

[2] ОАО«АВА-Казань»

Россия

АССОЦИАЦИЯ ПОЛИМОРФНЫХ ЛОКУСОВ G(-174)C ГЕНА ИЛ-6 И C(+3953)T ГЕНА ИЛ-1B С РИСКОМ РАЗВИТИЯ ФПН

Ключевые слова: фетоплацентарная недостаточность, генетический полиморфизм, интерлейкин-1β, интерлейкин-6.

Аннотация. Фетоплацентарная недостаточность (ФПН) – одно из частых осложнений беременности. При выяснении механизмов развития ФПН наибольшее внимание уделяется иммунным реакциям между матерью и плодом, в которых задействованы и провоспалительные цитокины, в частности ИЛ-1β и ИЛ-6. В данной работе исследована ассоциация полиморфизма генов IL1β и IL6 с риском развития ФПН. Показано, что гетерозиготные генотипы локусов C(+3953)T гена IL1β и G(-174)C гена IL6 являются маркерами предрасположенности к развитию ФПН у населения РТ.

Актуальность. ФПН широко распространенная патология физиологического течения беременности, которая в некоторых регионах достигает до 77% [1,7].

В последние годы все большее значение в развитии различных патологий беременности придается нарушениям иммунной системы беременных. Основными медиаторами взаимодействия клеток иммунной системы организма матери и плода являются интерлейкины, играющие важную роль в имплантации, росте и развитии эмбриона.

В связи с вышеизложенным, **целью** данного исследования явилось выявление ассоциации уровня ИЛ-6 и ИЛ-1β с риском развития ФПН среди женщин, представляющих популяцию Республики Татарстан.

Материалы и методы. Генотипирование по полиморфным локусам было проведено у 57 больных ФПН, и 150 женщин с физиологическим течением беременности. Выделение ДНК из лейкоцитов венозной крови проводилось методом «ДНК-экспресс» (ОАО НПФ "Литех", Россия). Анализ полиморфизмов генов осуществляли методом SSP-PCR на амплификаторе MyCycler (Bio-Rad, США) с последующим электрофоретическим разделением продуктов в ПААГ и визуализацией в УФ-свете на приборе ChemiDoc XRS+ (Bio-Rad, США).

Различия между группами по частотам встречаемости аллелей и генотипов исследованных полиморфизмов оценивали по критерию χ2, оценку ассоциаций полиморфизмов генов – на основании расчета относительного риска (OR). Уровень интерлейкинов сыворотки крови определяли методом ИФА с использованием наборов «Вектор-Бест» (Новосибирск, Россия).

Результаты и обсуждение.

Il-1β, будучи провоспалительным цитокином, отвечает за регуляцию воспалительных и иммунных процессов, активизацию нейтрофилов, Т- и В-лимфоцитов, стимуляцию синтеза белков острой фазы, повышение фагоцитоза, гемопоэза, проницаемость сосудистой стенки. В свою очередь, IL-6 имеет двоякую природу, т.к. способен проявлять себя как в роли провоспалительного, так и противовоспалительного цитокина. [3,265-267].

Ввиду того, что гены интерлейкинов значительно влияют на выработку соответствующих белков, их рассматривают как возможные гены-кандидаты в развитии мультифакторных заболеваний, в том числе и ФПН. Так, например, высокие концентрации свидетельствуют о связи ИЛ-1β, ИЛ-2, ИЛ-6, ФНО-α с инициацией самопроизвольного аборта и преждевременных родов[2,19-26].

Средний уровень исследуемых цитокинов не имел значимых различий между исследуемыми группами и находился в пределах нормы (Табл.1).

Табл.1. Уровень IL-1β и IL-6 в крови женщин с патологически и физиологически протекающей беременностью

Концент рация, (пг/мл)	ФПН «-»		ФПН «+»	
	n	M±m	n	M±m
ИЛ-1β	20	19,78± 14,47	20	15,88 ± 14,18
ИЛ-6	20	0,62 ± 0,56	20	0,65 ± 0,72

В ходе анализа распределения частот аллелей и генотипов по исследованным локусам показано преобладание гетерозиготных генотипов в группе с ФПН, что свидетельствует о вкладе данных генотипов в формирование предрасположенности к ФПН (табл. 2).

Табл.2. Распределение частот генотипов полиморфных вариантов C(+3953)T гена IL1β и G(-174)C гена IL6

Геноти п	ФПН	Контрольная группа	P**	OR	95%CI
Полиморфный вариант C(+3953)T гена IL1β					
CC	0,13	0,27		0,42	0,452-1,282
CT	0,86	0,69	0,09	**2,372**	**1,542-3,202**
TT	0,01	0,04		0,882	1,322-3,102
Полиморфный вариант G(-174)C гена IL6					
GG	0,26	0,27		0,92	0,18-1,67
GC	0,58	0,37	0,01	**2,35**	**1,68-3,03**
CC	0,16	0,35		0,35	0,47-1,18

Таким образом, полиморфизм генов ИЛ1β и ИЛ6 необходимо учитывать при формировании группы риска по возникновению осложнений течения беременности, таких как фетоплацентарная недостаточность.

Литература

1. Фетоплацентарная недостаточность: учебное пособие/Близнюк Е.А., Зражевская С.Г., Мелахова Т.А.-Благовещенск.-2007.-113 с.
2. Heinrich P.C. Evidence for the importance of a positive charge and an alpha-helical structure of the C-terminus for biological activity of human IL-6/Heinrich PC, Rose-John S, Lutticken C, Kruttgen A, Moller C // FEBS Lett.-1991.-282 (2): 265–267
3. The human Gene Compendium [электронныйреурс].- Weizmann Institute of Science. 1996 – 2014. URL: http://www.genecards.org

Хамракулов И.И.
магистрант 1 г.о. географического факультета БашГУ, г. Уфа
E-mail: geograffzz@mail.ru
Япаров И.М.
канд. геогр. наук, доцент БашГУ, г. Уфа

ГОДИЧНАЯ ДИНАМИКА ЛАНДШАФТОВ БАШКИРСКОГО ПРЕДУРАЛЬЯ НА ПРИМЕРЕ ОСЕННЕГО МЕЖСЕЗОНЬЯ

Понятие «динамика ландшафта» появилось в ландшафтоведении 40-50 лет тому назад. Первоначально им определялись любые изменения ландшафта и его компонентов. В.Б. Сочава определил динамику ландшафта как «многообразные процессы, протекающие (спонтанно и под влиянием человека) в современных геосистемах (ландшафтах) и вызывающие в них различные трансформации». [4, с. 58].Также В.Б. Сочава различает в динамике две стороны – преобразовательную и стабилизирующую. Преобразующая динамика ландшафта – процессы, накопление которых приводит к изменению структуры ландшафта (прогрессивному или регрессивному). Стабилизирующая динамика – процессы, определяющие саморегуляцию и гомеостаз ландшафтов. Саморегуляция - приведение геосистемы в устойчивое состояние (обеспечение относительного равновесия).

Ф.Н. Мильков различает следующие виды динамики ландшафтов:
1) хорологическую (пространственное изменение границ ландшафта);
2) структурную (изменение морфологического строения ландшафтов);
3) временную (изменения в ландшафте, связанные со временем, длительностью, ритмичностью - динамика функционирования, циклическая – суточная и сезонная, флуктуирующая и периодическая). В нашем случае рассматривается годичная (сезонная) динамика, которая наряду с суточной является подразделом циклической динамики ландшафтов.
Рассмотрим проявление осеннего межсезонья на территории Башкирского Предуралья, с выделением основных этапов (формирование, кульминация, деградация) Обычно этап консолидации для осеннего межсезонья не выделяют.

Фенологическим индикатором наступления осени считается начало пожелтения листьев березы повислой, вяза и липы мелколистной, знаменующее завершение вегетации.

Первый этап - формирование осени (15 сентября - 25 сентября). Продолжается до начала заморозков на поверхности почвы. В начале этапа средняя температура воздуха около 15-16 °C, в конце - около 8-10 °C. Количество осадков снижается, но еще более резко падает испаряемость, увлажнение избыточное (коэффициент увлажнения 0,7-0,8), относительная влажность воздуха 68-75%, продуктивные запасы влаги в метровом слое почвы увеличиваются к концу этапа примерно до 150 мм, медленно увеличивается речной сток (на сентябрь приходится 5-6% годовой нормы). Почва медленно остывает, пахотная толща земли прогревается до 10 °C тепла, затем эта термическая норма сокращается, что вызывает резкий спад вегетационной способности трав. Активная вегетация заканчивается на лугах, в лесу, на полянах доцветают последние травы: гвоздика - травянка, лесные вейники, ястребинки. Вслед за березой начинается пожелтение листьев у осины, рябины, черемухи, дуба, некоторых кустарников. В ходе расцвечивания (пожелтения) листвы начинается листопад (у березы 25 сентября). Желтеет и опадает хвоя сосны. Созревают семена у ели и сосны, плоды орешника-лещины, дуба и клюквы. Завершается отмирание активных генеративных побегов у луговых злаков и разнотравья. В связи со значительным уменьшением количества насекомых начинается отлет ласточек и других насекомоядных птиц (стрижи, иволги). Заканчивается уборка зерновых культур, увядает ботва картофеля, в середине и конце августа начинается сев озимой ржи.

Второй этап осени - кульминация (золотая осень). (22 сентября - 30 октября) - от первых заморозков на почве до завершения листопада. Средняя температура воздуха в это время снижается с 8 до 5° C. Наблюдаются первые снегопады. Почва начинает интенсивно охлаждаться, но глубинные слои еще хранят тепло. Осадки продолжаются уменьшаться, но испаряемость сокращается быстрее, коэффициент увлажнения приближается к 3,0, запасы влаги в почве увеличиваются, сток продолжает медленно расти. Фотосинтез практически прекращается. Главные биотические процессы - интенсивное расцвечивание и листопад летнезеленых деревьев и кустарников. Полное пожелтение липы мелколистной отмечается 15-20 сентября, клена остролистного 20-25 сентября, орешника-лещины 25-30 сентября, березы и осины 1-10 октября, дуба 5-10 октября. Листопад заканчивается у липы 7-10 октября, березы 12-20 октября, орешника-лещины 15-20 октября, клена остролистного 15-20 октября, дуба черешчатого 20-30 октября. В пору листопада у многих деревьев закладываются почки возобновления. Происходит массовое созревание семян хвойных и плодов ряда лиственных деревьев. Отмечают начало сбора грибов, к концу этапа исчезают белые грибы, грузди, подберезовики, подосиновики, сыроежки. В пору листопада начинается гон у лосей, залегают в спячку барсуки, готовятся к спячке медведи. Улетают кулики, журавли, к концу этапа улетают грачи, гуси, дикие утки.

Прекращают летать пчелы, исчезают осы, комары, слепни, мотыльки, мухи.

Заключительный этап - деградация осени, предзимье (20 октября - 20 ноября) - с окончанием листопада (дуб черешчатый) до установления устойчивого снежного покрова. В конце этапа средняя температура воздуха снижается до 2 °С. В период с 12 по 16 ноября - средние даты наступления устойчивых морозов. Запасы влаги в почве продолжают пополняться, слой стока возрастает. Заморозки в это время учащаются, к концу этапа наблюдаются ежедневные заморозки. Вне хвойных лесов преобладает безлистный аспект. Приход солнечной радиации резко сокращается, радиационный баланс становится отрицательным, средняя суточная температура воздуха переходит 25-30 октября через 0 °С и к концу фазы приближается к -5° С. Часто чередуются морозные дни и оттепели, снежный и бесснежный аспекты. Возможны обильные осадки в виде мокрого снега, снега с дождем. Наблюдается вторичный максимум речного стока (в ноябре 10% годовой нормы), возможны дождевые паводки. В начале ноября начинается промерзание почвы на открытых местах. Выхолаживаются глубинные слои почвы: их температура снижается до плюс 5 градусов. Мелкие водоемы замерзают после перехода температуры через 0 °С, ледостав на реках наступает в середине и в конце фазы (10-20 ноября). Деревья и кустарники переходят в состоянии покоя, многие однолетние и многолетние травы, кустарнички, всходы озимых культур обычно уходят под снег зелеными. Подавляющее большинство холоднокровных животных забирается в зимние убежища и впадает в диапаузу (спячку). Белки и зайцы меняют окрас меха на светлый. Возле населенных пунктов можно наблюдать свиристели, которые активно питаются плодами рябины.

В итоге осеннее межсезонье или осень начинается на территории Башкирского Предуралья с пожелтения листьев березы повислой, вяза и липы мелколистной (5 сентября) и заканчивается установлением снежного покрова (20 ноября). Продолжительность составляет около 3 месяцев.

Таким образом, выделенные выше этапы конкретного осеннего межсезонья можно из года в год сопоставлять, выделяя при этом необычные и аномальные фенологические процессы и явления, а также тренды и изменения.

Список литературы:

1. Атлас Республики Башкортостан под ред. Япарова И.М.- Уфа.: Башкирское издательство «Китап», 2005.- 419 с.
2. Кучеров Е.В. Календарь природы Башкирии. - Уфа. Башкирское книжное изд-во, 1984.- 208 с.
3. Сочава В.Б. Определение некоторых понятий и терминов физической географии.- Иркутск, 1963. Вып. 3.

Шамхалов Ш.Ш.
к.и.н., доцент кафедры истории Отечества ДГТУ
history-2015@mail.ru

РЕАЛИЗАЦИЯ ПОСТАНОВЛЕНИЯ СНК СССР и ЦК ВКП(б) «О ПРЕСТУПЛЕНИЯХ, ПРОКУРОРСКОМ НАДЗОРЕ И ВЕДЕНИЯ СЛЕДСТВИЯ» ОТ 17 НОЯБРЯ 1938г. В РЕСПУБЛИКЕ

17 ноября 1938 г. было принято постановление Совнаркома СССР и ЦК ВКП (б) за подписью Молотова В. и Сталина И. «О преступлениях, прокурорском надзоре и ведения следствия», положившее в известной степени заслон массовым репрессиям в стране.

В постановлении говорилось, что «работники НКВД проводили массовые необоснованные аресты, в ведении следствия действовали упрощенно, не заботясь о полноте и высоком качестве расследования, что настолько они отвыкли от кропотливой, систематической агентурно-осведомительной работы и так вошли во вкус упрощенного порядка производства дел, что до самого последнего времени возбуждали вопросы о представлении им так называемых «лимитов для производства массовых арестов».

Органами НКВД зачастую не допрашивали арестованного по несколько месяцев, не велись протоколы допроса, сознательно извращали советские законы, заводили против невинных людей уголовные дела.

Указанным постановлением запрещалось впредь всем органам НКВД в центре и на местах проводить массовые аресты и выселение. Аресты разрешались только с санкции прокурора или постановлением суда, что соответствовало   ст. 127 Конституции СССР. Этим же постановлением были ликвидированы судебные «тройки» во всех республиках, краях и областях Союза ССР, созданные приказом №00447 НКВД СССР 31 июля 1937 г.

Впервые, таким образом, были сужены функции органов НКВД и эти функции полностью были переданы судебно-следственным органам.

В течение всего 1938 года в ЦК ВПК (б), Совнарком и НКВД СССР, лично Сталину в массовом количестве стали поступать жалобы, заявления от арестованных и их родственников о фактах превышения власти и необоснованных арестах.

Такие же письма и заявления на органы НКВД республики и особенно на его наркома Ломоносова В.Г., поступали не только от арестованных партийных и советских работников, но и от самих работников НКВД. Вскоре после XX съезда партии (февраль 1956 г.) были реабилитированы многие представители дагестанской интеллигенции, пострадавших и невинно осужденных в 30-е годы: Самурский Н., Далгат М., Мамедбеков К., Коркмасов Д., Тахо-Годи А., Атаев А., Шовкринский Ю., Астемиров Б., Гитинов М., Алиев И. и многие другие. В 20-е годы эти люди твердо отстаивали идеи советской власти, способствовали строительству социализма в Дагестане.

Тоже самое происходило и в Дагестане. Органы внутренних дел и его нарком Ломоносов В. (член бюро обкома партии) оказались вне контроля областного комитета партии. Любое решение, предложенное Ломоносовым В. на бюро обкома партии, принималось без сопротивления и оно выполнялось.

Органы НКВД ДАССР ставили в известность обком партии об аресте как буржуазных националистов известных людей республики, представителей научной и творческой интеллигенции.

Так, 16 июля 1938 г. нарком Ломоносов В.Г. направил письмо в обком партии об аресте 15 известных людей республики в их числе было двое бывших начальников райотделений НКВД и рекомендовал их исключить из рядов партии. Среди них – Атаев Д., Вагабов А., Гаджиев Г.Г., Гаджибеков Г., Махмудов И., Османов О., Тагиев Хан-Дадаш и другие.

Таким образом, постановления СНК СССР и ЦК ВКП(б) от 17 ноября 1938г. «О преступлениях, прокурорском надзоре и ведении следствия положительно отразилось в смягчении репрессий в отношении интеллигенции республики.

Постановление способствовало ликвидации вражеского гнезда в лице наркома Ломоносова В.Г. и его аппарата, которые творили беззакония против ни в чем не повинных людей в республике.

Он и его подручные Савин, Страхов, Конарев и др. были сняты с работы и арестованы. Вскоре Ломоносов В.Г. был расстрелян. К сожалению, процесс ареста людей, особенно районного звена еще продолжался.

Принятые меры были половинчатыми и не были завершены в связи с началом Великой Отечественной войны.

Умаханов Р.М.
кандидат исторических наук, старший преподаватель, Дагестанский
Государственный Технический Университет

ПОЛИТИЧЕСКИЕ КОНТАКТЫ МЕХТУЛИНСКОГО ХАНСТВА С ТАРКОВСКИМ ШАМХАЛЬСТВОМ

Мехтулинского ханство было образовано на стыке проживания таких народностей Дагестана как аварцев, даргинцев и кумыков. Оно граничило на востоке с Тарковским шамхальством, основное население которого составляли кумыки. Поскольку же почти половина населения Мехтулинского ханства тоже состояла из кумыков, этот вопрос приобретал и значение не только межэтнических, но и внутриэтнических связей. И Мехтула, и Шамхальство были заинтересованы в поддержании тесных торгово-экономических контактов между собой

Важное значение имели для обеих сторон и политические связи между их правителями, история которых уходит еще в XVII в., когда происходило становление собственно Мехтулинского ханства. Особых противоречий между тарковским и мехтулинским правителями в XVII в. не было.

В начале XVIII в. стали возникать политические ситуации, которые вели к некоторым расхождениям в ряде вопросов между тарковскими и мехтулинскими владетелями. К тридцатым годам XVIII в. к Дагестану повысился интерес турок и крымцев. Их войска пытались через равнинный Дагестан проходить в Ширван, где значительно активизировалась деятельность и правителей Ирана, в частности, набиравшего уже тогда силу и значимость шаха Надира, которого опасались турки.

В 1733 г. часть крымских войск прибыла в Дагестан и, как писал в своем письме от 27 июня этого года шамхал тарковский Хасбулат на имя ген.-л. Гессен-Гамбургского, некоторые феодальные владетели Дагестана со своими отрядами присоединялись к крымским войскам, что вызывало особое беспокойство шамхала Хасбулата, выражавшего свою готовность вместе с русскими войсками выступить против крымцев и поддержавших их отдельных феодалов Дагестана. Крымцев поддержал, в частности, уцмий Хан-Магомет. По сообщению шамхала к ним прибыл и "усмеев зять" Ахмед-хан джегутайский. Сам же Хасбулат, когда узнал об этом, покинул Тарки и "отъехал в Гили", чтобы созвать "всех тавлинцев" и обсудить ситуацию, договориться о своих действиях [1,68].

Хасбулат писал российскому генералу, что "сих людей (крымцев и горцев, поддержавших их – авт.) силою или войсками удержать надобно, пока их собрание не усилится", так как, "ежели они соберутся, нам (т.е. русским – авт.) от них вред будет" [1,68].

Привлекает особое внимание его сообщение о том, что "женгутейцов (дженгутайцев – авт.) Ахмет-хан, усмеев зять, всех с собою отвел и никого не оставил" [1,68]. Это значило, что дженгутайский (мехтулинский) хан не поддержал пришельцев, т.е. крымцев и ушел от них со всеми своими людьми. А что будет дальше, Хасбулат не решился прогнозировать, написав, что "о том сам господь бог ведает". Из всего же этого, на наш взгляд, следует, что дженгутайский хан не согласовал свои действия с шамхалом Хасбулатом. Позднее политические позиции Хасбулата и Ахмед-хана мехтулинского стали все же расходиться.

Дело было в том, что период нашествия войск Надир-шаха на Дагестан в 30-х годах XVIII в. и до андалальского сражения 1741 г. шамхал Хасбулат придерживался проиранской ориентации. Шах по его ходатайству даже отпускал пленных казикумухцев. Что же касается мехтулинского хана, то он руководил "героической борьбой жителей Мехтулинского ханства" против войск Надир-шаха, как это отмечено В.Г.Гаджиевым [2,145].

Это обстоятельство не могло сблизить политические позиции шамхала и мехтулинского правителя. Но уже в 1742 г., по сведениям П.Г.Буткова, шамхал Хасбулат и его сын Адильгирей были "приняты под протекцию российскую", которую они присягой подтвердили в 1743 г. [3,223] Такой отход Хасбулат-шамхала от Надир-шаха, естественно, положительно должен был повлиять на улучшение отношений между тарковским и мехтулинским правителями.

В 1750-1751 гг. шамхал Хасбулат искал вновь покровительство России, но вскоре порвал отношения с ней и до его смерти в 1759 или 1760 г. ситуация оставалась напряженной [3,254]. Пришедший ему на смену шамхал Муртазали в 1764 г. "уверял российский двор о своем к оному усердии". Более того, он собирался отправить в Россию свое посольство. Но оно было отклонено императрицей под предлогом большой отдаленности, хотя она и выразила общее одобрение по поводу такого намерения шамхала [3,225].

Отношения мехтулинского хана с тарковским шамхалом обострились с середины 60-х годов XVIII в. К такому результату они пришли в результате раскола в среде феодальных владетелей Дагестана после взятия Фатали-ханом кубинским в 1765 г. города Дербента, в котором велико было недовольство жителей правившим там Магомед-Гусейн-ханом. По сведениям Г.Г. Буткова, Фатали-хан все это сделал, "согласясь с лезгинами, шамхалом Муртазалием, усмием Эмир-Эмзе и табасаранским кадием" [3,250].

Более того, при взятии Дербента союзники Фатали-хана ограбили ханский дворец в Дербенте и "все имение Магомет-Гусейн-хана и разделили оное по себе. А сверх того во мзду услуг своих, шамхал, усми и кади получили доходы с некоторых деревень кубинского и дербентского ханств (в виде аренд), и именно, шамхал - с 6 деревень, усми одну деревню в Дербентском ханстве, коими пользовались они еще с 1796 года; а усми сверх того получил и таможенные доходы, собираемые в воротах дербентских" [3,251].

Ход событий далее вкратце был такой: уцмий Кайтага Амир-Гамза, чтобы упрочить шедшие еще с XVI-XVII вв. связи Кайтага и Кубинского "ханства, отдал в жены Фатали-хану свою сестру Туту-Бике (Тотай Бике у Нагай) с тем, чтобы и Фатали-хан сестру свою Хадиджи-Бике также в жену ему отдал" [3,251]. Однако Фатали-хан свое слово не сдержал, чем вызвал недовольство уцмия, который за этот обман решил овладеть Дербентом, склонив на свою сторону чиновника Фатали-хана Ильяс-бека и других чиновников города. Уцмий ввел в Дербент своих 2 тыс. человек, занял замок Нарын-кала и запер городские ворота. Так уцмий держал Дербент две недели. Тогда Фатали-хан собрал войска и приступил к осаде Дербента. Все это грозило превратиться в длительную войну.

Как отмечал П.Г.Бутков, "аварский Мерсель-хан, отец Ума- или Омар-хана, желая прекратить несогласия сих владельцов, прибыл к Дербенту, представил усмию сколь ему трудно удержать за собою Дербент, уговорил его выдти оттуда" [3,252]. Уцмий принял посредничество аварского хана, освободил Дербент. Обиженный на уцмия Фатали-хан лишил уцмия доходов с дербентской таможни, оставив за ним доходы только с одной дербентской деревни [3,252].

Аварский хан всерьез хотел кончить все это миром. Он за посредничество свое согласно дагестанскому обычаю попросил у Фатали-хана простить упомянутого выше его чиновника Ильяс-бека и сохранить ему жизнь. Фатали-хан вначале согласился выполнить просьбу аварского хана, но через некоторое время, почувствовав себя хозяином положения, он приказал убить Ильяс-бека за его измену.

Эта была непростительная ошибка Фатали-хана, так как по дагестанскому обычаю он должен был сдержать слово, данное им аварскому хану. "Мерсель-хан" аварский обиделся на Фатали-хана и стал сколачивать антикубинскую коалицию, в которую вошел и мехтулинский хан. Однако шамхал остался союзником Фатали-хана [3,251].

Это обстоятельство и осложнило отношения между правителями Мехтулы и Тарковского шамхальства, особенно после коварного убийства Фатали-ханом аварского хана Мерселя [4,185].

После "Мерсель-хана" в Аварии стал править его сын Умма-хан [4,185]. Он привел войско свое на помощь Магомет-Гасан-хану шекинскому и Ибрагим-хану шушинскому, с которыми враждовал Фатали-хан. Общим войском в 18 тыс. человек они осадили Фатали-хана в Новой Шемахе, основанной шахом Надиром на речке Аксе. Осада длилась 45 суток. Обе стороны убедились в бесполезности этого конфликта. Аварский и шекинский ханы согласились к примирению с Фатали-ханом, который "в знак дружелюбия и согласия между ими на грядущие времена зговорил дочь свою Периджа-ханум в замужество за сего аварского Умма-хана, назначив в приданое 200.000 руб., из числа коих тогда и отдал половину, то есть сто тысяч рублей своими ханскими деньгами..." [4,187].

Этот брак не состоялся после смерти Фатали-хана, хотя Умма-хан многократно добивался ее руки. Союз был расторгнут и в конечном итоге Перджа-ханум вышла замуж за тарковского шамхала Мехти [4,193], которому покровительствовала с конца XVIII в. Россия. Шамхал Мехти уступил из-за преклонного возраста престол своему сыну Муртазали. В 1776 г. Муртазали вступил в подданство России [5,9]. Ему наследовал брат Баммат (Магомед-шамхал по императорским грамотам). Этому Магомед-хану императрица Екатерина II 19 апреля 1793 г. пожаловала шамхальское достоинство и в знак этого бриллиантовое перо для ношения на шапке и степень тайного советника с правом передачи их по наследству [5,62].

В принципе отношения между тарковскими шамхалами и мехтулинскими ханами не могли приобрести враждебный, непримиримый характер, так как их связывали широкие родственные узы. Одно то, что они происходили из общего корня – от рода казикумухских шамхалов всегда должно было на них действовать благотворно. Да и в XVIII в. связи между ними не прерывались, а укреплялись. И не случайно И.А.Гильденштедт – академик Российской императорской Академии наук писал в конце XVIII в., что "Дженгутей... имеет собственного князя. Владевший в 1783 г.... Али-Султан был сродник таркусского (т.е. тарковского – авт.) шамхала" [6,107].

Однако рапорт ген.-поручика Потемкина ген-губернатору Г.А. Потемкину от 1 июня 1787 г. свидетельствует, что в сражении между Фатали-ханом и Гасан-ханом шекинским шамхал поддерживал первого, а Али-Султан джангутайский – второго. И при этом Фатали-хан победил, положив 1300 человек и пленив до 2-х тысяч своих противников, в том числе, якобы, Али-Султана джангутайского [7,262].

Али-Султан джангутайский и аварский хан считались союзниками и турецкого султана, который в 1790 г., согласно сообщению аварского хана в Кизляр от 25 апреля 1790 г., призывал их совершить поход на Кизляр и изгнать русских [8,3].

Некоторому улучшению политических отношений между мехтулинским ханом и тарковским шамхалом в конце XVIII в. способствовала угроза нашествия нового иранского правителя – жестокого, кровожадного и озлобленного на всех – Ага-Магомед-хана Каджара. После взятия им в 1795 г. Тифлиса и жестокой расправы с грузинами дагестанские владетели – аварский хан, тарковский шамхал, казикумухский Сурхай-хан II, табасаранский и акушинский кадии, а также мехтулинский хан Али-Султан оказались вынужденными предпринять общие действия, направленные на отражение ожидавшейся и возможной агрессии Ага-Магомед-хана в Дагестан. Все эти феодальные правители

Дагестана дали обет действовать сообща против [9,332] Ага-Магомед - хана, который и в 1796 г. и весной 1797 г. угрожал покорить Дагестан своей власти.

В создавшейся политической ситуации шамхал тарковский и хан мехтулинский вынуждены были искать мира и союза между собой. Когда в 1796 г. начался поход царских войск во главе с В.Зубовым в Дагестан с целью предупреждения вторжения войск Ага-Магомед-хана в Дагестан, шамхал тарковский и мехтулинский хан вновь оказались в одной политической ориентации, т.е. на стороне России. Это также способствовало упрочению их соседских торгово-экономических и политических контактов. Экономические связи между ними продолжали носить регулярный характер.

Интересные данные, характеризующие установившиеся в конце XVIII в. отношения между шамхалами тарковскими и мехтулинскими ханами, собрал Д.И.Тихонов. В 1796 г. он писал, что "женгутайский Али Султан и брат его Аджи Агамет-хан имеют свое правление и от них самих зависит власть определять казни преступникам. А шамхалу, хотя и считаются принадлежащими, но о внутреннем устроении их земли ему не относятся и податей с их никаких собирать не может" [10,130]. Шамхал мог только, если у него возникала необходимость в найме войска, послать к ним своего чиновника с требованием ему от них "помощи вооруженного войска". Побывавший в эти годы в Дагестане Д.И.Тихонов подчеркивал особо, что "они ему в это время послушны бывают" [10,130].

Из этого следует, что шамхал на мехтулинцев где-то смотрел как на своих подвластных, но добившихся достаточно высокой степени свободы, поскольку они не платили ему никаких налогов, а только оказывали помощь военной силой. К мехтулинским селам Д.И.Тихонов, в отличие от других авторов, отнес и два даргинских селения Наскент и Лаваша (Леваши) [10,131].

По сведениям А.П.Щербачева мехтулинский хан состоял "в родстве с ханами Аварии и шамхалом тарковским" [11,295], что в феодальную эпоху играло очень важную роль. Подтверждением этому служит сообщение А.И.Ахвердова от 1802 г. о том, что "аварский хан шемхала тарковского жены родной брат, и оба они, будучи в Жумутее (Дженгутае – авт.), владелец которого Али–Султан - отец аварского хана и тесть шамхала тарковского Мехтия, примирил обоих сих знатных дагестанских владельцев, один из них дал другому в присутствии жумутейского владельца Али Солтана на Алкоране присягу в непоколебимом и дружелюбном навсегдашнем согласии…" [12,232].

Безусловно династические браки между тарковскими и мехтулинскими владетелями (правителями) были прочны, и оказывали серьезное влияние на их взаимоотношения. Как правило, родственные связи правителей положительно влияли на состояние отношений и их podвластных.

По данным А.И.Ахвердова от 1802 г. мехтулинский Али-Султан занимал как бы центральное место в системе взаимоотношений Хунзаха–Дженгутая и Тарков, так как он приходился отцом аварскому хану Султан-Ахмед-хану, который являлся родным братом жены шамхала тарковского Мехтия [12,233]. Все это говорит о том, что к концу XVIII в. взаимоотношения мехтулинских и тарковских правителей были разносторонними. У них было больше мирных перспектив. Но в то же время они в значительной мере зависели от формировавшейся в этом регионе политической ситуации.

ЛИТЕРАТУРА

1. Русско-дагестанские отношения в XVIII - нач. XIX в. С.68

2. Гаджиев В.Г. Разгром Надир-шаха в Дагестане. Махачкала, 1996. С.145.

5. Бутков П.Г. Материалы для новой истории Кавказа с 1722 по 1803 год. СПб.: Типография императ. АН, 1869. Ч.I. С.223.

4. Серебров А.Г. Историко-этнографическое описание Дагестана. 1796 г. РГВИА. Ф.ВУА. Д.18474. Ч.2. Лл.36-61 // История, география и этнография Дагестана XVIII - XIX вв. С.185.

5. Шамхалы тарковские // Сборник сведений о кавказских горцах. Тифлис. Вып.1. Отд.IV. С.9.

6. Гильденштедт И.А. Географическое и статистическое описание Грузии и Кавказа из путешествия г-на Академика... чрез Россию и по Кавказским горам в 1770, 71, 72 и 73 годах. СПб. 1809. 384с. С.107.

7 Российский государственный военно-исторический архив. Москва. Ф.52. Оп.1/194. Д.416. Ч.I. Л.262.

8. Российский государственный военно-исторический архив. Москва. Ф.52. Оп.1/194. Д.567. Л.3.

9. Бутков П.Г. Материалы для новой истории Кавказа с 1722 по 1803 год. СПб.: Типография императ. АН, 1869. Ч.II. С.332-333.

10. Тихонов Д.И. Описание Северного Дагестана. 1796 г. // История, география и этнография Дагестана XVIII - XIX вв. С.130.

11. Щербачев А.П. Описание Мехтулинского ханства, койсубулинских владений и ханства Аварского. Около 1830 г. // История, география и этнография Дагестана XVIII - XIX вв. М.: Изд-во вост. литературы. М. С.295.

12. Ахвердов А.И. Два рапорта о дагестанских делах. 1802 г. // История, география и этнография Дагестана XVIII - XIX вв. С.232.

Грищенко В.В.
ассистент
Государственного университета управления
г. Москва

АКТУАЛЬНЫЕ ВОПРОСЫ ОБЕСПЕЧЕНИЯ ЗАКОННОСТИ И ПРАВОПОРЯДКА ПО ОХРАНЕ ОБЪЕКТОВ ГОСУДАРСТВЕННОЙ ВАЖНОСТИ

Всякая революция имеет первостепенную задачу по захвату основных, жизненно важных объектов. Достаточно вспомнить революционную тактику 1917 года в России: «... Комбинировать наши три главные силы: флот, рабочих и войсковые части так, чтобы непременно были заняты и ценой каких угодно потерь были удержаны: а) телефон, б) телеграф, в) железнодорожные станции, г) мосты в первую голову.»[6,148].

Другой исторический документ, план «Барбаросса» предусматривал: «Русские железные дороги и пути сообщения в зависимости от их значения для операции должны перерезаться или выводиться из строя посредством захвата наиболее близко расположенных к району боевых действий важных объектов смелыми действиями воздушно-десантных войск[5].

Обратим внимание на современные «цветные» революции, которые прошли в Сербии, Грузии, Киргизии, Украине и других странах и были сделаны по одному сценарию, режиссеры, которого находятся на Западе, где ежегодно на эти цели тратится 1,3 млрд. долларов. Это одно из основных направлений, куда сосредотачиваются усилия[3,159].

Характерным в данном вопросе являются события в Украине в конце 2013 начале 2014 года. Лидеры майдана не только быстро овладели зданиями центральной власти в Киеве, но и направили часть своих сторонников в ключевые города Украины (Харьков, Донецк, Севастополь), где так же были сделаны попытки по захвату объектов государственной важности.

Данные факты показывают актуальную необходимость в обеспечении законности и правопорядка при охране объектов государственной важности, которая является в настоящее время одним из ключевых вопросов при обеспечении конституционных прав личности, общества и государства для современной России.

Поэтому в данной статье автор не ставит цель глубоко рассмотреть современные взгляды на тактику и стратегию, применяемую в революциях и при организации агрессии, а обращается к истории.

В качестве исторического примера проанализированы действия специальных сил в годы Великой Отечественной войны по охране и обороне объектов, имеющих важное государственное значение для обороноспособности страны, т.е. к войскам НКВД (ныне Внутренним Войскам МВД России).

К началу Великой Отечественной войны в составе войск НКВД насчитывалось 173,9 тыс. чел., из которых 27,3 тыс. чел. проходили службу в оперативных частях, 63,7 тыс. чел. в войсках по охране железных дорог, 29,3 тыс. чел. в войсках по охране особо важных объектов[1,123].

Войскам были поставлены задачи: организация охраны тыла фронтов действующей Красной Армии; усиление охраны особо важных объектов; и эвакуация вглубь страны из прифронтовой зоны военных заводов; охрана общественного порядка; несение гарнизонной службы в городах и населенных пунктах, освобождаемых от фашистов.

В августе 1941 г. по решению ГКО из войск НКВД[7] на фронт было отправлено 110 тыс. военнослужащих, а в середине 1942 г. еще 75 тыс. В конце этою же года из воинов пограничных и внутренних войск была сформирована Отдельная армия войск НКВД в составе шести дивизий[6].

За годы войны НКВД передал из своего состава в действующую Красную армию 29 дивизий. Всего же в боевых действиях против фашистов участвовало 53 дивизии и 20 бригад НКВД[1,176].

За первое полугодие войны войска НКВД сражались на всех главных направлениях наступления противника. В защите Ленинграда, Москвы, Сталинграда принимали участие 22 соединения войск НКВД, из них три дивизии были награждены боевыми наградами.

Решением СНК СССР от 24 июня 1941г. на НКВД была возложена задача охраны тыла фронтов и армий. Войска действовали под непосредственным авиационным и артиллерийским воздействием противника, в условиях возможных диверсий на охраняемых объектах. Выполнение служебно-боевых задач требовало большого напряжения моральных и физических сил, постоянной бдительности.

По решения высших органов государственной власти 25 июня 1941 г. приказом НКВД на всех фронтах были назначены начальники охраны войскового тыла. В их подчинение передавались части и соединения пограничных, оперативных, конвойных войск, войск по охране железнодорожных сооружений и особо важных предприятий промышленности, дислоцированных в прифронтовой полосе.

Служебно-боевая деятельность войск НКВД по охране тыла действующей армии осуществлялась путем выставления контрольно-пропускных и проверочных пунктов, постов наблюдения и др. Глубина тыла фронта, охраняемая войсками, определялась каждом конкретном случае и достигала 25 и более км. [2,126]

Задача по охране объектов государственной важности приобрела еще более острый характер, т.к. все эти объекты имели стратегическое значение, а значит, для врага имели большой интерес.

При этом часть объектов перемещалось (с заводов вывозилось оборудование), чтобы они могли продолжать свою работу глубоко в тылу, чаще всего на Урале. Эти грузы сопровождали те же части, что и охраняли их на местах.

Характерным примером является служебно-боевая деятельность части внутренних войск по охране завода №12 (г. Электросталь). Основное оборудования завода в июле 1941 года была вывезено в Уфу, что обеспечивалось силами охраны войсковой части[9]. Из архивных документов следует, что «полк принял под охрану РВ-1 им. Коминтерна, Владимирское отделение Госбанка и Спецхранилище с государственными ценностями, РВ-96, РВ-84 и МПРЦ "Купавна[8,11].

Охрана завода №12 стала производиться по мобилизационному плану. От полка в г. Кашира был выделен оперативный батальон в составе двух стрелковых рот с задачей – поддержание порядка, борьба с воздушными десантами, диверсионными группами и разведкой противника, а так же оборона города и подступов к нему. Из донесений командира оперативного батальона видим, что с 14октября по 4 ноября 1941г. было задержано 1564 человека, в числе которых оказались шпионы, диверсанты, лица без документов. У задержанных было отобрано оружие: винтовки, снайперские винтовки, ручные пулеметы.

Было принято решение об эвакуации охраняемых объектов: РВ-1- в Уфу, РВ-84- в Казань, РВ-96 в Свердловск. Завод №12 частично эвакуирован в Новосибирск. Эвакуация ценностей Госбанка была произведена в Казань[8,31].

В связи с эвакуацией на всех указанных объектах менялось количество постов. Разрабатывается план по формированию батальона оперативного резерва при 199 полку войск НКВД. Из документов видно, как формировался штат, тщательно подбирался личный состав батальона.

Из донесений командира оперативного батальона видно, что к этому времени немецкие войска были уже в Подмосковье. 25 ноября 1941 г. разведотделение 3-го взвода 1-й роты оперативного батальона полка под командованием мл. лейтенанта Клопова, высланное на автомашине в направлении станции Мордвес установить прерванную связь и определить местонахождение противника, натолкнулось на разведку немцев и было обстрелено пулеметным и автоматным огнем. В результате боя было убито 5 человек, ранено-2, а разведкой установлено движение по шоссе крупной колонны противника более 100 бронемашин[8,34]

В донесении командира оперативного батальона показаны конкретные результаты исполнения службы личным составом заградбатальона: дозором заставы по охране понтонного моста через р. Ока у г. Кашира в составе красноармейцев Полищука, Ларина, Голоктионова задержаны 2 шпиона (мужчина и женщина). Заставами заградительного батальона задержано и отправлено в Особый отдел:

отставших от частей – 93; вышедших из окружения – 34; бежавших из плена – 8; дезертиров- 5; прочих -14. Один из дезертиров найден мл. лейтенантом Кузьминым в г. Ступино в квартире, запертым в сундуке. Отмечены как отличившиеся следующие красноармейцы: Брыксин (задержал 25 человек); Занозин (задержал 17человек); Шипулев (задержал -15 человек) [9,31].

13 декабря 1941г. освобождена Тула, и в связи с этим туда в распоряжение райотделов НКВД для оперативной работы из заградительного батальона переброшено 150 человек[9,45].

Вызывает большой интерес и План политического обеспечения батальона оперативного резерва, утвержденный командиром полка майором А. С. Кубраком[9,11]. Мероприятия плана включали в себя расстановку по ротам партийно-комсомольского состава, проведение партсобраний, лекции на тему «Лучше смерть, чем фашистский плен», просмотр фильмов «Ленин в 18 году», «Вратарь» [9,45].

В 1942-м году на базе полка заработала школа по подготовке снайперов, выпускники которой направлялись в действующую армию. В течение 1943 года они уничтожили 1936 фашистов. 37 мастеров меткого огня были награждены орденами и медалями, в их числе старшина Василий Берлет, который истребил 64 гитлеровца. 261 фашиста уничтожил взвод снайперов под командованием младшего лейтенанта Ивана Уткина.

Приказ заместителя командира 16 дивизии войск НКВД по охране особо важных предприятий промышленности от 1 февраля 1943г. характеризует политико-моральное состояние воинской дисциплины в полку: «Практическими делами бойцы и командиры готовились к встрече 25 годовщины славной Красной Армии. 209 человек отмечены благодарностями, среди получивших поощрения имеется 33 коммуниста, 35 комсомольцев. Вторично награжден медалью «За боевые заслуги» снайпер коммунист старшина Берлет[10,22].

Коммунисты полка провели проверку состояния быта семей военнослужащих, после чего вопрос был обсужден на заседании полкового партбюро, и, как результат, с семьями были организованы и проведены занятия «по текущему моменту». Жены начсостава оказывали значительную помощь командованию в швейном обслуживании военнослужащих (пришивка пагон, перешивка воротников шинелей и т. п.) [10,43].

По различным аспектам жизни страны и армии с личным составом полка проводились беседы и доклады, например, «Новые знаки различия и задачи по укреплению дисциплины в Красной Армии и войсках НКВД», «Отличное проведение посевной кампании 1943 г. – ускорит победу над врагом». В одном из приказов отмечается отношение воинов к выпуску 2-го Государственного Военного займа[10,45], осуществленному в переломный момент великой Отечественной войны. Бойцы, давая взаймы, государству свои сбережения заявляли: «Мы ничего не пожалеем для нашей победы».

1945 год в жизни полка ознаменовался возвращением к выполнению прямых обязанностей по охране обьектов государственной важности. «Гарнизон № 31 по охране завода 1-го типа переформировать в гарнизон 4 типа.» [10,45].

В целом, оценку жизни и боевой деятельности воинов электростальской части войск НКВД за годы Великой Отечественной войны, дала Родина. И эта оценка оказалась высокой. 1563 военнослужащих полка удостоились государственных наград за проявленный героизм, мужество, умелое выполнение своих профессиональных обязанностей.

Библиографический список

1.Внутренние войска: Исторический очерк. Под ред. В. П. Баранова. М., 2007.

2.Войска называются Внутренними: Краткий исторический очерк. М., 1982.

3.Грищенко Л.Л. Проблемы регулирования общественных отношений в условиях внутреннего вооруженного конфликта. Публичное и частное право №II (X). М.: 2011.

4.Директива № 21. План «Барбаросса». http://www.pobediteli.ru/documents/barbarossa.html

5.Докладная записка НКВД СССР № 743/Б в ГКО. http://pvrf.su/dok/1939-1945/dok53.htm

6.Ленин В. И. Советы постороннего // Полн. собр соч. Т. 23.

7.Постановление ГКО 21сс от 06 июня 1941г. http://soldat.ru/doc/gko/scans/0041-1.jpg

8.Российский государственный военный архив(РГВА). ф. 252, о. 1с. д.1: л. 11, 25, 34;

9.РГВА.ф. 252, о. 1с, д.24:л.25,31,41,43

10.РГВА. ф. 252, о. 1с, д.18: л.22,43,44,45

Блинов А.В.
к.и.н., доцент, ФГБОУ ВПО «Кемеровский государственный университет»

ЭВОЛЮЦИЯ ОРГАНОВ РЕГИОНАЛЬНОГО УПРАВЛЕНИЯ УЧЕБНЫМИ ЗАВЕДЕНИЯМИ ВЕДОМСТВА МИНИСТЕРСТВА НАРОДНОГО ПРОСВЕЩЕНИЯ НА ТЕРРИТОРИИ ЗАПАДНОЙ СИБИРИ (1803 – 1885)

Реформы начала царствования Александра I, создавшие окружную модель управления, способствовали началу централизации управления учебными заведениями [3, 437-442]. По мнению И.К. Озерова, основным принципом построения округов был принцип самодостаточности: они объединяли более или менее обширные территории, располагавшие определенным минимумом культурных сил и ресурсов, при наличии организующего, системообразующего центра в лице университета [4, 76]. Однако на территорию Западной Сибири, в силу ее геополитического положения и малочисленности начальных и средних учебных заведений, окружная модель управления была распространена только в 1885 г.

Первоначально учебные заведения Сибири были отнесены к близлежащему Казанскому учебному округу. Согласно главе XV «Об управлении и надзирании училищ» Устава Императорского Казанского университета (1804) определялись принципы управления учебными заведениями Казанского учебного округа. Контрольная функция над учебными заведениями округа возлагалась на Училищный комитет университетского совета [9, 623-624]. Управление на местах было представлено дирекциями народных училищ. В связи с удаленностью сибирских учебных заведений от окружного центра для их непосредственного курирования именным указом от 3 июля 1821 г. была введена должность визитатора, которую занял директор иркутской гимназии П.А. Словцов [1, 763].

В 1828 г. последовала новая реформа по реорганизации системы управления сибирскими учебными заведениями ведомства Министерства народного просвещения, в соответствии с которой в течение 31 года они находились под контролем гражданских губернаторов [8, 1099]. За данный период на посту Томского гражданского губернатора сменилось 8 человек: Фролов Петр Кузьмич (1822-1830), Ковалевский Евграф Петрович (1830-1835), Шленев Николай Алексеевич (1835-1837), Бегер Франц Францевич (1838-1840), Татаринов Степан Петрович (1840-1847), Анасов Павел Петрович (1847-1851), Бекман Валериан Александрович (1851-1857), Озёрский Александр Дмитриевич (1857-1864); Тобольского – 12: Нагибин Василий Афанасьевич (1828-1831), Сомов Пётр Дмитриевич (1831-1831), Муравьев Александр Николаевич (1831-1833), Копылов Василий Иванович

(1835-1835), Ковалёв Иван Гаврилович (1835-1836), Повало-Швейковский Христофор Христофорович (1836-1839), Талызин Иван Дмитриевич (1839-1940), Ладыженский Михаил Васильевич (1840-1844), Энгельке Кирилл Кириллович (1845-1852), Прокофьев Тихон Федотович (1852-1854), Арцимович Виктор Антонович (1854-1858), Виноградский Александр Васильевич (1859-1862). Однако никто из них не пытался изменить сложившуюся практику управления.

Реформирование данной модели управления связано с деятельностью созданного II Сибирского комитета (1852), согласно плану работ которого, планировалось обсудить вопрос о необходимости учреждения в Сибири особого учебного округа с целью достижения единства в управлении учебными заведениями. Важная роль в решении данного вопроса принадлежала и представителю региональной власти – генерал-губернатору Западной Сибири Г.Х. Гасфорду. Именно он в 1853 г. предложил освободить гражданских губернаторов Тобольской и Томской губерний от обязанности попечителей и подчинить все учебные заведения ведомства Министерства народного просвещения генерал-губернатору [6, 31-32]. После ряда согласований, 12 апреля 1859 г. было Высочайше утверждено «Положение об управлении гражданскими учебными заведениями Западной Сибири», согласно которому генерал-губернатору предоставлялось главное управление всеми гражданскими учебными заведениями Западной Сибири [5, 336-339]. За время нахождения учебных заведений под контролем генерал-губернаторской власти на данном посту сменилось пять человек: Гасфорд Густав Христианович (1850-1861), Дюгамель Александр Осипович (1861-1866), Хрущов Александр Павлович (1866-1875), Казнаков Николай Геннадьевич (1875-1881) и Мещеринов Григорий Васильевич (1881-1882).

Вновь вопрос о необходимости изменения существующей практики управления учебными заведениями Западной Сибири возникает в 1878 г. во время генерал-губернаторства Н.Г. Казнакова, в связи с созданием при Министерстве народного просвещения Особой комиссии для обсуждения вопроса об учреждении в Сибири университета. В ходе обсуждений было принято решение, что в случае учреждения сибирского университета, генерал-губернатор будет освобожден от управления учебными заведениями и создан самостоятельный учебный округ [7].

После доработки данного вопроса на уровне Государственного Совета, 12 марта 1885 г. последовал Высочайше утвержденный указ о создании самостоятельного Западно-Сибирского учебного округа на равных основаниях с учебными округами Российской империи [2, 102].

Подводя итог, необходимо отметить, что до непосредственного учреждения самостоятельного учебного округа на территории Западной Сибири данный вопрос неоднократно поднимался как на центральном, так и региональном уровне. В решении данного вопроса можно выделить три взаимообусловленных этапа. Первый – 1803-1828 гг. – когда учебные заведения Западной Сибири находились в административном подчинении Казанского учебного округа. Второй – 1828-1859 гг. – когда учебные заведения находились в ведении гражданских губернаторов. Третий – 1859-1885 гг. – когда учебные заведения были переданы во власть генерал-губернатора Западной Сибири.

Литература (источники):

1. Об учреждении визитатора для постоянного осмотра училищ в трех сибирских губерниях // ПСЗРИ. – Собр. 1. – Т. 37. - № 28674. – С. 763.
2. Об учреждении Западно-Сибирского учебного округа // ПСЗРИ. – Собр.3. – Т. 5. № 2808. – С. 102.
3. Об учреждении учебных округов, с назначением для каждой особых губерний // ПСЗРИ. – Собр.1. – Т. 27. - № 20598; Об устройстве училищ // ПСЗРИ. – Собр. 1. – Т. 27. - № 20597. – С. 437-442.
4. Озеров И.К. К реформе образования. – М.: Изд-во В.М. Саблина, 1907. – С. 76.
5. Положение об управлении гражданскими учебными заведениями в Западной Сибири // ПСЗРИ. – Собр. 2. – Т. 34. – Ч. 3. № 34355. – С. 336-339.
6. РГИА (Российский государственный исторический архив). Ф. 733. Оп.84. Д. 164. Л. 31-32.
7. РГИА. Ф. 1152. Оп. 10. Д.81. Л. 1-2об.; Ф. 733. Оп. 194. Д. 219. Л. 30.
8. Устав гимназий и училищ уездных и приходских, состоящих в ведомстве университетов: С. Петербургского, Московского, Казанского и Харьковского // ПСЗРИ. – Собр. 2. – Т. 3. - № 2502. – С. 1099.
9. Устав Императорского Казанского университета // ПСЗРИ. – Собр. 1. – Т. 28. № 21500. – С. 623-624.

УДК 130.2

Мезенцев Е.А., Литвина Д.В.

Е. А. Мезенцев: к.ф.н, доцент кафедры Философии и социальных коммуникаций Омского государственного технического университета;

Д. В. Литвина: аспирантка кафедры Философии и социальных коммуникаций Омского государственного технического университета

НРАВСТВЕННО-ЭСТЕТИЧЕСКИЙ АСПЕКТ ИСКУССТВА

В «Толковом словаре русского языка» С.И. Ожегова нравственность трактуется как внутренние, духовные качества, которыми руководствуется человек, этические нормы и правила поведения, определяемые этими качествами [1]. То есть нравственность отображает взаимоотношения людей, нормы их жизни, общечеловеческие ценности.

Культурологи не раз высказывалиидею одопустимости взаимосвязи материального и духовного в культуре, снимающего их противоположность. Одни теоретики доказывали, что таким третьим слоем культуры является *политическая культура,* другие, – что им является *культура общения,* третьи – что отождествление материального и духовного происходит в *художественной культуре*[2, с. 175-193].По мнениюМ. С. Кагана только в художественном творчестве материальное и духовное обоюдно отождествляются, возникает ситуация, когда предикат материального и духовного утрачивается и возникают другие системные свойства. Художественное творчество формирует «новую реальность», которая гипостазирует отображение мира в сознании художника - творца, а с другой стороны – создаетсвоеобразный «язык» искусства необходимый для осуществления им коммуникативной функции. Отображение действительности становится общим достоянием в том случае, когда оно выражается в художественных средствах, выполняющих роль неких знаков, когда оно фиксируется в «языке» искусства. Художественное произведение осознается читателем, зрителем, слушателем в идейно-социальном и социально-психологическом содержании, обладая*семиотическим аспектом.* Этот аспект находится между творческим и общественным как выражение в результате творчества определенной социальной значимости.

Художественное произведение интегрирует в себе разнообразные свойства, являясь и когнитивным отображением реальности и её оценкой, материальной структурой и своеобразной знаковой системой, олицетворением духовного мира индивидуума и общественным явлением, игрой и средством воспитательнойсуггестивности. Данные характеристики связаны между собой, будучи различными сторонами единого в своей целостности произведения искусства. Лишь в искусстве можно встретить превращение материального в духовное, а духовного в материальное.

Любой вид деятельности, считает Л. Н. Столович, эстетически значим настолько, насколько он является творческим, целесообразным и свободным.

В творческой деятельности присутствуют материальные и духовные ценности, но это возможно только потому, что в процессе творчества открываются и прогрессируют духовные способности личности – разум и воображение, эмоции и воля. Анализ художественного произведения любого вида искусства показывает, что эстетические свойства реальности есть предмет его отражения, его познания.

Л. Н. Столович отмечает, что искусство воздействует в целом на индивидуума. Оно формирует, иногда интуитивно, неосознанно, систему человеческих установок, действие которых проявится рано или поздно и зачастую непредсказуемо, а не просто преследует цель побудить человека к тому или иному конкретному поступку [3, с.22-103].

Между социальным и отражательно-информационным располагается *воспитательный аспект.* Воспитательныйпотенциал искусства осуществляется потому, что он отражает реальность с позиций социальных потребностей и интересов, норм и идеалов. Поэтому искусство и оказывает социально-воспитательное воздействие на индивидуума, формируя его в духе соответствующих социальных норм и ценностей.

Внушающая, или *суггестивная* (от лат. suggestio– внушение), функция искусства обусловливает его особую действенную силу. Диалектическая взаимосвязь сознательного и бессознательного в эстетическом отношении и художественном творчестве, причастность того или другого к сфере бессознательного и обусловливают суггестивную функцию искусства, его внушающее воздействие на воспринимающего художественное произведение человека. Одним из важнейших факторов суггестивного воздействия искусства является его эмоциональный заряд, способность не просто передавать человеческие чувства, но и *пробуждать* их у читателя, зрителя, слушателя [3,с.211].

Диалектика произведения искусства состоит в том, что оно, представляя собой особый, замкнутый в себе мир, законченный и гармоничный, одновременно принципиально не закончено, с необходимостью предполагая свое продолжение в деятельности читателя, зрителя, слушателя, давая алгоритм и программу этой деятельности, но не отвечая за её результаты.

Библиографический список

1. Ожегов, С.И., Шведова, Н.Ю. Толковый словарь русского языка / И.С. Ожегов, Н.Ю. Шведова. – 4-е изд., доп. – М.: ИТИ Технология, 2008. – 944с.

2.   Каган, М. С. Философия культуры / М.С. Каган.– СПб, ТОО ТК «Петрополис», 1996. – 416 с.

3.   Столович, Л. Н. Жизнь – творчество – человек: Функции худож. Деятельности / Л. Н. Столович. – М.: Полтиздат, 1985. – 415 с.

Таранушенко Т.Е., Кустова Т.В., Салмина А.Б.

Таранушенко Татьяна Евгеньевна, д.м.н., профессор, зав. кафедрой педиатрии Института последипломного образования ГБОУ ВПО «Красноярский государственный медицинский университет имени профессора В.Ф. Войно-Ясенецкого» Министерства здравоохранения РФ; e-mail: tetar@rambler.ru

Кустова Татьяна Владимировна, аспирант (очный), кафедра педиатрии Института последипломного образования ГБОУ ВПО «Красноярский государственный медицинский университет имени профессора В.Ф. Войно-Ясенецкого» Министерства здравоохранения РФ; e-mail: tkust@yandex.ru

Салмина Алла Борисовна, д.м.н., профессор, зав. кафедрой биохимии с курсами медицинской, фармацевтической и токсикологической химии, проректор по инновационному развитию и международной деятельности ГБОУ ВПО «Красноярский государственный медицинский университет имени профессора В.Ф. Войно-Ясенецкого» Министерства здравоохранения РФ; e-mail: allasalmina@mail.ru

КОМОРБИДНЫЕ РАССТРОЙСТВА ПРИ СИНДРОМЕ ДЕФИЦИТА ВНИМАНИЯ И ГИПЕРАКТИВНОСТИ У ДЕТЕЙ МЛАДШЕГО ШКОЛЬНОГО ВОЗРАСТА

Синдром дефицита внимания и гиперактивности (СДВГ) представляет собой наиболее распространенную форму нервно-психических нарушений с манифестаций в детском возрасте, что подтверждается показателями высокой частоты выявляемости данной патологии в детской популяции - от 2 до 12% (чаще у мальчиков) [1, 54; 2, 30; 3, 23; 4, 3; 5, 41-42; 6, 89; 7, 942; 8, 303; 9, 942].

Для данного расстройства характерна триада симптомов: нарушение внимания, гиперактивность и импульсивность. В настоящее время доказано, что СДВГ, манифестируя у дошкольников, достигает максимальных проявлений в начальной школе и, эволюционируя, не исчезает ни у подростков, ни у взрослых, а по мере взросления трансформируется и претерпевает изменения в количественном и качественном соотношении симптомов [2, 59; 3, 31; 10, 92]. Очевидно, что наличие сопутствующих психиатрических нарушений при СДВГ скорее закономерность, чем исключение, а дополнительные сложности внутрисемейной, школьной и социальной адаптации при СДВГ зачастую сопряжены с последующими более серьезными сопутствующими расстройствами [2, 59; 3, 31; 10, 92].

Недостаток научных исследований по распространенности и структуре коморбидности, существенные риски, способные усиливать тяжесть состояния и ухудшать прогноз больных, а также отсутствие единого комплексного подхода к оценке коморбидности в детском возрасте влечет за собой пробелы в клинической деятельности и не может остаться за пределами внимания педиатрической науки и практики.

Целью настоящего исследования явилось выявление коморбидных расстройств при СДВГ у детей младшего школьного возраста и уточнение взаимосвязи коморбидности с возрастно-половыми особенностями при данной патологией.

Под наблюдением находились 172 пациента с СДВГ, из них 90 мальчиков и 82 девочки в возрасте от 7 до 10 лет (средний возраст 8,7±1,1 лет).

Диагностика СДВГ проводилась в несколько этапов. Первый этап включал анкетирование родителей и педагогов с помощью унифицированных опросников по симптоматике СДВГ (модификации на основе критериев DSM-IV и ADHD Rating Scale-IV) [11, 943] путем одномоментного обследования родителей и педагогов.

На втором этапе дети с согласия родителей были осмотрены неврологом, психиатром, педиатром и школьным психологом.

Процесс наблюдения и обследования включал клиническое интервью с ребенком и с одним из родителей ребенка (или опекуном), а также с педагогом (учителем или воспитателем).

Дополнительные сведения были получены из истории развития ребенка и/или медицинской карты ребенка.

Статистическая обработка осуществлялась с использованием пакета прикладных программ STATISTIKA 6.0 и BIOSTATISTIKA. Для всех данных рассчитывались абсолютные показатели и процент, характеризующий долю детей с определенным признаком. Сравнение качественных признаков проводилось с помощью вычисления $\chi2$.

Выявляемость коморбидных расстройств при СДВГ у детей младшего школьного возраста составила 81,4% случаев, при этом в 34,9% отмечались три и более сопутствующих заболеваний.

Не было выявлено значимых гендерных различий в частоте выявляемости СДВГ, который сочетался с сопутствующими патологическими состояниями, диагностированными по данным анамнеза (оценка сопутствующей патологии) и результатам выполненного клинического исследования, и установлено статистически значимое преобладание СДВГ с коморбидными нарушениями в возрастной группе 8-9 лет.

Среди пациентов с СДВГ в сочетании с 3 и более нозологическими формами доля мальчиков была в 1,9 раза больше, что указывает на гендерные особенности СДВГ с позиции сопутствующих расстройств и, вероятно, определяет большую выраженность клинических проявлений рассматриваемой патологии в данной когорте пациентов.

Наиболее частыми коморбидными состояниями у детей с СДВГ явились различные виды невротических, неврозоподобных и тревожных расстройств, установленные у 33,1%; второе место заняли нарушения речи и школьных навыков (дисграфия, дискалькулия, дислексия), доля которых составила 30,2%; на третьем месте - оппозиционно-вызывающим вариантам поведения, диагностированные у 24,4% детей.

Неврозы и тревожность преобладали в возрастной группе 8-9 лет независимо от половой принадлежности, однако характер невротических расстройств имел отчетливые гендерные различия: у мальчиков с наибольшей частотой регистрировались тики и энурез, а у девочек – тревожность и нарушения сна. Минимальное число этих сопутствующих нарушений отмечались у детей 6-7 лет.

Расстройства развития речи и школьных навыков в 1,7 раза преобладало у мальчиков с СДВГ – 19,2%, против 11% у девочек; данный вариант коморбидности имел тенденцию к более высокой выявляемости в возрастной группе 8-9 лет (15,1% детей).

Оппозиционно-вызывающие расстройства поведения диагностировались у 42 детей (24%) при относительно равномерном распределение у пациентов рассматриваемых возрастных групп; указанные расстройства имели выраженные гендерные различия и составили 90,5% среди мальчиков.

ЛИТЕРАТУРА

1. *Заваденко Н.Н.* Синдром дефицита внимания с гиперактивностью: диагностика, патогенез, принципы лечения. Вопросы практической педиатрии. 2012; 7 (1): 54–62.

2. *Заваденко Н.Н.* Коморбидные расстройства при синдроме гиперактивности с дефицитом внимания у детей. Журнал неврологии и психиатрии. 2007; 7: 30-5.

3. *Романчук О.И.* Синдром дефицита внимания и гиперактивности у детей : практическое руководство. М.: Генезис; 2010.

4. Синдром дефицита внимания с гиперактивностью (СДВГ): этиология, патогенез, клиника, течение, прогноз, терапия, организация помощи (Доклад экспертной комиссии по СДВГ). Русский журнал детской неврологии. 2007; 2 (1): 3–21.

5. *Таранушенко Т.Е., Кустова Т.В., Салмина А.Б.* Синдром дефицита внимания и гиперактивности у детей: эпидемиология, современный взгляд на этиопатогенез, диагностику и основные принципы психофармакотерапии (обзор литературы). Российский педиатрический журнал. 2013; 4: 41-7.

6. *Barkley R.A.* International consensus statement on ADHD. Clin. Child. Fam. Psychol. Rev. 2002; 5: 89–111.

7. *Barkley R.A.* Issues in the diagnosis of attention-deficit/hyperactivity disorder in children. Brain Dev. 2003; 25: 77–83.

8. *Faraone S.V.* Genetics of adult attention-deficit/hyperactivity disorder. Psychiatr Clin North Am&. 2004; 27: 303-21.

9. *Polanczyk G., Lima M.S., Horta B.L, Biederman J., Rohde L.A.* The Worldwide Prevalence of ADHD: A Systematic Review and Metaregression Analysis. Am J Psychiatry. 2007; 164: 942-8.

10. *Ноговицина О.Р., Левитина Е.В.* Система комплексной реабилитации детей с синдромом дефицита внимания с гиперактивностью: инновационные подходы к наблюдению и лечению. Вопросы современной педиатрии. 2012; 11 (1): 91-7.

11. Diagnostic and Statistical Manual of Mental Disorders (4th edition Revision) (DSM-IV-TR). American Psychiatric Association. Washington, DC, 2000; 943.

Вязьмин А.Я., Клюшников О.В., Подкорытов Ю.М.
1) д.м.н., профессор, зав.кафедрой ортопедической стоматологии;
2) к.м.н., ассистент кафедры ортопедической стоматологии;
3) к.м.н., доцент кафедры ортопедической стоматологии Иркутского государственного медицинского университета
E: mail - klush.stom@mail.ru

УЛЬТРАГИСТОМИЧЕСКОЕ СТРОЕНИЕ ЖЕВАТЕЛЬНЫХ МЫШЦ

Получение детальных сведений по структурным особенностям различных типов мышечных волокон имеет большое значение при интерпритации функциональных и патологических состояний мышц.
Изучение полутонких срезов под световым микроскопом не позволило нам выявить морфологических изменений и нарушен Ий, происходящих на ультраструктурном уровне, поэтому в дальнейшем мы приводим описание электронномикроскопических и ультрацитохимических исследований.
Гистохимические исследования последних лет позволили выявить некоторые особенности строения мышечных пучков при ряде заболеваний человека и в условиях эксперимента на животных. При патологических условиях значительно меняется ферментативная активность отдельных мышечных пучков. Это проявляется либо в истинном количественном перераспределении белых и красных мышечных волокон в пучке, либо обусловлено изменением тонкого строения внутриклеточных структур, приводящим к трансформации одного вида волокон в другой. Использование электронного микроскопа в изучении скелетных мышц человека и животных в норме и патологии позволит уточнить представления о сущности процессов, происходящих в мышечных волокнах.

В настоящем исследовании предпринято изучение ультраструктуры и ультрацитохимии мышечных волокон жевательных мышц собак с целью выявления особенностей субмикроскопической структуры в норме для правильной трактовки изменений, происходящих при частичной потере зубов и ортопедическом лечении в разные сроки.

Гистохимическими методами исследования установлено, что жевательные мышцы собак два основных типа мышечных волокон — красные и белые, характеризующиеся различиями в ферментативном отношении.
Изучение ультраструктуры жевательных мышц собаки позволило нам выявить три типа мышечных волокон. При этом отмечено, что различные типы мышечных волокон имеют как общие черты строения, так и особенности субмикроскопической структуры, характеризующиеся различным количественным содержанием митохондрий и липидлв, их распределением в саркоплазме, шириной Z-полос.

Для всех трех типов мышечных волокон характерно наличие сарколеммы, состоящей из двух компонентов: базальной мембраны и плазмолеммы. Плазмолемма образует пиноцитозные пузырьки. В зоне мионевральных контактов сарколемма имеет особое строение, она обладает повышенной осмиофильностью и формирует ряд складок и щелей.

Саркоплазма содержит множество ядер, располагающихся преимущественно под сарколеммой и лишь изредка – центрально. Ядра обычно овальной формы, имеют четко выраженную двухконтурную оболочку. Хроматин равномерно расположен по всему ядру. Околоядерная зона богата митохондриями, гранулами гликогена. Иногда здесь обнаруживаются липидные включения, аппарат Гольджи, свободные рибосомы.

Миофибриллы, являющиеся функциональными единицами мышечного сокращения, представлены саркомерами с четко выраженными анизотропными и изотропными дисками, Z-, Н- и М- полосами.

Вдоль каждой миофибриллы проходит сложная сеть канальцев продольной саркоплазматической системы. Продольные канальцы взаимосвязаны поперечными трубочками на уровне А-I-дисков и Н-линий. В области Z-полос цитоплазматическая мембрана в виде рукавов продолжается в саркоплазму, образуя трубочки Т-системы (поперечная саркоплазматическая сеть). В каждом саркомере две расширенные концевые цистерны продольной саркотубулярной системы прилегают к поперечной Т-системе, образуя две триады на один саркомер. Между Т-системой и продольной саркотубулярной системой не обнаруживается открытого сообщения, они контактируют посредством поперечных м остиков. Концевые цистерны продольной саркоплазматической системы содержат электронноплотное вещество, в состав которого входят, по-видимому, ионы Са, принимающие участие в сокращении мышечных волокон.

В межмиофибриллярных пространствах на уровне I-диска обнаруживаются митохондрии, имеющие округлую или овальную форму. Размеры митохондрий колеблются. Количество крист в митохондриях невелико – достигает 8-10. Располагаются кристы поперечно, но встречается и продольное их расположение. Матрикс имеет среднюю электронную плотность.

Между митохондриями нередко наблюдаются включения липидов, ограниченные одинарной мембраной. Чаще контуры ограничивающей мембраны неровные. В межмиофибриллярных пространствах выявляются гранулы гликогена.

Наряду с общими чертами субмикроскопического строения для трех типов мышечных волокон имеются особенности ультраструктуры каждого типа.

Первый тип волокон содержит большое количество сравнительно крупных митохондрий, которые образуют подсарколеммальные и околоядерные скопления. Часто цепочки митохондрий располагаются между миофибриллами. Характерным для первого типа мышечных волокон является наличие между митохондриями включений липидов. Z-полосы в этих волокнах широкие, а трубочки саркоплазматической сети узкие.

При гистохимическом изучении в волокнах первого типа выявляется высокая активность СДГ. Активность фермента наблюдается в виде отложений мелких гранул формазана, равномерно расположенных в цитоплазме мышечных волокон. В части волокон под сарколеммой определяется почти черная каемка из гранул формазана. Эта субсарколеммальная активность соответствует активности подсарколеммных скоплений митохондрий.

Описанный тип мышечных волокон соответствует красным мышечным волокнам.

Белый тип волокон отличается от красных меньшим содержанием митохондрий и липидов. Митохондрии мелкие, они не образуют скоплений в подсарколеммальных и околоядерных зонах и редко встречаются на уровне А-дисков. Иногда в митохондриях мышечных волокон белого типа наблюдается значительно более светлый матрикс по сравнению с матриксом митохондрий красных мышечных волокон. Z-полосы узкие, а каналы саркоплазматической сети и Т-системы широкие и многочисленные. Гистохимическая активность СДГ в мышечных волокнах белого типа намного слабее, субсарколеммальная активность в них почти отсутствует.

Наряду с красными и белыми мышечными волокнами встречаются волокна, занимающие по содержанию митохондрий и липидов переходное положение между описанными основными типами – это промежуточные волокна. Иногда трудно установить, относится ли исследуемый участок к волокну белого или промежуточного типов.

Таким образом, в результате электронномикроскопического изучения жевательных мышц практически здоровых собак были выявлены некоторые особенности тонкого строения мышечных волокон. Было выделено три типа мышечных волокон, отличающихся количественным содержанием клеточных органелл, что отражает различный уровень метаболических процессов в них и, возможно, неодинаковую чувствительность к повреждающим воздействиям.

Клюшникова М.О., Клюшникова О.Н., Большедворская Н.Е.
1) К.м.н., ассистент кафедры терапевтической стоматологии
2) К.м.н., ассистент кафедры стоматологии детского возраста
3) К.м.н., ассистент кафедры терапевтической стоматологии
Иркутский государственный медицинский университет

ПОДГОТОВКА РЕБЕНКА ПЕРЕД СТОМАТОЛОГИЧЕСКИМ ВМЕШАТЕЛЬСТВОМ

Одной из главных задач детской стоматологии является психологическая подготовка ребенка к обследованию. Под понятием подготовка подразумевается комплекс мероприятий воздействующих на психологическое состояние ребенка перед лечением.

Недостаточно только говорить с ребенком перед лечением и во время него, а затем поступать с обычной практикой. Необходимо провести подготовку для каждого отдельного вмешательства и все лечение рассматривать как подготовку к следующему сеансу лечения.

Эффективность лечения зависит от квалификации врача и его умения установить контакт с ребенком. Для осуществления такого подхода необходимы следующие условия:

1. Уважение к личности ребенка.
2. Создание позитивной установки на лечение.
3. Премедикация.
4. Различные виды обезболивания.

Особое внимание уделяют первичному осмотру ребенка. Первая встреча стоматолога с ребенком преследует не только сбор данных для оценки стоматологического статуса, но и установление контакта с ним. Поэтому действия врача при первой встрече должны быть особенно осторожными, продуманными, чтобы не испугать ребенка, не причинить ему боли. Спокойный, доброжелательный тон, проявление внимания к вопросам, интересующим ребенка, разъяснить в доступной форме цель этих действий. Во время первой встречи лучше не предпринимать попыток лечения, если к этому нет неотложных показаний. Особенно важно придерживаться этого правила у детей с повышенной тревожностью, достаточно ярко проявляющейся в виде таких признаков, как нежелание вступать в разговор с врачом, выполнять его указания, резко повышенный мышечный тонус, слезы на глазах, расширение зрачков, усиленное потоотделение и т.д.

Есть мнение, что лечение таких «испуганных» детей нужно начинать лишь во время 4-го посещения, используя первое посещение для установления контакта и осмотра, второе – для информации ребенка об основах гигиены полости рта, 3-е – для обучения приемам чистки зубов и адаптации к подготовительным этапам лечения, обследованию полости рта с помощью зеркала и зубоврачебного зонда, введению в полость рта ватных валиков, включению бормашины.

Важное значение, для установления доброжелательных взаимоотношений между врачом и ребенком дошкольного возраста, особенно впервые пришедшие к стоматологу, имеет оформление кабинета. Наличие игрушек, красочных панно на стенах с изображение героев любимых сказок, мультфильмов, ослабевает реактивную тревожность, вызванную пребыванием в незнакомое помещение, встречами с неизвестными людьми в белых халатах, которые для многих детей с раннего возраста являются сигналом надвигающейся опасности.

Нет возможности перечислять все психологические принципы, которые следовало бы применять при стоматологических вмешательствах. Да и внедрение психологии в стоматологическую практику не представляет собой вопрос каких – то указаний и инструкций. Желательно, чтобы стоматологи все глубже и глубже знакомились с психологией.

Различают три категории принципиально важных моментов поведения ребенка.

Готовность к сотрудничеству. Такие дети вступают в разговор с врачом, понимают необходимость лечебных мероприятий и выполняют все требования. Однако подготовка к посещению врача должна проводиться на понятном ребенку языке, доступном его психологическому возрасту. Иначе даже хорошо воспитанный маленький пациент окажется один на один с серьезной проблемой.

Недостаточная готовность к сотрудничеству. Эти дети не в состоянии вступить в контакт с врачом и понять то, ради чего они пришли к врачу. Лечение в данном случае следует проводить под общим наркозом или с помощью успокаивающих средств.

Потенциальная неспособность к сотрудничеству. К этой группе следует отнести 3 – 6 – летних пациентов. Дети, имевшие печальный опыт общения с врачом или наслушавшиеся страшных рассказов о лечении, боятся стоматолога. К ним требуется особый подход.

Истерическое или неконтролируемое поведение эта модель характеризуется криком, резкими движениями и другими проявлениями темперамента, ее часто наблюдают при применении местной анестезии. В таких случаях возбуждающе действует страх перед лечением, который усиливается людьми, находящимися в кабинете. Данное поведение является классическим для детей, которые научились управлять своими родителями и добиваться желаемого с помощью истерик.

Отрицательное поведение. Пассивный ребенок, как правило, сидит в кресле напряженно, плотно стиснув зубы, старается не смотреть в глаза врачу и игнорирует любую попытку общения. Типичные высказывания при этом: « Я не позволю ничего делать со своими зубами!» или «Я не открою рот». Это дети старшего возраста, таким образом, они защищаются от приказов родителей или других людей, принимающих участие в лечении.

Трусливое поведение. Следствием страха перед первым посещением врача, прежде всего у детей младшего возраста, является то, что они становятся робкими и трусливыми. В этом случае врач должен очень медленно и спокойно, при необходимости повторяя одно и тоже несколько раз, объяснить пациенту цель лечения. Если ребенок довериться врачу, можно будет говорить о сотрудничестве.

Напряженность, но готовность к сотрудничеству. Эти дети крепко держатся руками за подлокотники кресла, напряженно следят за каждым движение врача или медсестры. Лечение принимается, но сопровождается криком, например при инъекции. Так как ребенок хочет сотрудничать, то он полностью зависит от поведения врача, и цель последнего – добиться от пациента доверия.

Плаксивое поведение. В этом случае плач используется ребенком как компенсирующая реакция на страх. Иногда он разрешает провести лечение, однако при этом не перестает плакать. Процедура отнимает много времени и сил , приносит разочарование, так как несмотря на достаточную местную анестезию, ребенок жалуется на боль. Такой ситуации можно избежать, завоевав доверие пациента.

Стоическое поведение. Такие дети спокойно и пассивно сидят в кресле и не препятствуют проведению лечения. Но они выглядят замкнутыми и печальными. Это поведение не типично для ребенка, поэтому оно должно послужить сигналом тревоги. Подобная ситуация может явиться следствием наказания или жестокого обращения перед лечением.

Дети являются продуктом окружающего мира. Поведение ребенка – это отражение его воспитания и взаимоотношений с родителями.

Заключение: Общение врача с неуправляемыми детьми может быть успешным в том случае, если он сумеет правильно интерпретировать различные аспекты поведения ребенка.

Пунченко О.Е., Косякова К.Г.
доц., канд.мед.наук, Северо-Западный государственный медицинский
университет им. И.И. Мечникова, г. Санкт-Петербург
Olga.Punchenko@mail.ru; karinkos@mail.ru

АНТРОПОГЕННАЯ КОНТАМИНАЦИЯ БОЛЬНИЧНОЙ СРЕДЫ

Введение. Согласно официальным данным Роспотребнадзора, инфекции, связанные с оказанием медицинской помощи (ИСМП), затрагивают не менее 5% получающих лечение в стационарах пациентов и входят в число десяти наиболее частых причин смертности населения. Пациенты с ИСМП пребывают в стационаре в 2-3 раза дольше, чем аналогичные пациенты без признаков инфекции, в среднем на 10 дней увеличивается срок стационарного лечения, в 3-4 раза возрастает стоимость лечения, в 5-7 раз - риск летального исхода. Значимыми факторами риска развития ИСМП являются руки персонала при несоблюдении правил гигиенической и хирургической обработки, а также поверхности ограждающих конструкций и воздух отделений лечебных организаций. Создание и контроль обеспечения безопасной больничной среды являются стратегической задачей здравоохранения, и ведущая роль при этом отводится эпидемиологическому надзору за ИСМП [1, 3-5].

Цель: оценить контаминацию абиотических объектов больничной среды студентами медицинского университета во время практических занятий в лечебных организациях.

Материалы и методы. Проведено исследование 103 сотовых телефонов, которые студенты проносят с собой в стационары, а также воздуха и рабочих поверхностей 3 учебных аудиторий. С поверхности телефонов делали смывы тампонами в 2,0 мл стерильного физиологического раствора – одним тампоном с лицевой и обратной стороны аппарата. После десорбции для определения МАФАМ по 1,0 мл смывной жидкости засевали глубинным способом в чашки Петри с заливкой мясо-пептонным агаром (МПА). Для выявления БГКП и *S. aureus* делали высев тампоном на среды Эндо и желточно-солевой агар (ЖСА) соответственно, идентификацию культур проводили стандартными микробиологическими методами. Воздух забирали в 4 точках с помощью импактора ПУ-1Б на МПА, ЖСА, кровяной агар (КА) и среду Сабуро. Посевы инкубировали при температуре 37 °C: МПА и КА - 24 ч, ЖСА – 48 ч; агар Сабуро – при температуре 22 °C 5 суток с предварительным просмотром на 2-е сутки. С поверхности рабочих столов площадью 100 см^2 брали смывы тампоном в 1% пептонную воду (ПВ) и делали количественный высев на МПА по методике исследования мобильных телефонов. Далее пробы подращивали в ПВ в течение 24 ч при 37 °C, затем делали высев на хромогенную среду Brilliance UTI agar, Oxoid, с последующей инкубацией в течение 24 ч при 37 °C. Хромогенная среда позволяет произвести дифференцировку стафилококков, псевдомонад, энтерококков, протеев и бактерий группы кишечной палочки.

Полученные результаты и обсуждение. Поверхности всех телефонов были контаминированы микроорганизмами, при этом на 10 из них (9,7%) количество МАФАМ превышало 500 КОЕ/телефон. Хотя по действующим документам микробная нагрузка на поверхности телефонов сотрудников лечебных организаций не нормируется, однако, исходя из полученных данных и с учетом того, что в асептических палатах во время пребывания больного допускается не более 10 КОЕ/4 м^2 постельного и нательного белья, а в воздухе не более 50-250 КОЕ/м^3 [3, 6-8], должны вводиться ограничения на пользование сотовыми телефонами в отделениях для пациентов из группы высокого риска развития ИСМП.

Выявлены различия в уровне обсемененности МАФАМ в зависимости от типа сотовых телефонов: на раскладывающихся аппаратах значение МАФАМ варьировало от 11 до 1325 КОЕ/телефон; на смартфонах – от 1 до 900 КОЕ/телефон. Выявлены различия в уровне микробной нагрузки в зависимости от пола пользователя: на поверхности телефонов представительниц женского пола количество МАФАМ составляло 0,1-15,6 КОЕ/см^2 телефона, мужчин – 0,1-9,0 КОЕ/см^2. Таким образом, несмотря на достоверно более низкий уровень обсемененности смартфонов по сравнению с другими телефонами, любой тип сотового телефона может быть контаминирован группой МАФАМ в значениях, недопустимых в помещениях лечебно-профилактических организаций класса А [4, 86].

При оценке санитарно-показательных микроорганизмов группы БГКП, которая объединяет аэробные и факультативно-анаэробные грамотрицательные не образующие спор и не обладающие оксидазной активностью бактерии семейства *Enterobacteriaceae* и является показателем потенциальной опасности контаминации кишечными патогенами, выявлен рост на поверхности 9 (8,7%) телефонов. Кроме того в 8 пробах (7,8%) выявлен рост *S. aureus*, который является обитателем носоглотки, зева и кожных покровов человека, поэтому присутствие его на телефоне объясняется закономерным воздушно-капельным или контактным (руками) загрязнением. Одновременная контаминация БГКП и *S. aureus* выявлена на 2 (2,1%) телефонах. Находки санитарно-показательных микроорганизмов на сотовых телефонах свидетельствуют о вероятностном присутствии на них патогенных микроорганизмов и позволяют отнести их к возможным факторам передачи ИСМП.

При исследовании воздушной среды получены существенные различия в пробах, отобранных до начала занятия и в конце рабочего дня. Общее микробное число увеличилось с 9 до 125 КОЕ/м^3, количество *S. aureus* с 1 до 8 КОЕ/м^3, гемолитических микроорганизмов с 1 до 2 КОЕ/м^3. Обнаруженные в воздухе грамположительные кокковые микроорганизмы не представляют угрозы для здоровья, так как их источником является сам человек, но значительное количество этих бактерий служит признаком скученности и редкого проветривания помещения. Количество микроскопических грибов, наоборот, уменьшилось с 13 до 1 КОЕ/м^3, что можно объяснить вдыханием микромицетов человеком и осаждением их в дыхательном тракте. Среди плесневых грибов в основном выявлялись представители рода *Aspergillus* и *Penicillum*. Несмотря на небольшое общее количество бактерий и микромицетов, воздух данного класса не может считаться безопасным вследствие наличия золотистых стафилококков и гемолитических микроорганизмов, а также преобладания грибов рода *Aspergillus*.

В пробах с поверхностей рабочих столов значение МАФАМ составило от 13 до 90 КОЕ/100 см^2. В конце рабочего дня были выявлены коагулазоотрицательные стафилококки, энтерококки, *S. aureus, Pseudomonas aeruginosa, Escherichia coli*, что говорит о воздушно-капельном и фекальном характере контаминации.

Заключение. Во время практических занятий студентов происходит микробная контаминация абиотических объектов больничной среды. Наряду с оценкой поверхностей ограждающих конструкций и воздуха лечебных организаций по нормируемым микробиологическим показателям, следует разрабатывать и внедрять в практику критерии оценки биобезопасности предметов личного пользования медицинского персонала, в том числе сотовых телефонов.

Литература

1. Национальная концепция профилактики инфекций, связанных с оказанием медицинской помощи. Утверждена Руководителем Федеральной службы по надзору в сфере защиты прав потребителей и благополучия человека Главным государственным санитарным врачом РФ Г. Г. Онищенко 13.06.2011 г.

2. Методы контроля. Биологические и микробиологические факторы. Методы санитарно-бактериологических исследований объектов окружающей среды, воздуха и контроля стерильности в лечебных организациях. МУК 4.2.2942-11. Утверждены Главным государственным санитарным врачом Российской Федерации, Руководителем Федеральной службы по надзору в сфере защиты прав потребителей и благополучия человека Г.Г. Онищенко 15 июля 2011 г.

3. Методические указания по организации и проведению комплекса санитарно-противоэпидемических мероприятий в асептических отделениях (блоках) и палатах. Утверждены Минздравом СССР от 30.04.1986 г. N 28-6/15.

4. СанПиН 2.1.3.2630-10. Санитарно-эпидемиологические требования к организациям, осуществляющим медицинскую деятельность. Зарегистрировано в Минюсте РФ 9.08.2010 г. N 18094.

Эйзенбраун О.В.
Тарасенко С.В. - профессор, д.м.н.
Первый Московский государственный медицинский университет имени И.М.Сеченова. Кафедра факультетской хирургической стоматологии. Москва
(dr.eisenbraun@mail.ru, 89033637917)
(prof_tarasenko@rambler.ru, 89857734853)

АНАЛИЗ РЕКОНСТРУКТИВНЫХ ОПЕРАЦИЙ АЛЬВЕОЛЯРНОЙ КОСТИ МАЛОИНВАЗИВНЫМ ТУННЕЛЬНЫМ МЕТОДОМ КОСТНОЙ ПЛАСТИКИ

Введение. Остается актуальной проблема восстановления альвеолярной части отростка челюстей у пациентов с атрофией костной ткани челюстей. Недостаточной объем костной ткани препятствует установке детального имплантата в правильном положении. Использование аутотрансплантатов из интраоральных донорских зон является прекрасным выбором для решения этой проблемы. Известно, что ряд определенных факторов, таких как восполнение утраченного костного объема в дистальных отделах верхней челюсти, восполнение объема как по высоте, так по и ширине, сложная конфигурация дефекта восполняемого участка, III и IV тип костной ткани, тонкий биотип десны, наличие рубцовых изменений мягких тканей в реципиентной зоне от ранее проводимых хирургических вмешательств, а также вредные привычки, как курение, создают неблагоприятные условия для выполнения сложной реконструктивной операции. Эти факторы приводят к большому количеству неудач костной пластики, связанных с расхождением краев раны, инфицированием и утратой костного аутотрансплантата. Известно, что важным фактором для проведения успешной костной реконструкции, является сохранение максимальной целостности надкостницы для создания наилучших условий кровоснабжения тканей и успешного проведения репаративного остеогенеза.

Цель. Повышение эффективности лечения пациентов с атрофией костной ткани челюстных костей путем применения туннельной техники костной пластики.

Материалы и методы. Обследовано и проведено хирургическое лечение 26 пациентов с атрофией костной ткани челюстей. В контрольной группе 13 пациентам проводили операции костной пластики с применением традиционного хирургического доступа - трапецивидного разреза с отслаиванием слизисто-надкостничного лоскута у основания гребня альвеолярной кости. В группе сравнения 13 пациентам проводился малоинвазивный туннельный доступ, при котором производился один или два вертикальных разреза по гребню альвеолярной кости для создания поднадкостничного туннеля. Костные аутотрансплантаты были получены из ретромолярной области, соответствующей операционной стороны, с помощью использования техники «MicroSaw» и специальных микропил. Восстановление утраченного костного объема производился как по ширине, так и по высоте, с использованием костных блоков и аутогенной костной стружки. Костная стружка укладывалась в пространство между костными пластинами. Костные пластины были фиксированы к альвеолярной кости с помощью мини-винтов фирмы «Конмет» (Россия) и «Stoma» (Германия). При ушивании раны использовался шовный материал «Polypropylene» C-3,C-6, (Hu-Friedy,USA); «Vicril» 5-0, 6-0, (ETHICON, USA). Снятие швов производили на 14 сутки. Всем пациентам операции проводили под местным обезболиванием и премедикацией.

Оценивали выраженность болевого синдрома, коллатерального отека, сроки заживления раны, наличие осложнений. Пациентам определялась гемоциркуляция мягких тканей реципиентной зоны с использованием лазерной допплеровской флоуметрии (ЛДФ), («Минимакс-Допплер-К», Россия); плотность костной ткани реципиентной области – эхоостеометрия («Эхоостеометр», Россия). Для более детальной оценки возможности восполнения недостающего костного объема, определения прироста ширины и высоты альвеолярной кости, а так же, для определения уровня резорбции костных аутотрансплантатов, проводилась объемная дентальная компьютерная томография («General Electric»,GE Lightspeed 16, USA; «Philips Ingenuity, Hetherlands). Всем пациентам были установлены дентальные имплантаты фирмы «Xive» (Densply Friadent, Germany) и «3i» (Biomet, USA) . Для исследования особенностей морфологии клеток и определение особенности динамики структурных превращений аутотрансплантатов, на этапе формирования костного ложе имплантата, был произведен забор костного столбика с помощью трепана.

Результаты. Результаты клинических методов исследования у всех 13 пациентов контрольной группы выявили выраженный болевой синдром, отек мягких тканей, у 3 пациентов - гематомы, у 4 пациентов - расхождение швов, инфицирование раны и экспозицию костного аутотрансплантата. У 12 пациентов группы сравнения при использовании туннельного метода заживление раны прошло без осложнений. Только у 1 пациента отметили расхождение 2 швов. Рана зажила вторичным натяжением. У всех пациентов группы сравнения отмечался незначительный отек мягких тканей, отсутствовали гематомы.

По предварительным данным ЛДФ установлено, что у пациентов контрольной группы уровень и скорость кровотока в мягких тканях более снижен, чем у пациентов группы сравнения, что говорит о снижении перфузии тканей кровью у пациентов прошедшие через традиционную костную пластику. Предварительные данные гистоморфометрии указывают на более быстрое развитие процесса реваскуляризации и резорбции у пациентов прошедшие через малоинвазивную туннельную хирургии, что обуславливает ускоренное освобождение пространств для формирование новой кости. Данные эхоостеометрии и компьютерной томографии подтверждают данные гистоморфометрии о преимуществе малоинвазивного метода по уровню жизнеспособности и признаков ремоделирования костного трансплантата по сравнению с традиционной реконструктивной хирургией.

Выводы. Проведенное исследование позволяет заключить, что применение малоинвазивного туннельного метода при костнопластических операциях челюстей позволяет повысить эффективность проводимого лечения и снизить частоту послеоперационных осложнений. Малоинвазивная туннельная техника способствует ранней реваскуляризации, что создает оптимальные условия костной регенерации.

Olga Vladimirovna Eisenbraun
Postgraduate student of oral surgery department Sechenov First Moscow State Medical University. Dental surgery in Moscow clinic. (dr.eisenbraun@mail.ru)

Svetlana Victorovna Tarasenko.
Professor, phD, chef of oral surgery department Sechenov First Moscow State Medical University (proftarasenco@rambler.ru)

COMPARATIVE ANALYSIS BETWEEN TRADITIONAL METHODS USED FOR RECONSTRUCTION OF THE ALVEOLAR BONE AND TUNNEL TECHNIQUE IN BONE AUGMENTATION

The rehabilitation of partially edentulous patients and patients with alveolar ridge atrophy is one of the challenges we face today in dental surgery. Bone augmentation surgery is way to solve this problem. Wound dehiscence, bacterial infection and bone autograft loss are root causes for number of reported failures of bone augmentation procedures. Proper flap design and correct incision placement are known to influence the success of the healing of recipient site. According to some authors the use of the Tunnel technique in bone augmentation enhances revascularization at early postoperative stage creating optimal conditions for bone regeneration.

Methodology. Twenty six (26) partially edentulous patients with vertical and horizontal bone tissue loss were included in our clinical study. Thirteen (13) patients with traditional incision were part of the Control group. Thirteen (13) patients with one or two vertical incisions were part of the Test group.

The autogenous bone blocks were grafted from the mandibula retromolar sites using the MicroSow technique than fixed with miniscrews. After fourteen (14) days of healing time the sutures were removed.

Four (4) months after the bone augmentation dental implants were loaded.

Results: The study showed that patients part of the Test group where Tunnel technique procedure was used had none or minor complications when compared to the Control group patients with traditional incisions.

Conclusion: Tunnel technique for bone augmentation allows achieving stable results. Maximal integrity of soft tissues and periosteum, along with minimal incision can guarantee revascularization which makes the treatment outcome predictable.

Key Words: tunnel technique, bone augmentation, MicroSaw technique.

Лазарева Е.О.
аспирант, ФГБОУ ВПО «Российский государственный
гидрометеорологический университет», г. Санкт – Петербург

АНАЛИЗ РАСПРОСТРАНЕНИЯ АНТРОПОГЕННЫХ ПРИМЕСЕЙ В СРЕДЕ Г. САНКТ-ПЕТЕРБУРГ, ЗА ПЕРИОД ВРЕМЕНИ С 1980 ПО 2012 ГГ.

В современном мире геоэкологические проблемы крупных городов приобретают первостепенное значение [3,99]. К числу приоритетных проблем, связанных с негативным воздействием общества на окружающую среду, относится проблема загрязнения атмосферного воздуха крупных городов. Для г. Санкт - Петербург ухудшение экологического состояния воздушного бассейна имеет особое значение, так как сказывается и на здоровье жителей, и на культурном облике города.

Целью данной работы является сбор и первичная обработка данных по загрязнению атмосферного воздуха г. Санкт-Петербург.

Для достижения поставленной цели ставятся следующие задачи:
- рассмотреть основные источники загрязнения атмосферного воздуха города;
- ознакомиться с современными технологиями мониторинговых исследований за состоянием атмосферного воздуха города;
- составить массив данных по загрязнению атмосферного воздуха города;
- проанализировать годовой ход концентраций ряда загрязняющих веществ в атмосферном воздухе города.

Уровень загрязнения воздушного бассейна города определяется выбросами загрязняющих веществ в атмосферный воздух от стационарных и передвижных источников.

Основной вклад в выбросы стационарных источников создают предприятия электроэнергетики, жилищно-коммунального хозяйства и машиностроения.

Среди передвижных источников загрязнения атмосферного воздуха выделяют автотранспорт, выбросы которого в г. Санкт-Петербург превышают выбросы от стационарных источников и составили в 2011 году 85 % (374,8 тыс.т) всех антропогенных выбросов города [7,14]. Тенденция увеличения выбросов от автотранспорта обусловлена количеством зарегистрированных транспортных средств, пропускной способностью магистралей, техническим состоянием автотранспорта и экологическим прогрессом продаваемого топлива [2,192].

В целом, выбросы загрязняющих веществ в атмосферный воздух города как от стационарных источников, так и от автотранспорта продолжают расти для всех категорий загрязняющих веществ.

Необходимость осуществления постоянного экологического мониторинга атмосферного воздуха в городской среде очевидна и обоснована современными требованиями к качеству окружающей среды.

В работе изучены данные дискретных наблюдений за состоянием атмосферного воздуха Государственной службы наблюдений за состоянием окружающей среды, принадлежащих Федеральному государственному бюджетному учреждению «Северо-Западное управление по гидрометеорологии и мониторингу окружающей среды» (ФГБУ «Северо-Западное УГМС»), за период времени с 1980 по 2012 гг. Наблюдения осуществлялись на 10 стационарных постах службы, расположенных в 8 административных районах города [7,15]. Адреса расположения и районная принадлежность постов отражена в таблице 1[1,6]. Сеть работает в соответствии с требованиями РД 52.04.186-89 [6,57].

Таблица 1 – Адреса расположения стационарных постов наблюдений за загрязнением атмосферного воздуха Санкт-Петербурга [1,6]

№пп	Адрес	Район
1	ул.Профессора Попова, д.78	Петроградский
2	ул.Будапештская, д.39	Фрунзенский
4	пр.Гражданский, д.88	Калининский
5	пр.Поллюстровский, д.47	
6	ул.Инженерная, д.6	Центральный
7	Васильевский Остров, 23 линия, д.2а	Василеостровский
8	пр.Новоизмайловский, д.15	Московский
10	пл.Александра Невского	Центральный
12	ул.Отважных, д.6	Красносельский
27	пр.Металлистов, д.3	Красногвардейский

Посты подразделяются на «городские фоновые» в жилых районах (посты № 1, 2, 6, 8, 12); «авто» - вблизи автомагистралей или в районах с интенсивным движением транспорта (посты № 4, 5, 7, 10) и промышленные (пост № 27). Это деление является условным, так как застройка города и размещение предприятий не позволяют произвести чёткое распределение постов.

На постах осуществляются измерения следующих соединений: взвешенные вещества, диоксид серы, растворимые сульфаты, оксид углерода, диоксид азота, оксид азота, бенз(а)пирен, специфические примеси (сероводород, фенол, хлористый водород, аммиак, формальдегид, бензол, ксилолы, толуол, этилбензол).

Для оценки уровня загрязнения атмосферного воздуха г. Санкт-Петербурга в рамках выполняемой работы выбраны следующие загрязняющие вещества: оксид углерода, диоксид азота, взвешенные вещества, так как, по мнению автора, являются основными загрязнителями атмосферного воздуха города (как отработавшие газы двигателей внутреннего сгорания, на долю которых приходится 85 % всего загрязнения города).

Критерием оценки уровня загрязнения атмосферного воздуха являются предельно допустимые концентрации (ПДК), значения которых (максимально разовой и среднесуточной) для выбранных соединений отражены в таблице 2 [4,25;5,25].

Таблица 2 – Значения ПДК для оксида углерода, диоксида азота и взвешенных веществ [4,25;5,25]

Норматив	Соединение			
	CO	NO_2		Взвешенные Вещества
		до 01.02.2006 г	с 01.02.2006 г	
ПДКмр, мг/м^3	5	0,085	0,2	0,5
ПДКсс, мг/м^3	3	0,04		0,15

В процессе изучения данных наблюдений за состоянием атмосферного воздуха ФГБУ «Северо-Западное УГМС» города, за период времени с 1980 по 2012 гг. по выбранным загрязняющим веществам были отобраны среднемесячные и максимальные концентрации (с обозначением даты и срока) для каждого поста. Полученные данные составили электронный массив, который использовался для реализации цели работы.

Среднемесячные концентрации загрязняющих веществ в целом по городу представляют собой совокупность подобных концентраций по всем функционирующим постам каждого из 12 месяцев. Совокупность среднемесячных концентраций загрязняющих веществ каждого из 12 месяцев, в целом по городу, за период с 1980 по 2012 гг, в свою очередь отражает осреднённый за 33 года годовой ход концентраций каждого из загрязняющих веществ. Полученные данные представлены в графическом виде на рисунке 1.

Рассмотрим тенденции годового хода среднемесячных концентраций ряда антропогенных примесей воздуха г. Санкт – Петербург за 1980 – 2012 гг.

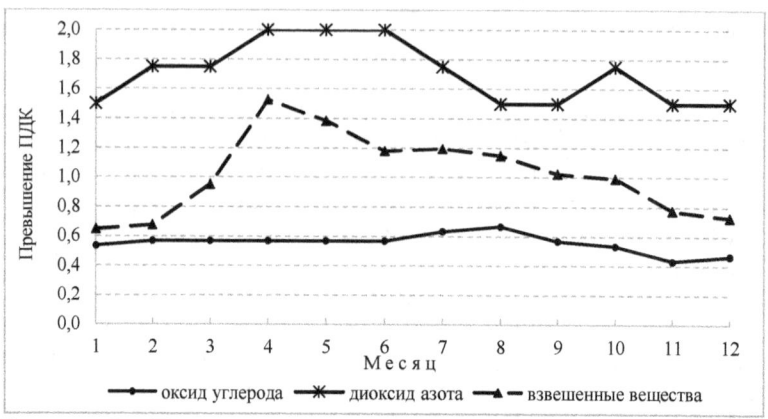

Рисунок 1 – Годовой ход превышений концентраций загрязняющих веществ над ПДК по г. Санкт-Петербург, в течение периода с 1980 по 2012 гг.

Согласно данным графика годового хода превышений среднемесячных концентраций рассматриваемых загрязняющих веществ над ПДК, представленного на рисунке 1, за период времени с 1980 по 2012 гг. максимум указанных выше значений наблюдается, в общем, в весенне-летний период, минимум – в осенне-зимний. Причины такого распределения загрязнения воздуха в годовом ходе объясняются закономерностями смены синоптических ситуаций и метеорологических условий, характерных для них. Весенне-летний период года характеризуется для г. Санкт-Петербург преобладанием антициклонов и малоградиентных барических полей, что сопровождается ослаблением скоростей ветра, а также увеличением повторяемости его штилевых значений; ростом температуры атмосферного воздуха и увеличением случаев инверсии, что способствует накоплению загрязняющих веществ в атмосферном воздухе. Осенне-зимний – препятствует накоплению загрязняющих атмосферный воздух веществ, так как характеризуется увеличением циклонической деятельности, сопровождающейся усилением скорости ветра и обильными осадками, вымывающими загрязняющие вещества. Кроме того, следует учитывать факт увеличения на улицах города в весенне-летний период количества индивидуальных автотранспортных средств (основной источник загрязнения атмосферного воздуха). Особенности годового распределения взвешенных веществ, наряду с указанными причинами, характеризуются также наличием снежного покрова. В апреле к известным источникам загрязнения атмосферного воздуха добавляются взвешенные вещества, которые поднимаются с оголённых после схода снега поверхностей; зимой, напротив, подстилающая поверхность, как правило, укутана плотным слоем снега, предотвращая, тем самым дополнительный источник загрязнения.

Основным результатом проделанной работы следует считать сбор и обработку информации по загрязнению атмосферного воздуха антропогенными примесями: оксид углерода, диоксид азота, взвешенные вещества; составленный электронный массив данных. В результате рассмотрения годового хода загрязняющих за период времени с 1980 по 2012 гг. в целом по г. Санкт - Петербург выявлено, что наибольшие загрязнения воздуха приходятся на весенне-летний период, что характеризуется сезонными изменениями, как погодных условий, так и социальных аспектов. Электронный массив данных о загрязнении необходим для реализации дальнейших задач исследования в области загрязнения атмосферного воздуха города.

Литература

1. Информационный бюллетень загрязнённости атмосферного воздуха и водных объектов Санкт-Петербурга за 2004 г. [Текст]: Бюллетень. – СПб.: 2004. – 27с.

2. Дмитриев А.Л., Милютина Е.О. Влияние автотранспорта на экологическое состояние городской среды Санкт-Петербурга // Учёные записки РГГМУ, 2012, №26, с.190-196.

3. Музалевский А.А., Яйли Е.А. Комплексная оценка геоэкологической обстановки в крупных городах и промышленных зонах // Учёные записки РГГМУ, 2006, №3, с.98-109.

4. Предельно допустимые концентрации (ПДК) загрязняющих веществ в атмосферном воздухе населенных мест: ГН 2.1.6.695-98.

5. Предельно допустимые концентрации (ПДК) загрязняющих веществ в атмосферном воздухе населенных мест, дополнения и изменения 2 к ГН 2.1.6.1338-03: ГН 2.1.6.1983-05.

6. Руководство по контролю загрязнения атмосферы: РД 52.04.186-89.

7. Состояние загрязнения атмосферы атмосферного воздуха городов на территории деятельности ФГБУ «Серо-Западное УГМС» за 2012 г.: Ежегодник. – СПб.: 2013. – 161с.

Кириченко К.Е., Коваленко В.А.

Федеральное государственное бюджетное учреждение науки Институт солнечно-земной физики Сибирского отделения Российской академии наук, г. Иркутск, Россия

kirichenko@iszf.irk.ru

ВЛИЯНИЕ ГЕОМАГНИТНОЙ АКТИВНОСТИ НА ТЕМПЕРАТУРУ ПОВЕРХНОСТИ ОКЕАНА

Представлены результаты анализа изменений температуры поверхности океана (ТПО), охватывающих временной период с 1854 по 2012 годы, и их связь с геомагнитной активностью. Установлено, что климатический отклик на воздействие геомагнитной активности характеризуется значительной пространственно-временной неоднородностью и носит региональный характер. Выявлена пространственная структура отклика климатической системы на геомагнитную активность. Характерной особенностью является наличие областей как положительной, так и отрицательной корреляции между ТПО и аа-индексом. Установлено, что степень связи ТПО с вариациями геомагнитной активности существенно зависит от временного масштаба.

Введение

Основными физическими компонентами климатической системы являются – океан, атмосфера, суша и криосфера [1]. Их взаимодействие определяет главные особенности климатического режима на планете.

Две трети поверхности Земли покрыто мировым океаном, который в значительной степени определяет климат Земли: отдаёт атмосфере накопленное тепло, питает её влагой, часть которой переносится на сушу. Благодаря своей высокой теплоёмкости деятельного слоя, которая в 50 раз превышает теплоёмкость атмосферы, океан является гигантским резервуаром энергии [2]. Теплосодержание деятельного слоя океана фактически определяет изменение глобального климата.

Тепловые потоки через поверхность океана и их временная изменчивость являются определяющим фактором в процессе крупномасштабного взаимодействия океана и атмосферы, и соответственно фактором изменения климата. Роль океанического компонента на порядок превышает роль атмосферного в формировании тепловой изменчивости климатической системы, и в связи с этим представляет особый интерес изучение проявления геомагнитной активности в ТПО.

Проявление солнечной активности в климатических характеристиках Земли

Сравнение изменений характеристик климата и солнечной активности (СА) на больших временных масштабах показывает большое сходство в их поведении. За последние 1000 лет климат испытывал изменения, соответствовавшие вариациям солнечной активности: в XII-XIII вв.. когда СА была высока, отмечался теплый период ("средневековый климатический оптимум"), а два понижения температуры в малый ледниковый период (XVI-XVII веках), соответствуют длительным периодам с низкой солнечной активностью (минимумам Маундера и Дальтона) (рис. 1).

Рис. 1 Долговременные изменения температуры воздуха и солнечной активности по непосредственным и косвенным данным наблюдений

Отклик температуры поверхности океана на геомагнитную активность

Поток коротковолновой радиации, падающий на верхнюю границу атмосферы достаточно хорошо известен – это солнечная постоянная (СП). По измерениям на космических аппаратах за два последних цикла солнечной активности СП изменяется на 0,1 %, что соответствует изменениям ТПО не более чем на 0,1 °С. В связи с этим многие климатологи высказывают сомнения в значимом вкладе солнечной активности в изменения климата. В работе [3] предложен иной механизм влияния солнечной активности на климатические характеристики, и на этой основе разработана модель.

Ключевая концепция модели – влияние гелиогеофизических возмущений на параметры земной климатической системы, управляющие потоком длинноволнового излучения, уходящего от Земли в космос в высокоширотных областях. Изменение радиационного баланса высокоширотных областей приводит к перестройке термобарического поля тропосферы, изменениям меридионального градиента температуры, который определяет меридиональный перенос тепла. Вследствие этого изменяется теплосодержание земной климатической системы и глобальный климат.

В соответствии с основными положениями предложенной модели был проведен анализ связи долговременных изменений ТПО и индекса геомагнитной активности аа на основе данных наблюдений. Установлено, что ТПО коррелирует с аа-индексом, а степень связи изменений ТПО с вариациями геомагнитной активности существенно зависит от периода осреднения (таблица 1).

Для изучения пространственной структуры отклика ТПО на воздействие геомагнитной активности были построены карты корреляции между ТПО и аа-индексом для четырех климатических эпох [4], которые соответствуют эпохам атмосферной циркуляции, выделенным в работе [5]. Установлено, что климатический отклик в ТПО на воздействие геомагнитной активности характеризуется значительной пространственно-временной неоднородностью и носит региональную природу. Характерной особенностью этих распределений является наличие областей как положительной, так и отрицательной корреляции. Исключением является эпоха (1910-1940 гг.), в которую отклик на геомагнитную активность в ТПО был положительным практически во всех регионах, т.е. носил глобальный характер.

На рис. 2 представлена карта пространственного распределения коэффициента корреляции между ТПО и аа-индексом для климатической эпохи, соответствующей периоду наиболее длительного роста геомагнитной активности, в конце которой среднегодовые значения геомагнитной активности в минимуме солнечной активности превысили значения в максимуме активности, которые наблюдались в начале эпохи.

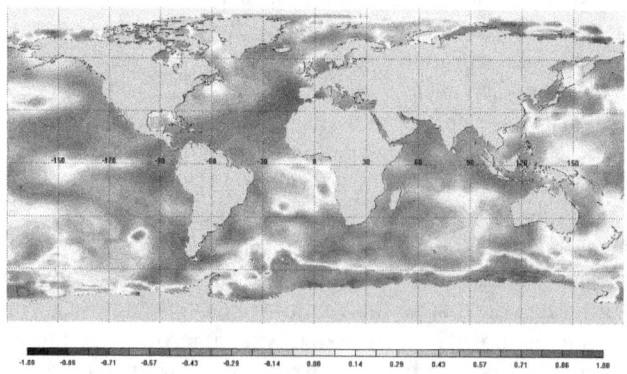

Рис. 2. Карта коэффициентов корреляций аа-индекса и ТПО для периода 1910-1944 г.

Наиболее отчетливо связь проявляется для Атлантического океана на низких широтах Северного полушария, в Тихом океане наибольший отклик наблюдается в восточной части вдоль берегов Северной и Южной Америки. Для Индийского океана структура отклика неоднородна, так значимые значения коэффициентов корреляции отмечаются в приэкваториальной части океана и на средних широтах Южного полушария.

Для изучения пространственных изменений ТПО в период (1910-1944), была построена карта изменения температуры от периода низкой геомагнитной активности к высокой (рис 3). Очевидно, что областям наибольших возрастаний температур соответствуют области максимальных положительных значений коэффициентов корреляции. Это дополнительно подтверждает достоверность и значимость вклада геомагнитной активности в изменение одной из важнейших компонент климатической системы – океана.

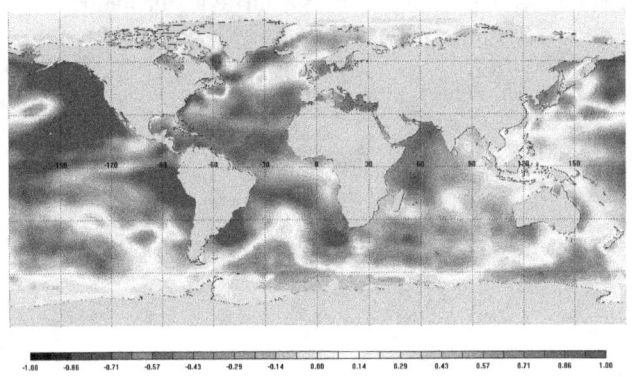

Рис. 3. Разность среднегодовых значений ТПО между периодом высокой (1940-1944) и самой низкой (1908-1912) геомагнитной активности

В ходе изучения степени связи изменений ТПО с вариациями геомагнитной активности было выявлено, что отклик существенно зависит от временного масштаба (таблица 1). При увеличении периода сглаживания коэффициент корреляции значительно возрастает от 0.45 до 0.90. Наблюдаемая зависимость обусловлена тем, что большая часть вариаций с временным масштабом меньше пяти лет обусловлена процессами, не связанными с геомагнитной активностью (квази-двухлетние вариации, Эль-Ниньо, Ла-Ниньо, вулканы).

Таблица 1 – Коэффициенты корреляции между ТПО и аа–индексом при различных периодах сглаживания.

Географическая область	Годовые	Сглаженные по количеству лет			
		3	5	11	21
60°N-60°S; 0°-360°	0,36	0,44	0,51	0,7	0,84
0°-60°N; 0°-360°	0,33	0,4	0,48	0,67	0,83
0°-60°S; 0°-360°	0,37	0,45	0,52	0,68	0,79
Индийский океан (30°S-50°S; 35°E-110°E)	0,43	0,52	0,6	0,76	0,84

Индийский океан (35°S-55°S; 0-40°E)	0,52	0,62	0,7	0,87	0,94
Тихий океан (10°N-30°N; 140°W-160°W)	0,37	0,49	0,58	0,78	0,91
Атлантический океан (20°N-40°N; 60°W-70°W)	0,44	0,55	0,63	0,77	0,88
Атлантический океан (20°S -50°S; 0° -30°W)	0,42	0,52	0,58	0,74	0,84

Для изучения особенностей регрессионной связи между ТПО и геомагнитной активностью построена диаграмма рассеяния (рис. 4). На диаграмме выделены периоды, в течение которых изменения ТПО были обусловлены внутренними процессами климатической системы. В период 1989-2007 гг. существенное влияние на ТПО оказывало уменьшение площади льда в Арктическом бассейне [6], а в период с 1945 по 1959 года - квази-шестидесятилетняя вариация [7]. Это ещё раз указывает на то, что степень связи отклика ТПО на геомагнитную активность существенно зависит от процессов, природа которых не имеет прямого отношения к солнечной активности.

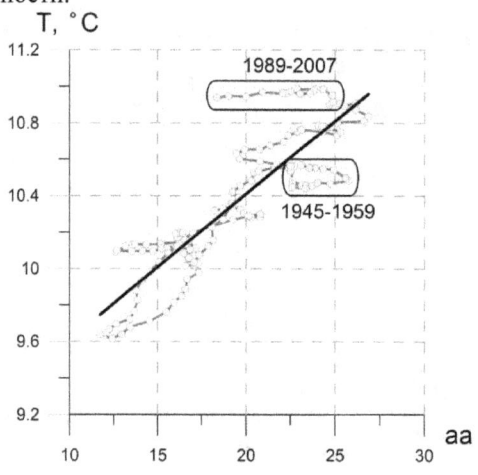

Рис. 4. Диаграмма рассеивания для области Индийского океана (35°S-55°S; 0-40°E) (сглаженные по 11-ти годам)

Заключение

На основе данных наблюдений проведен анализ связи долговременных изменений ТПО и геомагнитной активности. Показано, что ТПО коррелирует с геомагнитной активностью, при этом степень связи существенно зависит от временного масштаба.

Отклик ТПО на воздействие геомагнитной активности характеризуется значительной пространственно-временной неоднородностью и носит региональный характер. Региональность климатического отклика при глобальном воздействии долговременных вариаций геомагнитной активности обусловлена влиянием циркуляционных процессов в поверхностном слое океана и атмосфере.

Список литературы

1. Кислов А.В. Климат в прошлом, настоящем и будущем / М.: Наука, 2001. 350 с.

2. Лаппо С.С., Гулев С.К., Рождественский А.Е. Крупномасштабное тепловое взаимодействие в системе океан-атмосфера и энергоактивные области мирового океана / Ленинград: Гидрометеорологическое Изд-во, 1990. 334 с

3. Жеребцов Г.А., Коваленко В.А., Молодых С.И., Рубцова О.А. Модель воздействия солнечной активности на климатические характеристики тропосферы Земли // Оптика атмосферы и океана. 2005. № 12. с. 1042–1050.

4. Жеребцов Г.А., Коваленко В.А., Молодых С.И., Кириченко К.Е. Влияние солнечной активности на температуру тропосферы и поверхности океана // Изв. Иркутского государственного университета. Сер. «Науки о Земле». 2013. т. 6, № 1. с. 61–79.

5. Гирс А.А. Многолетние колебания атмосферной циркуляции и долгосрочные гидрометеорологические прогнозы / Ленинград: Гидрометеорологическое Изд-во, 1971. 280 с.

6. Алексеев Г.В., Иванов Н.Е., Пнюшков А.В., Харланенкова Н.Е. Климатические изменения в морской Арктике в начале XXI века // Метеоролог. и геофиз. исслед. М.: Paulsen, 2011. с. 6–28.

7. Кляшторин Л.Б., Любушин А.А. Циклические изменения климата и рыбопродуктивности / М.: Изд-во ВНИРО, 2005. 235 с.

Быковская Г.А. - проф., д.и.н., декан ФГОиВ ВГУИТ
Карташева Е. Ю. - психолог ВГУИТ
Мирошниченко Е.Н. - к.п.н., доцент ВГУИТ

ФОРМИРОВАНИЕ ТОЛЕРАНТНОСТИ КАК ЗАДАЧА ВОСПИТАТЕЛЬНОЙ ПОЛИТИКИ ВУЗА

Во исполнение законодательства РФ о противодействии экстремистской деятельности, с целью осуществления профилактики экстремизма в ВГУИТ осуществляется целый ряд мероприятий. В практической работе используются лекции, тематические занятия и другие формы бесед, как в отдельных группах, так и на потоках. Ежегодно юрист ВГУИТ по приглашению ФГОиВ читает курс лекций по правовой грамотности и этике поведения в вузе» на потоках первого курса. Читаются ежегодные лекции, подготовленные представителями правоохранительных органов по наиболее частым случаям нарушения УК РФ по предотвращению противоправных действий. К проведению мероприятий привлекаются врачи и сотрудники студенческой поликлиники, наркологического диспансера, психо-неврологического диспансера, ОВД Коминтерновского, Левобережного и Советского районов г. Воронежа.

Деканат ФГОиВ и Центр молодежной инициативы в рамках дискуссионного клуба ежегодно организуют круглые столы «Другой или чужой? Нужна ли нам толерантность?», «Знакомьтесь, это мы» (представление студентами родных стран и областей).

На занятиях по курсу «Эстетика и культура», обязательному для посещения студентами первого курса, проводятся беседы о правилах толерантного поведения, о культуре и традициях народов мира (студенты-иностранцы университета готовят Дни факультета). Одним из мероприятий, например, было собрание «Постижение Индии» с участием членов клуба русско-индийской дружбы «Белый лотос». Состоялся концерт индийского народного танца, демонстрировалось слайд – шоу «Индия: далекая и близкая».

Психолого-педагогическое обеспечение образовательного процесса в ВУЗе предусматривает: диагностику студентов по выявлению условий, причин, способствующих росту правонарушений, воспитанию терпимости и профилактике экстремизма и кризисных состояний; активизацию консультационной работы психологов со студентами и ППС с целью повышения социально - психологической культуры общения преподавателей в работе со студентами, как средства гуманизации обучения и воспитания; профилактику формирования тревожности, вредных привычек, формирование положительного психологического микроклимата в студенческих группах, снятие стрессовых состояний.

В контексте работы грантовой программы «Историческая память славянских народов» (П-313) осуществлялось участие преподавателей и студентов ВГУИТ в научно-практических конференциях и Круглых столах по заявленной проблематике, в том числе в сентябре 2010 г. в конференции «Проблемы обеспечения безопасности, преодоления ксенофобии и предупреждения правонарушений на межэтнической и межрелигиозной почве в вузах Воронежской области» (организована Департаментом образования, науки и молодежной политики ВО совместно с ГУВД по ВО).

В ВГУИТ проходит ежегодно Круглый стол «Формирование толерантности в молодежной среде» с участием представителей Общественной палаты ВО и представителей национальных диаспор. В работе Круглого стола принимают участие, в том числе, студенты ВУЗа, показав себя корректными по отношению к представителям других национальностей и проявляющими уважение к законам и традициям России.

На базе ВГУИТ прошли также Круглые столы: «Православная Русь: из прошлого в будущее» с участием ОП ВО, руководителей диаспор, представителей Воронежской и Борисоглебской Епархии; «Проблемы формирования толерантности и противодействия экстремизму». Отвечали за подготовку последнего из указанных КС проф. Г.О. Магомедов (советник губернатора по национальным вопросам), проф. Г.А. Быковская (декан ФГОиВ), председатель ЦМИ Д.Д. Тумакаев. Подготовку и проведение помогали реализовать советник молодежного отдела епархии отец Дмитрий, исполнительный директор РОО «Общественная палата Воронежской области» В.В.Черников, Председатель Местной национально-культурной автономии украинцев г. Воронежа И.В.Сахно, зам. начальника отдела по взаимодействию с правоохранительными органами г. Воронежа В.А. Агапов, председатель комиссии по межнациональным отношениям Молодежного парламента ВО А.Баймурзаев.

Ежегодно в 2011-2014 гг. организуются Круглые столы в рамках Молодежных инновационных форумов (МИФ). Проблемы Круглого стола вызвали живой интерес у студентов и школьников, которые участвовали в Форуме.

В рамках осуществления Федеральной целевой программы «Формирование установок толерантного сознания и профилактика экстремизма в российском обществе» проводились интернациональные уроки с участием иностранных студентов, научные конференции с целью воспитания толерантности, привлечения иностранных студентов к участию в мероприятиях университета – смотрах-конкурсах, олимпиадах, спортивных соревнованиях. Деканат экономического факультета, где обучается большинство иностранных студентов, организует в сентябре собрания с иностранными студентами, в ходе которых до них доведят правила безопасного поведения при нахождении в городе, а также разъясняется действующее законодательство. Кураторы проводят беседы со студентами 1-5 курсов о проблемах терроризма и экстремизма в России, о безопасном поведении людей в транспорте и на улице при терактах.

Вузовская программа «Формирование гражданской активности и электоральной культуры» включает в себя мастер-классы Школы лидера, заседания дискуссионного клуба о проблемах поведения молодежи, тренинги на формирование правил социально-приемлемого поведения и привычек здорового образа жизни.

Вследствие проведения систематической работы в данном направлении удается достичь взаимопонимания представителей различных наций как в среде студенчества, так и в среде преподавателей. С апреля 2011 года в рамках «Студенческой весны» в ВГУИТ представляются не только концертные программы традиционных факультетов, но и самостоятельная программа иностранных студентов, обучающихся в университете. Завершающий «Гимн демократической молодежи» поет весь зал.

Козлов А.В.
профессор, д.п.н. Филиал Тюменского государственного
нефтегазового университета в г. Ноябрьск
nashdoc@yandex.ru
Тамер О.С.
профессор д.п.н, Филиал Тюменского государственного
нефтегазового университета в г. Ноябрьск
nashdoc@yandex.ru

РЕАЛИЗАЦИЯ СИСТЕМЫ ГОСУДАРСТВЕННО-ЧАСТНОГО ПАРТНЁРСТВА ПРОФЕССИОАНАЛЬНЫХ ОБРАЗОВАТЕЛЬНЫХ ОРГАНИЗАЦИЙ И ПРЕДПРИЯТИЙ ТОПЛИВНО-ЭНЕРГЕТИЧЕСКОГО КОМПЛЕКСА

Предварительный анализ проблемы совершенствования системы государственно-частного партнерства профессиональных образовательных организаций и предприятий топливно-энергетического комплекса внутри производственно - образовательных кластеров позволил выявить следующие противоречия между:

- острой потребностью бизнеса в усилении соответствия качества подготавливаемых специалистов требованиям рынка труда, из-за дисбаланса которых работодатели несут колоссальные убытки, и действующими механизмами рыночной конкуренции, обеспечивающими повышение отдачи от использования бюджетных средств, направляемых в систему профессионального образования.

- острой востребованностью квалифицированных кадров для экономического развития топливно-энергетического комплекса и инфраструктурной, технологической отсталостью государственного сектора профессионального образования.

Отмечая несомненную ценность проведенных исследований по проблемам проектирования новых образовательных технологий в подготовке специалистов для наукоёмких производств топливно-энергетического комплекса следует признать, что современный этап развития профессионального образования требует глубокого анализа теоретических подходов и накопленного опыта в поиске путей эффективных механизмов обеспечения инновационной деятельности образовательного учреждения в рамках государственно-частного партнерства с предприятиями нефтегазовой отрасли(1,3).

Так как создание системы государственно-частного партнерства образовательной организации с предприятиями топливно-энергетического комплекса позволяет обеспечить:

- *Для государственной системы образования:* апробирование и применение новых для образовательных структур организационноправовых форм партнерства с предприятиями топливно-энергетического комплекса; совершенствование нормативно-правовой базы реформирования профессиональной школы; тиражирование передового опыта; отработку новых моделей учебно-научной, производственной интеграции, механизмов многоканального финансирования образовательной организации и развития материально-технической базы учебного заведения; апробацию и широкое внедрение механизмов взаимодействия учреждений профессионального образования и работодателей; совершенствование системы управления в сфере инновационной деятельности (отработка содержания и методик управления качеством образования)(2,4).

- *Для работодателей (предприятий топливно-энергетического комплекса):* участие в учебно-научной и управленческой деятельности учебного заведения в соответствие с передовым международным опытом, с позиций конечного потребителя результатов труда учебного заведения и инвестора; создание и совершенствование образовательных стандартов, учебных планов и программ подготовки высококвалифицированных кадров с учетом потребностей рынка труда; создание и развитие на базе учебных учреждений образовательно-производственно-технологической инфраструктуры инновационной деятельности компаний; возможность привлечения обучающихся и профессорско-преподавательского состава к выполнению в процессе обучения научно-исследовательских работ и подготовке проектов для решения проблем топливно-энергетического комплекса.

Организация взаимоотношений участников государственно-частного партнерства образовательной организации с предприятиями топливно-энергетического комплекса необходимо проектировать в следующих сферах деятельности:

- *профессионально-образовательной;*
- *финансово-экономической;*
- *социального обеспечения и социальной защиты;*
- *учебно-материальной базы и материально-сырьевого обеспечения;*
- *научно-педагогического и кадрового обеспечения.*

Литература (источники)

1. Аввакумов А.А. Проектирование моделей государственно-частного партнёрства в реализации инновационной деятельности.//А.А. Авкумов //Российское предпринимательство. - 2013. - №22.- С.18-27.
2. Козлов А.В., Лисачкина В.Н. Модульно - компетентностный подход к подготовке специалистов в системе государственно-частного партнёрства. //А.В. Козлов, В.Н. Лисачкина // Среднее

профессиональное образование. – 2009. - №4 - С. 5-8.

3. Макаров И.Н. Государственно-частное партнёрство в образовании как база формирования конкурентоспособных трудовых ресурсов в условиях информационной экономики. //И.Н. Макаров // Креативная экономика.- 2011. - №9 (57). - С.22-27.

4. Тамер О.С., Лисачкина В.Н. Внедрение новых механизмов управления образовательными учреждениями в процессе развития связей различных форм государственно-частного партнёрства. // О.С. Тамер, В.Н. Лисачкина // Среднее профессиональное образование. - 2009. №3. - С.13-16.

Kozlov A.V.
Professor, doctor of politics, the Branch of Tyumen state oil and gas University, Noyabrsk
nashdoc@yandex.ru
Tamer O. S.
Professor, doctor of pedagogical Sciences, the Branch of Tyumen state oil and gas University, Noyabrsk
nashdoc@yandex.ru

IMPLEMENTATION OF THE SYSTEM OF STATE-PRIVATE PARTNERSHIP ПРОФЕССИОАНАЛЬНЫЙ EDUCATIONAL ORGANIZATIONS AND ENTERPRISES OF THE FUEL AND ENERGY COMPLEX

Preliminary analysis of the problem of improving the system of state-private partnership of professional education organizations and enterprises of fuel and energy complex within manufacturing and education clusters revealed the following contradictions between:

- acute need of business in enhancing the quality of specialists with the requirements of the labour market, because of the imbalance that employers bear huge losses, and functioning mechanisms of market competition, providing increase of efficiency of use of budget funds allocated to the system of vocational education.

- acute need for qualified personnel for economic development fuel and energy complex and infrastructure, technological backwardness of the state vocational education sector.

Noting the undoubted value of the carried out researches on problems of design of new educational technologies in training specialists for high-tech companies of the fuel and energy complex should recognize that the modern stage of development of professional education requires in-depth analysis of theoretical approaches and experience gained in the search for ways of effective mechanisms for innovative activity of educational institution in the framework of public-private partnership with the oil industry(1.3).

As creation of a system of public-private partnership educational organization with the enterprises of the fuel and energy complex allows to provide:

- For the state system of education: the testing and application of new educational structures organizational-legal forms of partnership with enterprises of fuel and energy complex; improving the regulatory framework of the reform of professional schools; replicate best practices; testing of new models of educational-scientific, manufacturing, integration, mechanisms of multi-channel financing educational organization and development of material-technical base of educational institutions; approbation and wide introduction of mechanisms of cooperation of professional educational institutions and employers; improving the system of management in the sphere of innovation activity (development of contents and methods of quality control of education)(2.4).

- For employers (enterprises of the fuel and energy complex): participation in scientific-educational and managerial activity of the institution in line with international best practices, from the positions of the final consumer of the results labour education institutions and investors; creation and improvement of educational standards, curricula and programs for training highly qualified personnel, taking into account the needs of the labour market; creation and development on the basis of educational institutions educational-production-technological infrastructure of innovation activity of companies; the possibility of attracting students and faculty to execute in the process of training of scientific-research work and preparation of projects for solving the problems of fuel-energy complex.

Organization of relations between members of the public-private partnership educational organization with enterprises of fuel and energy complex should be designed in the following areas:
- vocational training;
financial-economic;
- social security and social protection;
- training facilities and material support;
-scientific-research and staffing.

Literature (sources)

1. Avvakumov A.A. Designing of models of public-private partnership in the implementation of innovation.//AA Evkurov //Russian business. - 2013. - №22. C.18-27.

2. Kozlov A.V., Lisichkina V.N. Module and competence approach to training professionals in the system of state-private partnership. //The A.V. Kozlov, V.N. Lisichkina // professional Secondary education. - 2009. - №4 S. 5-8.

3. Makarov S.N. Public-private partnerships in education as a basis of formation of competitive human resources in the information economy. //I.N. Makarov // Creative economy." 2011. - №9 (57). - S-27.

4. Tamer O.S, Lisichkina V.N. Introduction of new mechanisms of management of educational institutions in the process of development of relations of various forms of public-private partnership. // O.S tamer, V.N. Lisichkina // professional Secondary education. - 2009. №3. - Pp. 16.

Светлова Н.Д.
доцент кафедры социально-гуманитарных наук,
кандидат педагогических наук, ЗФ ЛГУ им. А.С. Пушкина, г. Норильск

ОБРАЗОВАТЕЛЬНЫЕ ТЕХНОЛОГИИ В ПРОФЕССИОНАЛЬНОМ ОБРАЗОВАНИИ

В современных условиях глобализации и конвергенции образовательных рынков и становление общего образовательного пространства высокое качество образования прочно ассоциируется с целями Болонского процесса: академическая мобильность, признание дипломов, введение кредитных систем, инвариативные технологии обучения и управления знаниями.

Основой целью профессионального образования является подготовка квалифицированного специалиста, способного к эффективной профессиональной работе по специальности и конкурентного на рынке труда.

Традиционная подготовка специалистов, ориентированная на формирование знаний, умений и навыков в предметной области, всё больше отстаёт от современных требований. Основой образования должны стать не столько учебные дисциплины, сколько способы мышления и деятельности. Необходимо не только выпустить специалиста, получившего подготовку высокого уровня, но и включить его уже на стадии обучения в разработку новых технологий, адаптировать к условиям конкретной производственной среды, сделать его проводником новых решений, успешно выполняющим функции менеджера.

Изменяющаяся социально-экономическая ситуация в современной России обусловила необходимость модернизации образования, переосмысление теоретических подходов и накопившейся практики работы учебных заведений.

Концепцией модернизации образования до 2010 г. и Программой среднего профессионального образования предусмотрены такие приоритеты образования, как доступность, качество, эффективность.

Реализации этих приоритетных требований способствуют педагогические инновации. Инновации в образовательной деятельности – это использование новых знаний, приёмов, подходов, технологий для получения результата в виде образовательных услуг, отличающихся социальной и рыночной востребованностью. Изучение инновационного опыта показывает, что большинство нововведений посвящены разработке технологий.

В последние десятилетия в педагогической практике начали широко применяться различные образовательные технологии, хотя мысль о технологизации процесса обучения высказывал ещё Я.А. Коменский почти

400 лет назад. Он призывал сделать обучение «техническим», т.е. таким, чтобы всё, чему учат, имело успех.

За рубежом, прежде всего в США, интерес к образовательным технологиям возник в середине XX в., когда появились первые программы аудиовизуального обучения, т.е. обучения с помощью технических средств. Термин «образовательные технологии», появившийся в 1960-х гг., означает построение педагогического процесса с гарантированным результатом.

Педагогика давно искала пути достижения если не абсолютного, то хотя бы высокого результата в работе с воспитанниками и постоянно совершенствовала свои средства, методы и формы. Длительное время считалось, что достаточно найти какие-то приёмы или методы – и желаемая цель будет достигнута. Постепенно педагогическая практика накопила много средств, методов и форм обучения и воспитания, но результаты их применения были не всегда однозначны.

Очевидно, что оптимизация педагогического процесса путём совершенствования методов и средств, является необходимым, но не достаточным условием. Отбор методов, средств и форм должен совмещаться с реализацией конкретной цели и отработкой системы контроля показателей обучения и воспитания. Этому и призвана помочь технологизация педагогического процесса.

Технологизация - совокупность действий для достижения какого-либо результата.

Технология в любой сфере – это деятельность, в максимальной мере отражающая объективные законы данной предметной сферы и поэтому обеспечивающая наибольшее для данных условий соответствие результатов деятельности предварительно поставленным целям.

В «Глоссарии современного образования» рассматривают три подхода к определению понятия «образовательная технология»:

1. «систематический метод планирования, применения, оценивания всего процесса обучения и усвоения знания путём учёта человеческих и технических ресурсов и взаимодействия между ними для достижения более эффективной формы образования»;

2. «решение дидактических проблем в русле управления учебным процессом с точно заданными целями, достижение которых должно поддаваться чёткому описанию и определению»

3. «...выявление принципов и разработка приёмов оптимизации образовательного процесса путём анализа факторов, повышающих образовательную эффективность, с помощью конструирования и применения приёмов и материалов, а также посредством применяемых методов» [3: 95]

Образовательная технология – системный метод проектирования, реализации, оценки, коррекции и последующего воспроизводства учебно-воспитательного процесса

Характерные черты:

- ✓ диагностическая формулировка целей;
- ✓ ориентация всех учебных процедур на гарантированное достижение целей;
- ✓ оперативная обратная связь, оценка текущих и итоговых результатов;
- ✓ воспроизводимость учебно-воспитательного процесса.

С целью повышения качества подготовки специалиста, активизации познавательной деятельности студентов, раскрытия творческого потенциала, организации учебного процесса с высоким уровнем самостоятельности преподаватели Ливенского филиала применяют в работе следующие образовательные технологии: личностно-ориентированные обучение, проблемное обучение, тестовые формы контроля знаний, блочно-модульное обучение, метод проектов, кейс-метод, кредитно-модульная система оценки, обучение в сотрудничестве, разноуровневое обучение, проведение бинарного урока, дистанционное обучение.

Преимущества применения образовательных технологий:

Меняются функции преподавателя и студента; преподаватель становится консультантом-координатором (а не выполняет информирующе-контролирующую функцию), а студентам предоставляется большая самостоятельность в выборе путей усвоения учебного материала.

Образовательные технологии дают широкие возможности дифференциации и индивидуализации учебной деятельности.

Результат применения образовательных технологий в меньшей степени зависит от мастерства преподавателя, он определяется всей совокупностью её компонентов.

Образовательные технологии связаны с повышением эффективности обучения и воспитания и направлены на конечный результат образовательного процесса - это подготовка высококвалифицированных специалистов:

- ✓ имеющих фундаментальные и прикладные знания;
- ✓ способных успешно осваивать новые, профессиональные и управленческие области; гибко и динамично реагировать на изменяющиеся социально-экономические условия;
- ✓ обладающих высокими нравственными и гражданскими качествами в условиях инновационного образовательного пространства.

Список использованных источников

1. Гузеев, В.В. Планирование результатов образования и образовательная технология [Текст] / В.В. Гузеев - М.: Народное образование, 2000.–240с.

2. Жуков, Г.Н. Основы общей профессиональной педагогики: Учебное пособие. / Г.Н. Жуков, П.Г. Матросов, С.Л. Каплан / Под общеё ред. проф. Г.П. Скамницкой. – М.: Гардарики, 2005. – 382 с.

3. Глоссарий современного образования (терминологический словарь) // Народное образование, 2007, № 3.

Чжао Наньнань - аспирант Московского педагогического государственного университета
М.С. Осеннева - кандидат педагогических наук, доцент кафедры методологии и методики преподавания музыки Московского педагогического государственного университета

ФУНКЦИИ СОВРЕМЕННОГО УЧЕБНИКА ПО МУЗЫКЕ (на материале сравнительной педагогики музыкального образования Китая и России)

Российско-китайское сотрудничество сегодня характеризуются широким спектром областей, как экономических, так и гуманитарных. Между тем, в настоящее время особенности музыкального образования России и Китая рассматриваются в научно-педагогической литературе, в большей мере, изолированно, что противоречит характерным условиям всемирной интеграции и актуализирует сравнительный анализ особенностей процесса модернизации музыкального образования указанных стран. Подход, основанной на сравнительной педагогике музыкального образования России и Китая, представляется эффективным для:

1.Установления общих тенденций (единства социальных требований) и закономерностей (характерных особенностей), обусловленных приоритетами образовательной политики Китая и России в понимании роли музыкального образования на современном этапе.

2. Целостной характеристики педагогических условий модернизации музыкального образования Китая и России как обновления нормативно-правовой базы музыкального образования; технологий профессиональной подготовки учителя музыки; системы научно-методического обеспечения музыкального образования.

3. Гармонизации исторически сложившихся неоднородных систем музыкального образования Китая и России путем взаимообогащения с целью координации действий в решении актуальных задач единого образовательного пространства – воспитания, развития и обучения подрастающего поколения средствами музыкального искусства.

На примере данной статьи проанализируем общие тенденции современных учебников по музыке для учащихся младших классов общеобразовательных школ российских и китайских авторов. С этой целью сопоставим учебники по музыке, разработанные творческими коллективами под руководством В.В. Алеева [1], Г.П. Сергеевой [2], Л.В. Школяр [5] (Россия) и учебники, разработанные под руководством Фэй Чан Тьен, Ту Ю Шоу [4] (Китай).

Учебники «Музыка» российских и китайских авторов учитывают:

— состояние нервной системы ребенка: степень ее возбудимости и уравновешенности, так как нарушения нервной деятельности, как известно, провоцируют быструю утомляемость и отрицательно влияют на становление мотивов учения (познавательных и социальных);

— когнитивный опыт: умение выделять существенное, умение видеть сходство и различие, умение работать сосредоточенно, умение рассуждать;

— чувственный опыт: понимание основных эмоциональных состояний, а также умение любоваться красотой, сопереживать и выражать свои чувства;

— коммуникативный опыт: умение слушать объяснение педагога, ответы других детей;

— деятельностный опыт: умение производить действия по указанию педагога, умение действовать по образцу;

— социальный опыт: умение работать в коллективе.

Помимо текста структура и функции учебников нового поколения по музыке определены средствами контекста и подтекста. Эта триада реализована в учебниках «Музыка» различных авторов посредством:

– формирования у учащихся установки на обогащение специального тезауруса и обретение музыкальных знаний (знаний музыки и знаний о музыке);

– воссоздания условий реализации полученных знаний в собственной исполнительской деятельности ребенка (инструментальной, вокально-хоровой и пластическом интонировании);

– выражения автором отношения к рассматриваемым вопросам путем комментирующих, стимулирующих, эмоционально-оценочных и других знаковых компонентов, что, бесспорно, усиливает контакт с читателем и способствует формированию интереса ребенка к музыкальному искусству, что, как отмечал в своё время Д.Б. Кабалевский, является «сверхзадачей» музыкального образования детей.

Учебник в условиях данного подхода предполагает ряд функций:

1) информативную. Ее реализации способствуют принципы системности, доступности, наглядности изложения материала. Итог: формирование у детей теоретических знаний (нотной грамоты, средств музыкальной выразительности, музыкальных форм; жанров и т.д.), а также знаний истории музыки (представлений о творчестве композиторов различных стран и эпох);

2) развивающую, направленную на обеспечение познавательной активности детей и развитие музыкальности как комплекса музыкальных способностей, являющихся предпосылкой успешной музыкальной деятельности детей. Условно формируемые компоненты музыкальности можно представить в следующей таблице [3].

Таблица №1.

Музыкальность

↕ ↕

эмоциональный компонент (способность эстетического наслаждения музыкой)   слуховой компонент (способность дифференциации, анализа, синтеза и оценки музыкальной информации)

↕ ↕

музыкальный слух

сенсорные способности   способности к музыкальному мышлению

↕ ↕

основные музыкальные способности, как ядро музыкальности

ладовое чувство   звуковысотный слух   музыкально-ритмическое чувство.

Как видно из таблицы, формирование музыкальности в современных российских и китайских учебниках по музыке для детей опирается на взаимосвязь эмоционального и слухового компонентов, единство сознательных и бессознательных процессов, чувственной и интеллектуальной составляющих музыкального творчества. Оба компонента музыкальности – эмоциональный и слуховой равны по своей значимости и взаимосвязаны, что в свою очередь определяет взаимосвязь комплекса сенсорных способностей и музыкального мышления, как дифференциации внешних акустических проявлений музыкальной информации посредством мыслительных операций анализа и синтеза. В совокупности инициированные учебниками «Музыка» сенсорные способности и способности музыкального мышления направлены на формирование и развитие музыкального слуха учащихся.

В результате работы с учебниками, отвечающим данным функциям, при условии доступности и ясности языка изложения у ребенка формируются способности:

— оперировать основными понятиями элементарной теории музыки;

— использовать в собственной исполнительской деятельности полученные знания и сформированные умения и навыки творческой самореализации.

Ценно, что современные учебники по музыке отвечают требованиям интерактивности. Работа учащихся с учебной литературой предполагает активное творческое участие, что российские и китайские авторы решают путем моделирования творческих заданий. Их выполнение позволяет ребенку научиться:

— применять полученные музыкальные знания в собственной деятельности (музыкально-слушательской, исполнительской, композиционной);

— самореализовать творческий потенциал.

Задания для самостоятельной работы учащихся углубляют, расширяют и детализируют знания, полученные в ходе освоения учебного материала, формируют мотивацию систематической самостоятельной познавательной деятельности – самообразования, что согласуется с установкой ИСМЕ ЮНЕСКО - *музыкальное образование на протяжении жизни.*

Изложение содержания учебного материала в современных учебниках по музыке РФ и КНР основано на следующих принципах:

— научности (соответствие уровню научных музыковедческих исследований;

— интеграции знаний (рассмотрение особенностей музыкального искусства в совокупности с изобразительным искусством, литературой, хореографией, театром);

— деятельностного подхода (направленность учебных пособий на активизацию самостоятельной работы детей, основанной на триединстве содержательного, оперативного и результативного компонентов);

– преемственности в условиях непрерывного образования (реализация единых подходов к формированию знаний, умений и навыков учащихся на каждой ступени музыкального образования);

— вариативности образовательного процесса (адекватность учебника требованиям соблюдения права личности на выбор индивидуальной траектории в освоении учебного материала, что позволяет учителю музыки в зависимости от дидактической цели обращаться к учебнику для первичного знакомства детей с музыкальным материалом, дальнейшего его усвоения, самоконтроля и самообразования).

Литература:

1. *Алеев В.В.,Кичак Т.Н.* Музыка. Учебники 1-4 классы. – М., 2013.
2. *Критская Е.Д., Сергеева Г.П., Шмагина Т.С.* Музыка. Учебники 1-4 классы. – М., 2013.
3. *Осеннева М.С.* Теория и методика музыкального воспитания. – М., 2013.
4. Фэй Чан Тьен, Ту Ю Шоу Музыка. 1 класс. Учебник. – Пекин, 2012.
5. *Школяр Л.В., Усачева В.О.* Музыка. Учебники 1-4 классы. – М., 2013.

Привалова С.Ю.
к.п.н, директор ЦДО АНО ВПО «Смольного института РАО», преподаватель кафедры «Звукорежиссура и музыкально-компьютерные технологии» ИДИПИГО г. Санкт-Петербурга, smusic@bk.ru
Чёрная М.Ю.
к.п.н., заведующая кафедрой «Звукорежиссура и музыкально-компьютерные технологии» Института декоративно-прикладного искусства и гуманитарного образования г. Санкт-Петербурга, директор образовательного проекта «Школа современных искусств «Я творю!», m_chernaya@mail.ru

ФОРМИРОВАНИЕ ИНФОРМАЦИОННОЙ ОБРАЗОВАТЕЛЬНОЙ СРЕДЫ ОБУЧЕНИЯ ИНФОРМАТИКЕ И ИКТ ОБУЧАЮЩИХСЯ-МУЗЫКАНТОВ

Современная информационная образовательная среда (ИОС) – это «открытая педагогическая система, сформированная на основе разнообразных информационных образовательных ресурсов, современных информационно-телекоммуникационных средств и педагогических технологий» [1]. На формирование единой ИОС и ее качество влияет появление большого количества школ с углубленным изучением какой-либо предметной области. В образовательных учреждениях гуманитарной направленности возникает трудность обучения информатике учащихся с гуманитарными склонностями, им сложно понять «техническую составляющую» данной предметной области.

Нами рассматривались задачи обучения информатике обучающихся-музыкантов, у которых возникает непонимание информационных процессов, отмечается слабое владение компьютером, информационными технологиями, технологическая грамотность не соответствует уровню подготовки в области обучения информатике и развития современных информационно-коммуникационных технологий. Как показывает практика, такие обучающиеся способны успешно воспринимать содержание и методологию информатики при соответствующей методике обучения, где основным содержанием учебной работы становится творческая деятельность, а компьютер используется как практический инструмент для работы с применением музыкально-компьютерных технологий и midi-клавиатуры.

Наше исследование показало, что при формировании и развитии ИОС в школах с углубленным изучением предметов музыкального цикла наблюдается ряд общих проблем, решение которых должно быть ориентировано на:

– достижение качественно новых метапредметных образовательных результатов, на активную учебную работу учащихся с информацией, их самостоятельную и исследовательскую деятельность;

– внедрение мультимедийных учебных материалов нового поколения с использованием современных методов и форм организации процесса обучения, с активным применением ИКТ и сервисов сети Интернет на уроке и во внеурочное время, направленных на достижение новых результатов обучения;

– доступность качественных образовательных услуг для каждого учащегося за счет развития форм дистанционного обучения;

– работу учащихся с цифровыми образовательными ресурсами и базами данных, на разработку учителями учебных занятий и учебно-методических материалов с использованием современных методов обучения и информационных образовательных технологий;

– развитие творческой работы и активное участие учителя в развитии школьной информационной образовательной среды (наполнение медиатеки, работа с электронным журналом и дневником и т.д.).

Разработанная нами методика обучения информатике и музыке учащихся-музыкантов в школах с углубленным изучением предметов музыкального цикла опирается на интегрированный учебно-методический комплекс «Музыка и информатика» (ИУМК), апробация которого была организована в рамках четвертого крупномасштабного проекта «Информатизация системы образования» федеральной целевой программы «Развитие единой образовательной информационной среды», реализованного Национальным фондом подготовки кадров.

Обучение идет в кабинете, оборудованном музыкально-компьютерным комплексом, состоящим из десяти – двенадцати персональных компьютеров, объединенных в локальную сеть с высокоскоростным доступом в Internet и имеющих активную 4^x-октавную MIDI-клавиатуру, динамический микрофон и головной телефон закрытого типа. Для групповой работы, развития ансамблевого исполнительства компьютеры через микшерский пульт подключаются к Hi-Fi усилителю и студийным акустическим системам.

Комплекс состоит из печатных материалов; методических поурочных разработок по информатике и музыке из 32-х уроков (по каждому году обучения); рабочие тетради для учащегося по информатике и музыке, справочные материалы для учителя. Описаны формы аттестации (тестирование, создание творческого портфеля, как учащегося, так и самого учителя), формы и методы организации дистанционного обучения.

Цифровой образовательный ресурс ИУМК содержит компьютерную программу с авторским наполнением контента, поурочный дидактический материал, сайт методической поддержки. В состав компьютерной программы входят средства обучения для учителя информатики учителя музыки.

Поурочные дидактические материалы включают интерактивные плакаты, комплекс заданий, текстов, изображений, коллекция партитур, нот, авторских фонограмм, разложенных по четвертям, урокам и темам. Все печатные материалы представлены в электронном виде.

Дополнительно были разработаны сайт методической поддержки и курсы повышения квалификации учителей, формы дистанционного обучения обучающихся. Все материалы представлены в Единой коллекции ЦОР (http://collection.edu.yar.ru/catalog/rubr/ba7bd609-8a06-44f6-8250-0952d5777bec/116503/?

Информатизация значительным образом затронула и сферу профессионального музыкального образования, где идёт поиск новых форм, методов обучения, обновления методического содержания. Постепенно традиционное музыкальное образование переходит на новый уровень – информационное музыкальное образование.

В настоящее время в музыкальном образовании появился новый инструментарий – электронный музыкальный синтезатор (ЭМС), предъявляющий новые требования к уровню образованности современного музыканта. Для того чтобы научиться играть и уметь управлять этим инструментом, недостаточно знаний по классической теории музыки, гармонии, полифонии, необходимо развитие новых для музыкантов способностей, а именно формирование информационной компетентности, которая определяется умением работать с информационным потоком, используя музыкально-компьютерные и музыкально-электронные технологии в профессиональной деятельности. Современный музыкант должен знать основы технологии управления, обработки, хранения и создания музыкальной информации на музыкальном синтезаторе как специализированном компьютере, уметь обосновать логику функционирования инструмента, его интерфейса, в понимании принципа работы файловой системы, структуры распространения музыкальной информации.

Меняется процесс управления и техника исполнительства на электронном музыкальном инструменте, которые связаны с контроллером нескольких сотен, а то и тысяч разнообразных параметров, отвечающих за те или иные аспекты звуковой информации (обработка, запись, сохранение), конструирование стиля, редактирование тембров, конвертирование звукового файла из одного форма в другой, а также получение дополнительной информации непосредственно из Интернета и многое другое. Данным процессом музыкант должен уметь управляться, как во время исполнения при помощи клавиш, кнопок, педалей, фэйдеров, так и предварительно запрограммировав нужную настройку на самом синтезаторе перед выступлением.

Из этого следует, что для современного музыканта помимо традиционных средств эффективного решения проблем систематизации, распространения, сохранения, изучения и передачи информации, становятся необходимыми следующие умения – анализировать параметры объектов, изменять возможности, влияющие на данные объектов, выделять элементы и особенности связи между ними. Всё это вместе и определяет уровень информационной культуры современного музыканта.

В этой связи возникает необходимость введения новой дисциплины «Информатика» в музыкальных школах на электронных отделениях, где синтезатор как специализированный компьютер становится новым средством обучения информатике музыкантов и в тоже время, сам является объектом практической направленности обучения, что и указывает на важность разработки методики такого обучения.

Как показало наше исследование, данный подход к обучению информатике позволяет максимально приблизить содержание предмета к творческой профессиональной деятельности музыканта, создаёт условия для лучшего понимания и усвоения программного материала по информатике, увеличивает активность и ответственность самих учащихся, способствует развитию мотивации учащихся-музыкантов. Как отмечает И.В. Симонова [2], для детей, обладающими творческими способностями «необходимо рассмотрение большого количества конкретных примеров, имеющих междисциплинарное содержание, прежде чем они будут способны перейти к более абстрактным построениям и собственной продуктивной деятельности».

Эффективность предложенных нами методик и результатов исследования были проверены в общеобразовательных школах, школах ДШИ и ДМШ Санкт-Петербурга и Ленинградской области, городов Перми, Северодвинска, Сахалина, Оленегорска Мурманской области, Нижнего Тагила, Нижнего Новгорода, Петрозаводска, Белгорода, Мурманска, Хабаровска, Могилёва, Калининграда и др. Нами организованы и проводятся в течение нескольких лет ряд международных и всероссийских образовательных семинаров, научно-практических конференций, творческих конкурсов и фестивалей, была создана Всероссийская педагогическая ассоциация «Информационные образовательные технологии в XXI века», разработан музыкально-образовательный портал «Музучитель.ру», внедрены дополнительные образовательные программы «Информационные технологии в музыкальном образовании», «Музыкальная звукорежиссура», Электронное музыкальное творчество», «Методика обучения на электронных музыкальных инструментах» и ряд других.

ЛИТЕРАТУРА:

1. Федеральные государственные образовательные стандарты общего образования. Примерная образовательная программа начального общего образования от 06 октября 2009 г. N 373

2. Симоновой И.В. «Концептуальные модели обучения практико-ориентированных учащихся в условиях интернет-образования», автореферат Санкт-Петербург, 2000.

Райковская Г.А.

доктор педагогических наук, профессор, Житомирский государственный технологический университет, Украина

g_a_raykovskaya@ukr.net

Головня В.Д.

старший преподаватель, Житомирский государственный технологический университет, Украина

slvgol@gmail.com

ГЕОМЕТРИЧЕСКОЕ МОДЕЛИРОВАНИЕ КАК ЭТАП РАЗВИТИЯ КОНСТРУКТОРСКО-ТЕХНОЛОГИЧЕСКИХ СПОСОБНОСТЕЙ СТУДЕНТОВ

Будущий инженерно-технический специалист должен обладать комплексом профессиональных качеств и интеллектуальных умений, в частности таких, как умение самостоятельно пополнять и углублять запас профессиональных знаний, применять их для решения конструкторско-технологических проблем, легко перестраиваться в быстроменяющихся условиях рыночных отношений, владеть современными системами автоматизированного проектирования (САПР) для решения тех или иных производственных задач и т.д.

Уровень профессиональной подготовки инженерно-технического специалиста характеризуется прежде всего его способностью творчески решать задачи по созданию новой техники, разработке современных инновационных технологий, оптимальной организации производства, а также умениями использовать современные специальные программные средства.

В связи с этим большое внимание должно уделяться развитию конструкторско-технологических способностей студентов, их подготовленности к инженерной деятельности, которая определяется комплексом приобретенных ими способностей в процессе обучения графических дисциплин, геометрического моделирования, включая знания, умения репродуктивной и творческой деятельности, которые в будущем определяют их успешную профессиональную деятельность. Современный инженер должен иметь не только высокий уровень общего и технического интеллекта, но и обладать прочными теоретическими знаниями в области профессиональной деятельности, а также креативным мышлением.

В работе [3] отмечается, что при применении традиционной системы профессиональной подготовки инженерно-технических специалистов умения и навыки по выполнению инженерно-конструкторских работ закладываются в процессе изучения преимущественно фундаментальных дисциплин, курсового и дипломного проектирования. Впрочем полученных знаний для самостоятельного выполнения инженерно-конструкторских работ в профессиональной деятельности молодому специалисту недостаточно, необходима длительная его адаптация – становление специалиста-профессионала. Этот адаптационный период можно значительно сократить благодаря успешному формированию у студентов умений самостоятельно приобретать и приумножать свои знания.

Предметом геометрического моделирования являются пространственные формы формальных геометрических элементов, их взаимосвязь и свойства. Эти элементы являются составляющими визуального геометрического языка, с помощью которого мы описываем различные формальные объекты. И уже в процессе овладения начертательной геометрии формируются конструкторско-технологические способности, а 3D-методы их качественно изменяют в соответствии с современными требованиями.

При переходе от одного уровня развития геометрического моделирования к другому неизменными остаются: предмет изучения (пространственные формы, их отношение и взаимодействие) и визуально-образная форма представления информации – САПР.

Н.Н. Голованов [1] говорит о том, что теоретической основой геометрического моделирования являются дифференциальная и аналитическая геометрия, вариационное исчисление, топология и разделы вычислительной математики.

Геометрическое моделирование изучает методы: построения кривых линий, поверхностей и твердых тел; выполнения над ними различных операций; управления многочисленными моделями.

Применение геометрического моделирования позволяет существенно уменьшить время и материальные затраты на производство проектируемых объектов, а также повысить их качество.

В.Н. Гузненков [2] отмечает, что глубокое овладение специалистом методами и средствами теории геометрического моделирования проявляется в умении строить полную цепь жизненного цикла изделия, на каждом этапе которого присутствуют геометрические модели. Технологии проектирования жизненного цикла изделий наиболее глубоко отражают суть системного характера обучения на основе теории геометрического моделирования, обеспечивает естественные связи не только между общеинженерными дисциплинами, но и специальными дисциплинами до дипломного проектирования.

В последние годы роль проектирования при решении задач интенсификации процесса разработки и выпуска новых изделий значительно возросла, системы продолжают совершенствоваться и при этом становятся все более доступными для широкого круга пользователей.

САПР, основанные на трехмерном моделировании, в настоящее время широко применяются для подготовки как конструкторской, так и технологической документации. Это, в свою очередь, выдвигает специальные требования к развитию конструкторско-технологических способностей в процессе профессиональной подготовки инженерно-технических специалистов в высших технических учебных заведениях.

С появлением трехмерных методов геометрического моделирования начался период интеграционного развития конструкторско-технологических способностей, который привел к разработке единой качественно новой дисциплины – «Компьютерное конструирование и моделирование».

Использование трехмерного твердотельного моделирования позволяет создать визуальный образ объекта, использовать цвет, анимацию, но это не должно отвлекать внимание студентов от решения поставленных задач. Умение анализировать ортогональные чертежи геометрического объекта, раскладывать его сложную форму на простые составляющие геометрические элементы позволит легко переходить от 3D моделей к плоским чертежам, при этом значительно упрощается процесс создания и редактирования чертежей.

В процессе изучения курса «Компьютерное конструирование и моделирование» студенты осознают, что объемная модель определяет геометрию всей спроектированной поверхности детали. Объемное геометрическое моделирование основывается на создании поверхностей, образующих тело, так называемое поверхностное моделирование, или на создании геометрических тел – твердотельное моделирование.

В Житомирском государственном технологическом университете обучение студентов геометрическому моделированию проводится в рамках предметов «Начертательная геометрия, инженерная и компьютерная графика» и «Компьютерное конструирование и моделирование» с использованием современных САПР (КОМПАС 3D, SolidWorks, Delcam).

Литература:

1. Голованов Н.Н. Геометрическое моделирование / Н.Н. Голованов. – М. : Издательство Физико-математической литературы, 2002. – 472 с.

2. Гузненков В.Н. Концепция формирования геометро-графического образования в техническом университете [Электронный ресурс] / В.Н. Гузненков. – Режим доступа : http://www.sworld.com.ua/index.php/ru/c113-8/16312-c113-002

3. Райковська Г.О. Методика формування графічних знань в системі інформаційних технологій : монографія / Г.О. Райковська. – Житомир : ЖДТУ, 2009. – 324 с.

Azembaeva G.T., Kadyrov M., Toleuova G.M.

INFORMATION SYSTEMS IN PSYCHOLOGY

This article provides an overview of the most widely known abroad and in Russia modern automated information systems of psycho-diagnostics, as well the requirements are specified what kind the automated system should be in psyhodiagnosis by its development.

Using of modern computer technology provides new opportunities to diagnose individuals and groups. This can be referred to all stagees of the diagnostic process. Fixation and processing of respondents answer are essentially simplified, while errors at this stage of diagnosis are reduced (which by manual treatment is almost inevitable). Automated methods of psycho-diagnostics and forecasting under development are mostly formalized, they have usually clear structure and interpretation, which greatly simplifies and reduces the cost of their widespread use. Automated conducting of psychological examinations and experiments, as well as data processing (using a computer) are widespread in modern foreign psycho diagnosis. The modern market of software which can be accessed through a network of Internet also provides the user with a wide range of tools for designing and developing of automated psycho diagnostic and training systems (eg. CONTEXT-RSY, MALT, BIP, WEST, RrGIS etc).

Computer systems of psycho diagnostic can be divided into:

- Number of techniques in the system;
- The possibility of changing techniques.

On the basis of the first criterion it is advisable to allocate "one dimensional" and "multidimensional" systems. "One dimensional" systems are designed for computer psycho diagnostic as a rule on one test methods. These include above all very common computerized variants of known techniques (tests MMPI, Cattell, Lusher, Myers-Briggs, etc).

The opposite of this class of computer diagnostic tools are "multi-dimensional" system, they include several techniques and make diagnosis as one of them, and several (battery test). Examples of such systems include:

- A system of "psychological portrait";
- Packages of psycho diagnostic methods of the center KATARSIS (Test 1, Test 2, ARM of the psychologist professional advisor.

However the possibility of testing and processing of results obtained in testing are generally limited to those set that designer of computer system of psycho diagnostic laid into it, referred to as "closed" systems. To "open" systems one can include such systems like SMALL-Expert, APPK, TESTAN, NORT, PRAKTIK, Expert. STATUS PROFESSOR. (3)

Automated conduct of psycho diagnostic examination and psychological experiment is compared with the traditional advantages:

- Presentation of the standard tasks, independent of gender age, level of attractiveness, mood and prenotion of the experimental psychologist and test person;
- the uniqueness and accuracy of responses of the test person;
- release of psychologist from the routine time-consuming actions (presentation of questions, validation of test responses, logging experiment, processing of test results);
- the possibility of conduction of experiments of new type, in particular adaptive experiments (because the computer can perform complex analysis of the responses of the test person in the situation of real time, without disturbing the natural course of the experiment, which is practically impossible by the traditional approach.);
- the possibility of a randomized experiment, i.e. presentatioin of equivalent compelexity of tasks in a random sequence, which is very important when the experiment is repeated many times;
- the possibility of a tight schedule of mass psychological experiments by simultaneous testing of many subjects, as well as replication of automated techniques;
- use of the powerful mathematical apparatus in the processing and synthesis of the data:
- quickly obtaining of diagnostic test results that in some cases (for example, in the clinic) is particularly important;
- recording of a large amount of additional information (response time , number and type of errors allowed , the number of references to the instructions of the test and the like);
- confidentiality of automated testing , which allows the test person to be more frank and natural in the course of the experiment ;
- reducing the cost of the experiment (in particular, since the automated testing does not require highly qualified personnel).
Requirements for automated systems of psychodiagnosis depend on their assignment. A well-designed system should be [2] :
1) have a high "intellectuality" , ie provide flexible and convenient system interaction with different categories of users as test subject and experimenters - psychologists, clinicians, technicians and the like , including those with absence of skills of work with computer technology. The system, as a rule, itself gives to the test subject all the necessary explanations and instructions in a friendly, polite tone , using feedback , adjusting the experiment to a specific user and creating the illusion of communicating with a real person;
2) to provide in the class of tasks the ability to perform most requests of the experimentalist , including preparation, execution and processing of psychological experiment , storage of large quantities of heterogeneous experimental data , the implementation of the search requested data , preparation of output materials in the desired format , etc.;

3) to provide comprehensive automation of the most steps of experiment ;
4) be safe , do not go down or react unpredictably at all (even impossible in terms of psychologist) test answers or wrong keystrokes terminal. This is particularly important in single test : after a crash course of the experiment should begin with the point of interruption ;
5) ensure that the experiments are in interactive mode , as well as to present to the test subject complex motivations ;
6) to protect the confidentiality of the data collected , ie accumulated information must be protected from unauthorized access;
7) be inexpensive. [2].

Thus this article provided an overview of the most widely known abroad and in Russia modern automated information systems of psycho-diagnostics, as well the requirements are specified what kind the automated system should be in psyhodiagnosis by its development.

Literature

1. http://www.psycho.ru/library/93
2 . Ermakova E.V. Some approaches and prospects of development of automated psychodiagnosis and forecasting abroad.
http://voppsy.ru/issues/1986/864/864170.htm
3 . Hlebalkin E.V. Information technologies in psychology.
www.mfua.ru/_public/conf/2005/tesis/2_8.doc

Крюкова Е.В.
кандидат психологических наук, доцент,
Донецкий национальный университет, г. Донецк, Украина
e-mail: elena@dataxp.net

МЕТОД НЕЗАКОНЧЕННЫХ ПРЕДЛОЖЕНИЙ ПРИ ИЗУЧЕНИИ КОНФЛИКТНОСТИ ЛИЧНОСТИ В РАННЕМ ЮНОШЕСКОМ ВОЗРАСТЕ

Постановка проблемы. Радикальные социальные, экономические и политические преобразования, происходящие в Украине, породили социальную нестабильность, сопровождаемую высоким уровнем социальной напряженности и конфликтогенности, резким разрушением устоявшихся норм и стереотипов, острым кризисом системы ценностей. Для множества людей это оборачивается потерей чувства личностной целостности, идентичности. В Национальной доктрине развития образования в Украине отмечается, что основной целью национального воспитания является воспитание сознательного гражданина, приобретение молодежью социального опыта, формирование у нее потребности и умения жить в гражданском обществе, подготовка образованных, нравственных и практичных людей, способных к сотрудничеству, межкультурному взаимодействию. Вместе с тем, как показывают теоретические и практические исследования, отсутствие у некоторых юношей и девушек понимания сущности межличностных и этнических проблем, навыков конструктивного общения, способностей продуктивно сотрудничать в команде приводит к конфликтам, стрессовым ситуациям, неадекватному социальному поведению. В этих условиях становится очевидной необходимость воспитания у молодых людей социально ценных качеств (социальной ответственности, толерантности, доверия к людям, склонности к согласию), отношения к ним как важным жизненным ценностям, помощи старшеклассникам в их социальном развитии.

Анализ исследований и публикаций. Анализ научной литературы показывает, что на сегодняшний день сложились предпосылки, позволяющие осуществить теоретическое осмысление данной проблемы: в зарубежной и отечественной науке сформировались подходы к определению сущности социального развития личности (М.И. Бобнева [5], В.А. Ильин [8], И.С. Кон [9], Д.И. Фельдштейн [19] и др.), накоплен опыт в исследовании отдельных личностных характеристик и психологических факторов, определяющих социальную развитость школьника (И.С. Кон [9], С.Д.Максименко [12], А.В. Петровский [14]); раскрыты проблемы взаимодействия личности и школьной среды (И.Д. Бех [4], В.А. Семиченко [16]). За последние годы появились теоретические и эмпирические исследования социального согласия и конфликтности: рассмотрены функции, типы, виды социального согласия (К.С. Авакян [1], М.М.Акулич [2] и др.), доказана роль согласия в формировании норм согласованного поведения личности (Т. Ньюком [13], А.В.Петровский [14]); раскрыты социально-психологические теории конфликта и конфликтности личности, технологии формирования конструктивных компонентов конфликтности личности (А.Я. Анцупов [3], Н.В. Гришина [6], Н.И. Добина [7], Н.И.Леонов [11], И.Н. Свириденко [15] и др.). Однако существенный рост межличностных конфликтов среди старшеклассников обусловливает значимость исследований в этой области.

Цель данной статьи: исследовать особенности конфликтности личности в раннем юношеском возрасте.

Изложение основного материала. Социальное развитие личности в раннем юношеском возрасте – это процесс, включающий, с одной стороны, усвоение существующих форм социального бытия, формирование юноши как представителя сообщества, а с другой, – совершенствование социально ценных качеств, позволяющих молодому человеку ориентироваться в различных жизненных ситуациях и добиваться позитивной самореализации. Включение социально ценных качеств (социальная ответственность, социальная толерантность, склонность к согласию, доверие к людям, приверженность нормам группы) в структуру социального развития позволяет полнее осмыслить мотивацию поведения и в целом выявить условия социального развития личности, направленные на гармонизацию ее отношений с людьми и с собой. Склонность к согласию – качество личности, которое предполагает готовность к социальному консенсусу, согласованное поведение, направленное на совершение действий с учетом ценностей, интересов других субъектов. Степень согласованности действий зависит от уровня развития группы, социальной ситуации, деятельности лидера [10]. Конфликт определяют как отсутствие согласия между двумя или более сторонами, которое обусловлено наличием разнообразных мнений, взглядов, интересов, нарушающих нормальное взаимодействие людей и препятствующих достижению поставленных целей [3; 6]. Н.И. Добина рассматривает конфликтность как качество личности, которое характеризует личность, с одной стороны, как неспособную принять точку зрения оппонента и найти конструктивное разрешение конфликтной ситуации, а с другой стороны – проявление конфликтности способствует актуализации социальной смелости, коммуникативных и организаторских склонностей субъектов совместной деятельности [7].

Эмпирическая база исследования. Исследование проводилось на базе школ Донецкой области. Всего в исследовании приняли участие 775 учащихся старших классов в возрасте от 15 до 17 лет.

Методика исследования. Для исследования межличностных конфликтов, нарушения отношений личности использовался метод незаконченных предложений (вариант методики Сакса-Леви). Предложения разделены на группы, характеризующие отношение индивида к друзьям, одноклассникам, родителям, учителям, школе и т.д. Для каждой группы предложений выводится характеристика «отсутствие конфликта» (-) и «наличие конфликта» (+), если предложение содержит негативный смысл. Затем выносится оценка уровня конфликтности респондента: серьезные расстройства, требуется помощь психолога для работы над эмоциональным конфликтом (2 балла, высокий уровень конфликтности); небольшие расстройства, имеется эмоциональный конфликт в этой области, но есть возможность его устранения без помощи психолога (1 балл, средний уровень конфликтности); нет заметных расстройств в этой области (0 баллов, отсутствие конфликта); неизвестно, недостаточно сведений (Х). Анализируя особенности ответов испытуемых на каждую группу предложений, мы определили наличие конфликта и уровни конфликтности старшеклассников в отношениях с учителями, друзьями, одноклассниками, членами семьи.

Результаты исследования и их обсуждение.

В области отношений старшеклассников к учителям и школе высокие показатели конфликтности свойственны незначительному контингенту (2,9%). Большинство показателей конфликтности определяют средний (51,9 %) и низкий (45,2 %) уровень. Приведем примеры уровней конфликтности старшеклассников в отношениях с учителями. «В школе мои учителя *несправедливы ко мне*. Когда ко мне приближается мой классный руководитель, *мне становится страшно*. Люди, превосходство которых я признаю, *я их презираю*. Когда я думаю о школе, *мне становится тревожно*». Вывод: высокий уровень конфликтности, обижается на учителей, боится их, не признает авторитетов. «В школе мои учителя *недолюбливают меня*. Когда ко мне приближается мой классный руководитель, *я немного напрягаюсь*. Люди, превосходство которых я признаю, *старше и умнее*. Когда я думаю о школе, *портится настроение*». Вывод: средний уровень конфликтности, обижается на учителей, небольшие трудности в признании авторитета. «В школе мои учителя *меня понимают, хотят помочь*. Когда ко мне приближается мой классный руководитель, *я готова его выслушать*. Люди, превосходство которых я признаю, *я учусь у них*. Когда я думаю о школе, *могу и радоваться и плакать*». Вывод: отсутствие конфликта с учителями, чувствует, что они воспринимают его должным образом.

В области отношений старшеклассников к друзьям результаты исследования показали, что наиболее распространенным является низкий уровень конфликтности, он выступает ведущим для 60,5 % респондентов. Вторым по частоте встречаемости является средний уровень (34,8 %), менее распространенным является высокий уровень конфликтности (4,7%). Приведем примеры уровней конфликтности старшеклассников в отношениях с друзьями. «Мне кажется, что настоящий друг *не существует*. Когда меня нет, мои друзья *осуждают меня*. Мои друзья меня часто *обижают разными словами*. Большинство моих друзей *предатели и эгоисты*». Вывод: высокий уровень конфликтности, недоверчив и очевидно одинок. «Мне кажется, что настоящий друг *не бросит в трудную минуту*. Когда меня нет, мои друзья *проводят время без меня*. Мои друзья меня часто *осуждают*. Большинство моих друзей *не всегда понимают меня*». Вывод: средний уровень конфликтности, ждет понимания и одобрения от друзей. «Мне кажется, что настоящий друг *всегда с тобой, и в огонь и в воду*. Когда меня нет, мои друзья *звонят, скучают за мной*. Мои друзья меня часто *поддерживают, выручают*. Большинство моих друзей *очень хорошие, веселые, ответственные, самостоятельные*». Вывод: отсутствие конфликта с друзьями, хорошие взаимные чувства между респондентом и друзьями.

В области отношений учащихся к одноклассникам положительную тенденцию определили количественные показатели с низким (68,5 %) и средним (29,6 %) уровнем конфликтности, высокие показатели конфликтности свойственны незначительному контингенту (1,9 %). Приведем примеры уровней конфликтности старшеклассников в отношениях с одноклассниками. «Люди, с которыми я учусь *злые, лицемерные*. Лучше всего мне работается *за деньги*. Люблю работать с людьми, *не люблю работать*. Люди, которые учатся со мной, *предатели, эгоисты, не любят меня*». Вывод: высокий уровень конфликтности, чувствует себя отверженным одноклассниками, осуждает их. «Люди, с которыми я учусь, *не всегда мне помогают*. Лучше всего мне работается, *когда четко расскажут, что делать*. Люблю работать с людьми, *на которых можно положиться*. Люди, которые учатся со мной, *мои товарищи*». Вывод: средний уровень конфликтности, есть небольшие трудности в работе с одноклассниками, респондент ждет от них помощи. «Люди, с которыми я учусь, *интересные личности*. Лучше всего мне работается *в дружном коллективе*. Люблю работать с людьми, *которые серьезно относятся к делу*. Люди, которые учатся со мной, *могут положиться на меня*». Вывод: отсутствие конфликта, респондент выражает взаимные хорошие чувства, доверяет одноклассникам.

В области отношений старшеклассников к членам семьи высокие показатели конфликтности свойственны незначительному контингенту (0,9%). Большинство показателей конфликтности определяют низкий (72,4%) и средний (26,7%) уровень. Приведем примеры уровней конфликтности старшеклассников в отношениях с членами семьи. «По сравнению с другими семьями моя семья *жестокая, все время в нервном напряжении*. Моя семья обращается со мной как с *чужим человеком*. Большинство известных мне семей *неблагополучные*. Когда я был ребенком, моя семья *оскорбляла меня*». Вывод: высокий уровень конфликтности, чувствует себя отвергнутым семьей, в которой всегда не хватало солидарности и постоянно были проблемы. «По сравнению с другими семьями моя семья *счастливая*. Моя семья обращается со мной как с *маленьким мальчиком*. Большинство известных мне семей *дают больше прав своим детям*. Когда я был ребенком, моя семья *делала все, чтобы я ни в чем не нуждался*». Вывод: средний уровень конфликтности, беспокоится, что семья не воспринимает его как зрелую личность, но и не чувствует себя несчастным. «По сравнению с другими семьями моя семья *очень дружная и счастливая*. Моя семья обращается со мной как со *взрослым и ответственным человеком*. Большинство известных мне семей *очень напоминают мою*. Когда я был ребенком, моя семья *была источником знаний о мире*». Вывод: отсутствие конфликта, замечательное отношение к семье.

Выводы. Проанализированы результаты эмпирического исследования особенностей конфликтности личности в ранней юности. Анализ результатов показывает, что наиболее распространенными являются средний и низкий уровни конфликтности старшеклассников в области отношений к учителям, друзьям, одноклассникам, членам семьи. Определение особенностей конфликтности личности в раннем юношеском возрасте позволяет разработать и экспериментально проверить программу личностно ориентированного воспитания, которая создаст условия для развития у старшеклассников навыков профилактики и конструктивного разрешения конфликтов, контроля эмоционального состояния в конфликтной ситуации. Перспективы дальнейших исследований мы видим в исследовании социально ценных качеств, психологических механизмов социального развития старшеклассников, разработке технологии психолого-педагогического сопровождения социального развития личности в раннем юношеском возрасте.

Литература

1. Авакян К.С. Формирование социального согласия в современном российском обществе: диссертация ... кандидата философских наук: 09.00.11. – Ростов-на-Дону, 2005. – 172 с.

2. Акулич М.М. Социология согласия: учебное пособие. – Тюмень: Изд-во Тюменского гос. университета, 2002. – 240 с.

3. Анцупов А.Я. Профилактика конфликтов в школьном коллективе. – М.: Гуманит. изд; центр ВЛАДОС, 2003. – 208 с.

4. Бех І.Д. Виховання особистості: у 2 кн.. Кн. 1: Особистісно орієнтований підхід: теоретико-технологічні засади. – К.: Либідь, 2003. – 280 с.

5. Бобнева М.И. Психологические проблемы социального развития личности // Социальная психология личности. – М.: Наука, 1979. – С. 35-

62.

6. Гришина Н.В. Психология конфликта. 2-е изд. – СПб.: Питер, 2008. – 544 с.

7. Добина Н.И. Психологическая структура конфликтности студентов с различным социометрическим статусом: диссертация ... кандидата психологических наук : 19.00.05. – Ярославль, 2011. – 217 с.

8. Ильин В.А. Психосоциальная теория как полидисциплинированый подход к анализу социальных процессов в современном обществе: диссертация ... доктора психологических наук: 19.00.05. – Москва, 2009. – 388 с..

9. Кон И.С. Социализация и воспитание молодежи // Новое педагогическое мышление / под ред. А.В.Петровского. – М.: Педагогика, 1989. – С.191-205.

10. Крюкова О.В. Проблема соціального розвитку особистості в психології // Актуальні проблеми психології: збірник наукових праць Інституту психології ім. Г.С. Костюка НАПН України. – К.: ДП «Інформаційно-аналітичне агентство», 2011. – Т.Х. – Вип. 19. – С. 274-284.

11. Леонов Н. И. Психология конфликтного поведения : диссертация ... доктора психологических наук: 19.00.05 : Ярославль, 2002. – 415 с.

12. Максименко С. Д. Розвиток психіки в онтогенезі: [В 2 т.]. – К. : Форум, 2002. – Т. 2 : Моделювання психологічних новоутворень: генетичний аспект. – К. : Форум, 2002 – 335 с.

13. Ньюком Т. Исследование согласия // Социология сегодня. – М., 1965.

14. Петровский А.В. Социальная психология коллектива. – Каунас: Швиеса, 1983. – 184 с.

15. Свириденко И. Н. Конфликтность личности с разными уровнями зрелости: диссертация... кандидата психологических наук: 19.00.01 Екатеринбург, 2007. – 176 с.

16. Семиченко В.А. Психология социальных отношений: модульный курс для преподавателей и студентов. – К.: Магістр-S, 1999. – 167 с.

17. Фельдштейн Д.И. Психологические закономерности социального развития личности в онтогенезе // Вопросы психологии. – 1985. – № 6. – С.26-37.

Медведская Е.И.

кандидат психологических наук, доцент, заведующий кафедрой психологии Брестского государственного университета,

Ящук С.Л.

кандидат психологических наук, доцент, доцент кафедры психологии Брестского государственного университета

EMedvedskaja@mail.ru

ОЦЕНКА ВНУШЕНИЯ КАК ПЛАЦЕБО-ЭФФЕКТА КОРРЕКТОРА ПСИХОФИЗИЧЕСКИХ СОСТОЯНИЙ «ЛОГОС-3000»

Здоровье, традиционно занимая одну из высших ступеней в иерархии ценностей, подвергается все большему риску в силу ухудшения экологической ситуации, ускорения темпа жизни и других многочисленных причин. Поэтому поиск средств, направленных на профилактику психофизического неблагополучия, является важной научно-практической задачей, над решением которой работают различные специалисты. С этой целью сотрудники научного центра «Энерготон» Г.Г. Демидюк и А.М. Демчук (г. Брест) разработали прибор «ЛОГОС-3000» – корректор психофизических состояний. Это устройство имеет государственный патент Республики Беларусь № 2289 от 2.11.2011, и предназначено для применения в различных сферах жизнедеятельности (физиология, психология, спорт, образование, бизнес, профессиональная деятельность).

Действие «ЛОГОС-3000» основано на электронной технологии с использованием только собственной энергии субъекта и не требующей иных источников питания – аккумуляторов, батареек и пр. Этот прибор не оказывает прямого воздействия на организм человека, позволяя ему самостоятельно провести операции самовосстановления. Поэтому в принципе данное устройство не может нанести какой-либо вред субъекту, использующему его для оптимизации своего психофизического состояния.

Внешне «ЛОГОС-3000» – это устройство, напоминающее джойстик (рисунок), имеющее мужскую («Men-3000») и женскую («Women-3000») модификации. На нем имеются отверстия-контакты для каждого пальца. Инструкция по эксплуатации довольно проста: надо надеть темные тканевые очки, расположить необходимым образом пальцы на контактах прибора и провести таким образом в удобном положении (сидя или лежа) от получаса до часа времени.

Результаты предшествующих измерений эффекта воздействия «ЛОГОС-3000», проводимые посредством замера объективных биологических показателей и отчетов испытуемых об изменениях своего эмоционального и физического состояния, свидетельствуют, что данное устройство действительно отвечает замыслу его разработчиков – корректирует психофизическое состояние в сторону его улучшения у людей разных возрастов и разных типов личности.

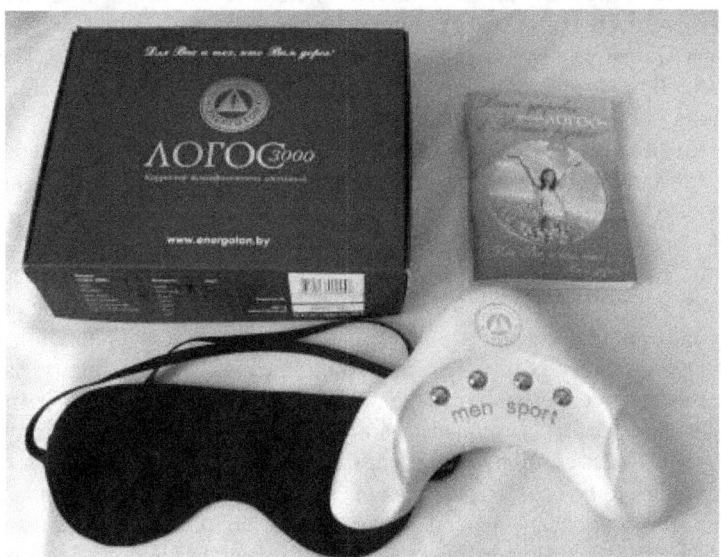

Рисунок – Прибор «ЛОГОС-3000»

Однако в случае применения подобных биоэнергетических технологий, о которых обыватель, как правило, имеет довольно мифологизированное представление, возникает необходимость контроля эффекта плацебо. Согласно результатам первого исследования данного феномена, проведенного бостонским анестезиологом Г. Бичером в 1935 г., порядка 35% пациентов обнаруживают значительное облегчение при приеме «пустышек» вместо лекарств (послеоперационное состояние, кашель, головные боли, раздражительность и др.). Если первоначально предполагалось, что данный феномен обусловлен психологическим механизмом самовнушения, то последние исследования ученых из Мичиганского университета (Й.-К. Зубиета и др., 2005) свидетельствуют о том, что плацебо-эффект определяется действием и физиологических механизмов, в частности, сопровождается выработкой мозгом эндорфинов.

Несмотря на достаточно активные исследования плацебо-эффекта в медицине и психотерапии (например, обобщенные в [2]), в его понимании остается еще много «белых пятен». Тем не менее, специалистов объединяет убежденность: во-первых, в самом его существовании, во-вторых, в наличии различий проявлений действия «пустышек» у разных субъектов (в зависимости от личностных особенностей, характера недуга, степени доверия к специалисту и др.).

В настоящем случае речь идет об исключении эффекта плацебо для оценки действительной эффективности нового прибора широкого спектра действия. Поэтому целью проведенного исследования выступила оценка внушения при изменении взрослыми субъектами своего психофизического состояния посредством устройства «Логос-3000».

Организация исследования. Для проверки эффекта плацебо было проведено специальное экспериментальное исследование, построенное по классической схеме Д. Кэмпбелла: тест – воздействие – ретест.

Контрольная (n=18) и экспериментальная (n=27) группы были составлены случайным образом из людей разного пола и разных периодов взрослости (от 20 до 50 лет). Эксперимент осуществлялся в конце рабочей недели в вечернее время. Условия его проведения в контрольной и экспериментальной группах отличались только инструкцией для испытуемых: в контрольной группе присутствовали сами разработчики Г.Г. Демидюк и А.М. Демчук, которые рассказывали о сущности действия устройства «ЛОГОС-3000» и об ожидаемых краткосрочных и долгосрочных положительных эффектах его воздействия. В экспериментальной группе разработчики отсутствовали, что позволяет также дополнительно контролировать эффект Розенталя, а от испытуемых назначение прибора было скрыто. Участники в обоих группах проводили на приборе строго по полчаса времени. Для измерения состояния испытуемых до и после воздействия «ЛОГОСА-3000» применялась батарея следующих методик.

Теппинг-тест Е.П. Ильина, дающий возможность рассчитывать коэффициент силы нервной системы на основе динамики работоспособности [1]. Сила нервных процессов, диагностируемая в данном опыте по максимальному темпу движения кисти рук, является показателем работоспособности нервных клеток и нервной системы в целом.

Анаграммы из 9 букв, в которых намеренно были допущены ошибки (еаооснкми – насекомое и додопержк – поддержка). Подобные задания, не имеющие решения, согласно теоретико-эмпирическим исследованиям наученной беспомощности М. Селигмана [3], могут рассматриваться как довольно вариативный инструмент, позволяющий по количеству предпринимаемых субъектом попыток определить степень его устойчивости в ситуации неопределенности. Таким образом, количество возможных комбинаций предложенных букв, каждую из которых согласно инструкции испытуемые должны были записывать, можно рассматривать в качестве показателя их интеллектуальной активности.

Самоотчет испытуемого в свободной форме о своем состоянии, который обрабатывался посредством контент-анализа, смысловыми единицами которого выступали слова или словосочетания, отражающие конкретное состояние или фиксирующие его изменение.

Таким образом, в качестве диагностического материала использовались Т- и Q-данные, которые дополнялись наблюдениями экспериментатора. Для ликвидации угроз валидности эксперимента со стороны предубеждений исследователей применялись дважды слепые процедуры.

Результаты и их обсуждение

Контрольная группа

Теппинг-тест. Сравнительный анализ результатов теста «до» и «после» воздействия прибора выявил статистически достоверный сдвиг работоспособности в сторону ее увеличения (эмпирическое значение Т-критерия Вилкоксона 20, при Т=32 для p≤0,01).

Решение анаграмм. «До» работы с прибором усредненное в группе количество попыток найти решение располагалось в диапазоне от 0 до 8 (М=5). «После» данный диапазон изменился от 2 до 12 (М=6,66). Оценка достоверности положительных сдвигов, т.е. в сторону интенсификации интеллектуальной деятельности, осуществлялась посредством G-критерия знаков и оказалась статистически достоверной: G=2 при критическом G=2 для p≤0,01. У трех испытуемых сдвиги после эксперимента оказались нулевыми (16,7%).

Самоотчет испытуемых. Большая часть участников эксперимента (72%) фиксировала легкое покалывание/пульсацию на подушечках пальцев в процессе взаимодействия с «ЛОГОС-3000». 83% испытуемых обозначили позитивные изменения в своем состоянии, а именно: «умиротворение», «спокойствие», «вначале было расслабление, потом захотелось походить», «ушла головная боль». 17% отмечали, что им было скучно и хотелось спать.

Экспериментальная группа

Теппинг-тест. Сравнение тест-ретестовых показателей испытуемых по тесту И.П. Ильина обнаружило значимое улучшение работоспособности (Т$_{эмп.}$=81 при Т$_{крит.}$=92 для p≤0,01).

Решение анаграмм. Количество попыток найти правильную комбинацию букв в данной выборке «до» и «после» подключения прибора располагалось в диапазонах, сходных с обнаруженными в контрольной группе (соответственно, 3–11 и 4–13). Соответственно, также выявлены близкие усредненные значения: «до» – 5,6, «после» – 6,36. Применение критерия знаков также позволяет утверждать о преобладании положительных сдвигов (G$_{эмп.}$=2 при G$_{крит.}$=2 для p≤0,01). В экспериментальной группе у четырех испытуемых никакой динамики интеллектуальной активности обнаружено не было (14,8%).

Самоотчет испытуемых. Аналогично описаниям участников контрольной группы большинство испытуемых (66,6%) в своих самоотчетах указывали на ощущения покалывания в кончиках пальцев и на улучшение психофизического состояния (81,5%): «появилось чувство легкости», «по телу разливалось тепло», «хотелось парить», «появились новые силы», «почувствовал приток энергии» и т.п.

Результаты проведенного исследования позволяют сделать следующие **заключения**.

1. Сравнение усредненных результатов у испытуемых контрольной и экспериментальной групп показывает, что у них произошли одинаковые по значимости сдвиги в сторону оптимизации психофизического состояния после воздействия устройства «ЛОГОС-3000». Идентичность результатов в разных условиях позволяет говорить об отсутствии внушения в качестве плацебо-эффекта при взаимодействии взрослых субъектов с данным прибором.

2. Произошедшие изменения относятся к различным оцениваемым в эксперименте сферам психической реальности, а именно:

– повышаются объективные показатели работоспособности;

– увеличивается уровень интеллектуальной активности;

– фиксируется субъективное улучшение как физического, так и эмоционального состояний.

Обозначенные изменения свидетельствуют о том, что устройство «ЛОГОС-3000» активизирует физические и умственные способности, позволяет снимать симптомы как краткосрочного, так и хронического стрессов.

3. Требуются дополнительные исследования тех субъектов, у которых не выявлено каких-либо изменений. Вполне возможно, что это лица, находящиеся в актуальный момент исследования в своем оптимальном психоэмоциональном тонусе, а значит, и не нуждающиеся в какой-либо помощи.

В целом результаты проведенного исследования доказывают эффективность междисциплинарного подхода в решении проблемы коррекции человеком своего психофизического состояния. Только психологические приемы воздействия для многих людей оказываются слишком трудоемкими, требующими с их стороны значительных усилий по изменению сложившихся у них привычных способов реагирования на жизненные события, а значит, и малоэффективными. Поэтому организация комплексного, психофизиологического воздействия, представляется значительно более экономичным путем оказания психологической помощи.

Литература

1. Ильин, Е.П. Дифференциальная психология профессиональной деятельности / Е.П. Ильин. – СПб. : Питер 2008. – 432 с.

2. Лапин, И.П. Плацебо и терапия / И.П. Лапин. – СПб. : Лань, 2000. – 224 с.

3. Peterson, Ch. Learned Helplessness: A Theory for the Age of Personal Control / Ch. Peterson, S.F. Maier, M. Seligman. – New York, 1993. – 359 p.

L.S.Kulzhabayeva
lyazzat-69@mail.ru

TOLERANT CHARACTER EDUCATION IN THE FAMILY

Abstract: This article covers the question of tolerance, which is implemented by the institution of the family. Education of moral attitudes and principles of identity, the culture of communication is a major component of the socialization of the individual, its preparation for future family life.
Key words: tolerance, education, family and personality, morality, cultural relations.

Tolerance from the perspective of social (socio-cultural) approach is understood as respect, acceptance and appreciation of the rich diversity of world cultures, forms of expression and ways of being human. This is a positive attitude, followed by the interest to others, not being as "I am". (Acceptance of others. He is interesting because he is not as "I am").

In demonstration, tolerance changes depending on the cultural, territorial context.

The process of tolerant character education is inextricably connected with the tolerance form development in State and society and cannot be considered only as socio-psychological properties.

Therefore the main objective of social institutes of the society is tolerant character education, formation of skills of independent thinking, critical judgment and development of the judgments based on the moral values.

On the household level this function is intended to be implemented by the institution of the family. From early childhood, child learns the culture of his nation, develops not only this aspect, but also Customs and traditions of their neighbours, and learns how to respect their beliefs and culture, such as accumulating experience of international communication in collaborative work in day-to-day contacts.

This helps to overcome national conceit, self-aggrandizement, and the sense of the national exclusivity. Unfortunately, parents often tolerate the glorification of its national only because of the part of the adult population contain prejudices and stereotypes that are often based on the random experiences, superficial emotional impressions, hearsay and prejudice, rooted in the historical past. Study on the causes of the neuroses of children in some countries clearly puts in the first place family conflicts which are not only disrupt, destroy the family, but also serve as the basis for the accumulation of deviant empower of a child. Durable, a normal family, where a tolerance is a part of the relationship between children and their parents having good traditions, by contrast, is a framework that neutralizes the negative influence of the environment on the child.

For example, the negative influence of the media on the child's psyche, promotion of the "hardcore sex", violence, and cruelty can germinate, if it has favorable circumstances that are problem, conflict, drinking family, or, conversely, neutralized normal family atmosphere, understanding and attention from their parents. [1]

In general, tolerance – is a integrative property of the individual, manifested at the behavioral and cognitive level, closely connected with the system of moral precepts and principles of personality. On a psychological level, it manifests in benevolence, gentleness, emotional and social maturity, tolerance and moderation, has a gender-specific.

Moral foundations of female tolerance are credibility, reduced selfishness, desire for a stable relationship, and of young men - self-control, endurance, and ability not to get annoyed.

High level of tolerance is formed in the family, supporting the liberal-democratic style of relationships. In high importance is a family structure. Usually in the nuclear family, parents pay more attention to the child's development, so in the process of education the child develops tolerance, based on the moral principles. In the extended family children tolerance is manifested as patience, endurance, self-control.

Tolerant character is formed in families where no overprotection and authoritarian- style of relationships and where is respectful relationship between adults and children. Liberal - style is formed by supporting altruism, gentleness, benevolence, lack of selfishness, prejudice, within which develops a sense of mutual respect and tolerance. It follows that the culture of interpersonal relationships in the modern family - is a factor that directly affects the formation of tolerant character society.

Culture of matrimonial relationships – it is a character, style of communication, provides the optimal functioning of the family , they are the norms and rules of behavior of human in family, it is an etiquette , that should be trained and adhered throughout life . On the basis of style and nature of the relationships of all family members we may judge the level of culture of marriage and family relations. In addition, the culture of matrimonial relationships expresses the level of historical development achieved by mankind, the level and method of social reproduction of human life. It is also the sexual culture of society. In each historical epoch as the development and improvement of the culture of matrimonial relationships there were also changes in mutual requirements to each other.

Modern trends in matrimonial relations show ambiguous attitudes of young people toward the importance of family and marriage. As the results of a sociological survey "Youth of Independent Kazakhstan", in recent decades has grown and strengthened whole generation of Kazakhstani - people of new formation that shaped its vision of conjugal relations. To the question "In your opinion, how many children should be in an ideal family?" Following distribution of responses. The majority of respondents expressed support for three (37.9 %) and two (35.3 %) children. And 18% of the young people consider the optimal number of children in the family for at least four, 9% chose "one child". The vast majority (82.3 %) of respondents were in the course of questioning for marriage by mutual love. Every third or fourth (28.8%) respondents said the best marriage of 7 % were supporters of marriage contracts. Response options were as "a marriage of spirituality", "marriage of mutual understanding", etc.

The main reason of divorce young people considers (30.3%), in second place - the incompatibility of character (25.7%), the third - the alcoholism of a family member (21.6%), the fourth - the material and domestic difficulties (20.8%), in last place - physical abuse (15%). In the column "Other" respondents entered "the reasons may be different"," when one of the members of the family ceases to love ", "absence of peace and understanding," " all of the above." The optimal age for marriage overwhelming majority (81.9%) of respondents consider the period from 20 to 30 years.

Thus, as a socio- cultural phenomenon, the family is defined succession of different relationships, attitudes, feelings, roles, and is a strong institution of social change, which lay of values and cultural potential of the new generation. From efficient and effective functioning of the institution of the family will depend on the future development of the society.

Parents are the first and primary caretakers of children , they give to the child an important experience of interacting with people , in which he learns to communicate , to explore ways of communication, learns listening to and respect the opinions of others , patience and careful with their loved ones. In developing the experience of tolerant behavior is very important of personal example of parents and relatives. And, above all, the atmosphere in family relationships, style of interaction between parents, between relatives, children significantly affect the development of tolerance among the child, preparing him or her to his future family life.

References

1.Rozhkov M.I., Baiborodova L.V., Kovalchuk M.A. Pupils tolerant education: study guide. – Yaroslavl: Development Academy. - 2003.

2. Results of survey «Youth of Independent Kazakhstan». Data of social studies, Astana, 2011.

Садыков Р.М.

доцент, к.с.н., старший научный сотрудник Института социально-экономических исследований Уфимского научного центра РАН

SalikovRM@mail.ru

СОЦИАЛЬНАЯ ЗАЩИТА И ПРОБЛЕМЫ ЖИЗНЕОБЕСПЕЧЕНИЯ СЕЛЬСКОГО НАСЕЛЕНИЯ В УСЛОВИЯХ СОЦИАЛЬНО-ЭКОНОМИЧЕСКОЙ НЕУСТОЙЧИВОСТИ

Научный анализ результатов ряда социологических исследований показывает, что большинство сельских жителей обеспокоены сложившейся социально-экономической обстановкой в стране, которая привела к снижению уровня жизни сельского населения, материального благосостояния, уменьшению возможностей устроиться на высокооплачиваемую работу [1,2].

Многие селяне с трудом ориентируются в происходящих изменениях в экономике, проводимой реформе на селе, и нуждаются в экстренной социальной помощи и защите. Особенностью социальной защиты населения в период рыночных реформ явилось расширение категорий и увеличение численности сельского населения, нуждающегося в целенаправленной государственной поддержке. В современных условиях активная адресная поддержка требуется как социально уязвимым группам населения, так и все большей части трудоспособного и даже работающего сельского населения, оказавшегося сегодня в тяжелом материальном положении. С началом экономических преобразований в стране резко ограничилась сфера централизованного регулирования доходов населения. Ускоренный процесс социального расслоения обусловил расширение слоя сельского населения, чьи доходы не обеспечивают потребление на минимально допустимом уровне.

Исследуя социальную защищенность жителей села, нами выявлены основные источники их материального благосостояния, главными из которых являются личное подсобное хозяйство (ЛПХ), заработная плата (или пенсия). Личное подсобное хозяйство сельских жителей определяется как хозяйство, ведение которого осуществляется личным трудом гражданина и совместно проживающими с ним членами семьи на земельном участке в целях производства сельскохозяйственной и иной продукции для удовлетворения своих личных потребностей в продовольствии и иных нужд [3]. Личное мелкотоварное производство преобладало в российском сельском хозяйстве, и являлось источником существования для большинства сельского населения. Исторический опыт жизнедеятельности сельской семьи свидетельствует, что во все времена основным средством её выживания был труд на личном подворье. Независимо от существующего общественного строя, политической и экономической ситуации в стране, трудясь на земле, семья сможет прокормить себя. Труд на личном домашнем хозяйстве – это самая надежная гарантия социальной защиты и поддержки сельского населения. Для сельских жителей занятость в ЛПХ является порой единственной возможностью жизнеобеспечения и жизнедеятельности [4].

Личное подсобное хозяйство возникло в период становления колхозно-совхозного строя как вспомогательный элемент и источник производства сельскохозяйственной продукции в целях удовлетворения индивидуальных и семейных потребностей работников сельскохозяйственных предприятий в продуктах питания. В результате резкого ухудшения экономических условий производства в крупных сельскохозяйственных предприятиях в аграрном секторе сложилась принципиально новая структура производства. Личное домашнее хозяйство превратилось из вспомогательного источника в преобладающий источник сельскохозяйственной продукции. В период кризиса в коллективном аграрном секторе за счет ЛПХ удалось в значительной мере восполнить падение производства в сельскохозяйственных предприятиях.

Личные подсобные хозяйства обладают большей жизнеустойчивостью и адаптированностью к рыночным условиям по сравнению с крупными производствами. И в условиях экономического кризиса домашнее сельскохозяйственное производство стало важным условием выживания подавляющего большинства и сельского, и городского населения [5,6]. В современных условиях личные домашние хозяйства селян не только сохранили своё устойчивое положение среди производителей сельскохозяйственной продукции, но и заметно увеличили объемы производства. Сегодня личное подсобное хозяйство является формой непредпринимательской деятельности по производству и переработке сельскохозяйственной продукции. Основной целью ЛПХ является удовлетворение потребностей рынка в продуктах питания и пополнение бюджета семьи за счёт продажи собственной продукции. На селе остро ощущается нехватка денежной наличности для удовлетворения еще более насущных потребностей. Упадок организованного рынка сбыта продукции ЛПХ привел к неполному использованию его товарных возможностей. Сельские сельхозпроизводители обеспокоены и испытывают трудности в реализации своей продукции. Из-за проблем с реализацией излишек сельхозпродукции снижается товарность личного подсобного хозяйства.

Расчеты специалистов показывают, что, имея участок земли площадью 6 соток, можно обеспечить картофелем, овощами и плодово-ягодной продукцией семью из четырех человек. Но это возможно только при правильном ведении хозяйства. Поэтому одна из задач социальной политики на селе - это вооружение сельских жителей и особенно молодежь сельскохозяйственными знаниями, повышение культуры сельскохозяйственного производства.

Сохраняется значительное отставание в уровне оплаты труда в сельском хозяйстве и неудовлетворенность широких слоев населения своим материальным положением. Растет число сельских семей, которым угрожает необратимая бедность, сравнительно быстро увеличивается количество «потенциально бедных». Сельские жители находятся в более стесненных материальных условиях, чаще используют регулярные, случайные заработки, регулярные услуги своим односельчанам, торгуют собственными продуктами, подрабатывают в других видах работы. Мы полагаем, что противоречие между ростом материальной заинтересованности, ростом цен и реальной величиной оплаты труда, которая уменьшается, порождает у работников сельского хозяйства безынициативность, инертность в работе, желание сменить профессию и специальность или перейти работать в другие сферы занятости. В современных условиях ослабли стимулы к повышению эффективности производства, вследствие чего это привело к снижению производительности труда и росту убыточности сельскохозяйственных предприятий. В конечном счете, всё это привело к уходу высококвалифицированных специалистов из села, в том числе, и к снижению уровня социальной защиты сельского населения.

В сельской местности необходимо развивать и другие виды деятельности, способствующие решению производительного использования трудовых ресурсов. Создание подсобных промыслов и сопутствующих производств оказывается одним из важных факторов стабилизации и развития сельскохозяйственных трудовых коллективов и потенциалом сокращения безработных. В связи с этим целесообразно разработать региональные программы по созданию малых предприятий по переработке и хранения сельскохозяйственной продукции, производству товаров народного потребления, развитию народных промыслов.

В комплексе с производственной интеграцией необходимо создавать предпосылки для эффективного взаимодействия социальной инфраструктуры города и села, и достижения качественно равных с городом условий социального обслуживания сельских жителей. На селе должна быть решена задача по созданию жилищных условий, не уступающих городским. В основу социального преобразования села должна быть заложена ориентация на усиление позитивных сторон образа жизни при одновременном возрастании связей города и села. Необходимо расширение и углубление агропромышленной интеграции, создание благоприятных условий труда, расширение сферы его приложения в сельской местности, регулирование миграции сельского населения.

В целом социальная политика государства должна создавать благоприятные условия для социального прогресса в каждом сельском поселении. Государство должно стремиться к выравниванию различий в доходах местных сообществ, уровне занятости, социальной инфраструктуре, обеспечении минимальных социальных стандартов и гарантий, дифференцированных с учетом объективных особенностей села, адаптации социальных реформ к местным условиям [7].

Социальная политика государства должна быть нацелена на создание каждому трудоспособному человеку условий, позволяющих ему своим трудом и предприимчивостью обеспечить благосостояние семьи, а также на предоставление гарантированного государством минимума социальной защиты наиболее уязвимых слоёв населения. Подобная цель означает переход к новой системе социальной защиты, которая предполагает: повышение ответственности государства за обеспечение гарантий социальных и экономических прав граждан; формирование системы индивидуальной ответственности граждан за свое материальное благосостояние; обеспечение гражданам гарантированного минимального уровня бесплатных услуг в области образования и здравоохранения; формирование механизма социально эффективной занятости и охраны прав работников. В условиях социально-экономической неустойчивости необходимо создание и совершенствование системы регулирования и разрешения социальных проблем сельского населения, а именно хорошо отлаженная и эффективная система социальной защиты населения, которая должна решить сложные проблемы сельского населения, особенно малообеспеченной его части.

Список литературы:

1. Садыков Р.М. Проблемы оптимизации управления системой социальной защиты сельского населения в условиях реформирования общества. Автореферат диссертации на соискание учёной степени кандидата социологических наук. Уфа, 2001.
2. Садыков Р.М. Социальная защита сельского населения. Монография. –М., 2005. – 160с.
3. Федеральный закон Российской Федерации от 7 июля 2003г. N 112-ФЗ "О личном подсобном хозяйстве".
4. Бондаренко Л.В. Российское село в эпоху перемен: занятость, доходы, инфраструктура. –М., 2003. -509с.
5. Садыков Р.М. Актуальные проблемы села и политика в сфере занятости сельской молодежи.// Вестник ЧелГУ. 2010. № 20 (201). Философия. Социология. Культурология. Вып. 18. С. 166-173.
6. Садыков Р.М. Занятость молодежи в сельской местности: проблемы и пути решения.// Вестник Башкирского университета. 2011. Том 16. №1. С. 218-222.
7. Садыков Р.М. Социальная политика и социальная защита населения в сельской местности: состояние, проблемы и пути решения. Монография. – Германия. – Саарбрюккен, 2012. – 96с.

Румянцева В.В. - доктор техн. наук, доцент
Госуниверситет - УНПК, кафедра: «Технология хлебопекарного, кондитерского и макаронного производств»
Ковач Н.М. - преподаватель
Мценский филиал Госуниверситета - УНПК, кафедра: «Пищевых биотехнологий и сервиса»

ВЛИЯНИЕ НЕТРАДИЦИОННОГО СЫРЬЯ НА РЕСУРСНЫЙ КРИТЕРИЙ ЭФФЕКТИВНОГО ПРОИЗВОДСТВА МАРМЕЛАДА

В условиях рыночной экономики обеспечение стабильной работы предприятий пищевой промышленности по выпуску конкурентоспособной продукции является одной из перспективных задач. При этом наиболее важной качественной характеристикой деятельности предприятия является эффективность производства.

Предприятие стремится увеличить эффективность производства в первую очередь в связи с ограниченностью отдельных видов ресурсов, увеличением их стоимости, ведущей к значительному удорожанию готовой продукции. С другой стороны, на современном этапе развития общества расширяются возможности повышения эффективности производства. Одним из ключевых элементов, определяющим экономическую эффективность производства, является рентабельность продукции. Большой практический интерес с точки зрения повышения прибыльности предприятия, под которой понимается суммарная экономия всех трудовых, материальных и финансовых ресурсов, представляет оценка себестоимости разработанной продукции в сравнении с контрольным образцом, так как снижения затрат на ее производство и реализацию обеспечивает рост рентабельности.

Сегодня на рынке мармелада представлено огромное количество самых разнообразных позиций, большинство которых объединяет стремление к стабильному и высокому качеству. Кроме того, одна из основных тенденций рынка мармелада – появление новых оригинальных для российского потребителя продуктов [1, 25]. В ФГБОУ ВПО «Госуниверситет-УНПК» были разработаны следующие виды желейного мармелада: «Солнечный» с гидролизатом овса «Живица», «Восточный» с гидролизатом ячменя «Целебник», «Студенческий» с хлопьями овсяными, «Универ» с хлопьями ячменными. Хлопья вносили взамен 2 % сахара-песка и 5 % пектина, гидролизаты вносили взамен 4 % сахара-песка и 10 % пектина от рецептурного количества. Считали целесообразным исследовать влияние продуктов переработки овса и ячменя на экономическую эффективность производства желейного мармелада.

Данные для расчета затрат на производство и реализацию разработанных образцов желейного мармелада получены нами в процессе выработки пробных партий продукции на ЗАО «Кондитерская фабрика», г. Орел. В качестве контрольного образца принят мармелад «Балтика», вырабатываемый предприятием в соответствии с ГОСТ 6442-89.

Структура затрат на разработанный мармелад в сравнении с контрольным образцом представлена на рисунке 1.

Рисунок 1 - Структура затрат на разработанный мармелад в сравнении с контрольным образцом

Снижение затрат произошло, прежде всего, за счет уменьшения стоимости основного сырья и материалов в среднем на 8 %, расходов на топливо и энергию для технологических целей для мармелада с гидролизатами овса и ячменя на 16,7 % и мармелада с хлопьями овсяными и ячменными на 11% в результате сокращения затрат на оплату труда основных производственных рабочих, продолжительности выстойки и как следствие длительности производственного цикла на 3,5 и 2,3% соответственно.

Расчет отпускной цены выполняли для двух вариантов – при уровне рентабельности продукции, аналогичной контрольному образцу (21%) и в случае реализации продукции по цене контрольного образца (96,94 руб./кг). В первом случае отмечается снижение отпускной цены на мармелад на 6,5 и 4,9%. Во втором случае увеличивается рентабельность продукции на 8,4 и 6,3% соответственно.

Количественное измерение годового экономического эффекта от использования нетрадиционного сырья основано на определении его величины в расчете на единицу продукции и общего объема продукции, выработанной за определенный промежуток времени.

Производственные расчеты позволили сделать следующие выводы:

➢ При реализации мармелада с гидролизатами овса и ячменя предполагаемый годовой экономический эффект составит 331 488 руб, мармелада с хлопьями овсяными и ячменными - 251 723 руб.

➢ Уровень затрат на 1 руб. товарной продукции снизится по сравнению с контрольным образцом на 7,2 и 4,8% соответственно.

➢ Рентабельность продаж, которая характеризует удельный вес прибыли в составе выручки от реализации продукции, увеличится по сравнению с контрольным образцом на 5,3 и 4% соответственно. Этот показатель называют также нормой прибыльности [2,55].

➢ Рентабельность продукции увеличится по сравнению с контрольным образцом на 8,4 и 6,3% соответственно:

➢ Производительность труда, являющаяся важнейшим экономическим показателем, характеризующим эффективность затрат труда в материальном производстве как отдельного работника, так и коллектива предприятия в целом, при производстве разработанного мармелада увеличится по сравнению с контрольным образцом на 4,1 и 2,9% соответственно [2,67].

Анализ расчетов конкурентоспособности мармелада с продуктами переработки овса и ячменя, который проводили по методике, разработанной Голубевым В.В. и Грузинцевой А.А., модифицированной Осиповой Л.Д. [3, 15] и включающей двенадцать характеристик, отражающих органолептические, физико-химические, энергетические и экономические свойства продукта, показал, что использование продуктов переработки овса и ячменя в качестве структурообразователей для мармелада позволяет получить продукты с высокими интегральными показателями качества. Рассчитанные интегральные показатели мармелада с продуктами переработки овса и ячменя превышают показатели контрольного образца в среднем на 0,1058, следовательно, они являются конкурентоспособными.

Таким образом, можно сделать вывод, что производство мармелада на основе продуктов переработки овса и ячменя является экономически эффективным, так как в связи с сокращением расходов на основное сырье и материалы, на топливо и энергию для технологических целей, затрат на оплату труда основных производственных рабочих происходит снижение цены, что приводит к увеличению прибыли и как следствие, увеличению показателей рентабельности предприятия. Так же необходимо отметить, что это нетрадиционное сырье, имеющее широкий спектр применения, позволяющее расширить сырьевую базу кондитерского производства, а так же получить готовые продукты с высокими интегральными показателями качества.

СПИСОК ЛИТЕРАТУРЫ

1. Чумак, А. Российский рынок мармелада / А. Чумак // Кондитерские изделия. Чай, кофе, какао. - 2010. - №8. – 25-27.
2. Кейлер, В.А. Экономика предприятия [Текст] / В.А. Кейлер. – М.: Инфра-М, 1999. – 132 с.
3. Осипова, Л.Д. Разработка кулинарной продукции из рубленного мяса повышенной водо- и жироудерживающей способности [Текст]: автореф. дис. … канд. Техн. Наук / Л.Д. Осипова. – Орел, 2004. – 28 с.

Румянцева В.В. - доктор техн. наук, доцент
Госуниверситет - УНПК, кафедра: "Технология хлебопекарного,
кондитерского и макаронного производств"
Шунина Т.В. - аспирант
Госуниверситет - УНПК, кафедра: "Технология хлебопекарного,
кондитерского и макаронного производств"

ПЕРСПЕКТИВЫ ПРИМЕНЕНИЯ МАЦЕРИРУЮЩИХ ФЕРМЕНТНЫХ ПРЕПАРАТОВ ПРИ ПРОИЗВОДСТВЕ ПЮРЕ

Разработка способов наиболее полного использования плодоовощного сырья, побочных продуктов и отходов является одним из основных факторов развития перерабатывающей промышленности.

Сокращение отходов и потерь как основных, так и вспомогательных материалов можно достигнуть, применяя ферментативную обработку целого корнеплода, а также путем внедрения в производство поточных технологий.

Ферментные препараты - биологические катализаторы, обладающие специфическим действием к определенным субстратам. [1,13] Основным показателем, характеризующим эффективность применения ферментных препаратов, является их активность, зависящая от температуры и pH среды.

Основным условием эффективного действия ферментных препаратов является наличие полиэнзимного комплекса, способного биокаталитически воздействовать на многокомпонентные субстраты плодоовощного сырья. [1,149]

Учитывая. что в реальных условиях даже для современных предприятий потери и отходы при переработке растительного сырья могут достигать от 25 до 35%, использование уникальных свойств различных ферментных препаратов с применением непрерывно-действующих установок является актуальным направлением в области совершенствования промышленной технологии производства плодоовощных пюре.

Кроме того, ферментативный биокатализ позволяет радикально изменять функционально технологические свойства сырья на различных этапах его переработки, открывая тем самым широкие возможности создания принципиально новых легкоусвояемых продуктов для ординарного, профилактического, лечебного и реабилитационного питания различных социальных и возрастных групп населения.

Целью исследований является разработка ресурсосберегающей технологии переработки репы с повышенной пищевой ценностью.

Репа относится к числу наиболее древних овощных растений. По химическому составу репа может конкурировать со многими овощами и фруктами. Особое место в химическом составе занимает высокое содержание пищевых волокон - 3,8 г/100г сырой массы (13% СФП), которые в основном представлены целлюлозой, гемицеллюлозами и пектинами (растворимым пектином и протопектином). Высокое содержание витамина С – 35мг/100г (43% СФП) и как показали проведенные исследования даже при варке корнеплодов в воде наблюдаются весьма небольшие потери витамина С (не более 10 %). Очень богат и минеральный состав, особо содержание кальция– 56мг/100г (7% СФП), калия – 338мг/100г (12% СФП) и т.д. [2,328]

Сохранить биологически активные вещества репы и смягчить режимы переработки, достигая при этом максимального технологического эффекта, позволяют методы биотехнологии, к которым относятся применение ферментных препаратов (ФП).

Получение пюре из репы основано на мацерации растительных тканей. Для мацерации необходимо разрушить структурные элементы сосудистых пучков, межклеточных покровных и мягких тканей. Степень расщепления структурных элементов репы ограничивается необходимостью сохранения целых клеток и высокой вязкостью среды как условия ферментолиза протопектина. Эффект мацерации достигается в основном за счет действия эндополигалактуроназы и/или эндопектатлиазы на пектиновые вещества межклеточников. В пюре должны присутствовать фрагменты пектина определенной величины.

В зрелой репе достаточно высока активность собственной пектинэстеразы, что предопределяет использование предварительной термической обработки. В качестве мацерирующих применяли такие препараты, как Мацеразим, Иргазим и Рохамент (комплекс эндо –ПГ, пектинэстеразы, целлюлазы, ксиланазы, протеазы и амилазы).

Репу перед производством мыли, затем нарезали на сегменты 50-70 мм, дробленую массу подвергали шпарке при температуре 105 ^{0}С и времени обработки 10-15 мин. Размягченную массу охлаждали до температуры 20-45 ^{0}С и проводили ферментацию в течение 0,5-5 часов при pH 4,0-4,5 (которую регулировали янтарной кислотой) и постоянном перемешивании. По окончанию процесса полученную массу вновь подвергали шпарке при температуре 105 ^{0}С и времени обработки 10-15 мин, затем протирали на сдвоенной протирочной машине с диаметром отверстия 1,5-1,2 мм и 0,8-0,4 мм.

Наиболее эффективным был ферментный препарат Рохамент, при следующих параметрах ферментации: количество фермента 0,03 % к массе сырья по сухому веществу, температура 105 ^{0}С, времени обработки 3,5 часа, pH 4,0-4,5 при постоянном перемешивании.

Полученное пюре имеет кремово-желтоватый оттенок, приятный вкус, содержание сухих веществ - 20± 2%. Сухие вещества в основном представлены: гемицеллюлозами – 4,8г, целлюлозой – 5,1г, растворимым пектином - 1,65г, протопектином – 0,39г, лигнином – 0,27г, общий сахар – 5,75г (в т.ч. 3,85г), белка – 2,0г. Выход готового пюре составляет 87 %, что на 24 % больше по сравнению с классической технологией получения пюре из корнеплодов.

Пюре репы, исходя из его химического состава, может быть использовано в качестве полифункциональной добавки, обогащающей изделие не только пищевыми волокнами (клетчаткой, гемицеллюлозами), пектиновыми, азотистыми и минеральными веществами, витаминами и другими полезными веществами, и таким образом придающей изделиям диетические и функциональные свойства.

Список литературы

1. Кислухина, О.В. Ферменты в производстве пищи и кормов / О.В. Кислухина. – М.: ДеЛипринт. 2002.336с.

2. Мамонов, Е.В. Сортовой каталог «Овощные культуры» / Е.В. Мамонов. – М.: ЭКСМОпресс. 2001. 528с

Шарафеев И.Ш., Закиров И.М., Ермоленко И.В.
д.т.н. КНИТУ – КАИ им. А.Н. Туполева
профессор, д.т.н. КНИТУ – КАИ им. А.Н. Туполева
Фирма «МВЕН»

ТРАНСФОРМАЦИЯ ПРОИЗВОДСТВЕННЫХ ПОКАЗАТЕЛЕЙ ПРИ ПЕРЕХОДЕ ОТ ОПЫТНОГО К СЕРИЙНОМУ ПРОИЗВОДСТВУ

Общее описание. Организация производства – прогнозирование, планирование, мониторинг – осуществляются посредством множества производственных показателей, состав которых в зависимости от поставленных целей, может быть разнообразным. Например, система показателей оценки эффективности производства [1; 2]; система показателей ресурсоемкости товара и производства [3]; система показателей ресурсосбережения [4 – 7]; система показателей удельных затрат [8], стоимость одного килограмма массы конструкции [9]; трудоёмкость изготовления изделий [10; 11, 128; 12; 13].

В статье в качестве базовой системы показателей принята многослойная матричная система формирования производственных показателей (ММС ФПП), ядром которой является матрица производственных ресурсов предприятия (людских, технических, материальных, архитектурных, финансовых) [14]. Наряду с этим, в матрицу вошли такие производственные атрибуты, как: производственные процессы – интегрирующие производственные ресурсы, результаты деятельности и доходы. Значения этих показателей и соотношения между ними позволяют идентифицировать производственные процессы и деятельность предприятия в целом. Разнообразные приложения этих показателей представлены инициируемыми слоями. *Первое инициируемое расслоение* выполняется по «типам производственных процессов», где выделяются четыре сегмента: основные, вспомогательные, обслуживающие и управляющие процессы. *Второе расслоение* осуществляется «по объектам производства» – деталь, узел, панель, агрегат, планер, изделие в целом. *Третье расслоение* – «территориальное», где выделяются: рабочее место, рабочий участок, цех, производственный комплекс, предприятие в целом. При выполнении ч*етвёртого расслоения* анализируются «технологические особенности производства» – механообработка, сварка, штамповка, сборка и т.д. При *пятом расслоении* анализируются «структурно-производственные особенности» подразделений предприятия. Например, подготовка производства и собственно производство, или: отдел главного технолога, отдел главного механика, отдел главного энергетика, бухгалтерия, экономический отдел и т.д. *Шестое расслоение* имеет «логистические корни», где рассматриваются объёмы кооперации с выделением покупной продукции и продукции собственного производства. Таким образом, взяв за основу матрицу производственных ресурсов, результатов деятельности и их приложения в виде производственных процессов, можно получить любую характеристику деятельности предприятия, а рассматривая эти показатели в разрезе инициированных слоёв – характеристику организации производства в различных масштабах. Кроме этого, предлагаемая матрица может быть принята в качестве «Общезаводской базы данных».

Трансформация производственных показателей. В жизненном цикле существования изделий, размеченном такими производственными стадиями, как: опытное производство, освоение серийного производства, серийное производство – особо слабым звеном является опытное производство. Неполнота конструкторской и технологической документации, свойственные опытному производству, частично переносятся и на стадию освоения серийного производства, в силу чего эти две стадии требуют особого внимания. По этой причине, в статье рассматриваются вопросы *трансформации производственных показателей* при переходе от опытного производства к серийному производству, где под трансформацией понимается изменение их численных значений. На основании значений производственных показателей в условиях организации опытного производства и численных значений коэффициентов трансформации, можно прогнозировать численные значения производственных показателей на стадии освоения серийного производства, и на стадии серийного производства.

Для дальнейших пояснений введём некоторые обозначения: H – людские ресурсы (численность); T – технические ресурсы (количество оборудования, оснастки); M – материальные ресурсы (масса металла, композитов и т.д.); A – архитектурные ресурсы (производственные площади); F – финансовые ресурсы (собственные, кредитные); G – обобщённые производственные ресурсы (стоимость всех производственных ресурсов); P – производственные процессы (количество технологических процессов, количество технологических операций); R – результаты производственной деятельности (количество или стоимость коммерциализуемой продукции); D – доходы от производственной деятельности (прибыль). Значения выше названных показателей со знаком «штрих», будут означать их принадлежность к опытному производству, с «двумя штрихами» – к освоению серийного производства, «с тремя штрихами» – к серийному производству. Отношения производственных показателей будем обозначать строчными буквами соответствующих производственных ресурсов, например, $p_h = \dfrac{P}{H}$ – это показатель, образующийся, как частное от деления количества производственных процессов на численность производственных рабочих; $r_h = \dfrac{R}{H}$ – это показатель результативности производственных рабочих, полученный, как частное от деления результата деятельности на численность производственных рабочих. То есть, при обозначении показателя, основной символ означает значение одноимённого производственного показателя в числителе, нижний индекс – значение одноимённого показателя в знаменателе. В верхнем индексе показателя указывается его приложение в виде обозначения инициируемого слоя. Например, в обозначении $a_{h}^{ц} = (\frac{A}{H})^{ц}$ верхний индекс «ц» показывает, что данный показатель инициируется как цеховой показатель, а в обозначении $r_{a}^{пр} = (\frac{R}{A})^{пр}$ – индекс «пр» инициирует этот показатель к предприятию в целом.

Причинно-следственные связи, образуемые при переходе от одной стадии производства к другой, во многом определяются более детальным представлением технологических процессов и выражаются посредством коэффициентов трансформации производственных процессов

$$T(ОП - ОСП): k_{p}^{"} = \frac{P"}{P'}; \quad T(ОСП - СП): k_{p}^{"} = \frac{P'''}{P"}, \quad (1)$$

Зная значения этих коэффициентов, можно спрогнозировать людские ресурсы, как показано в зависимости (2); архитектурные ресурсы, как показано в зависимости (3); технические ресурсы, как показано в зависимости (4)[1].

$$H_{(f)}^{"} = H'k_{p}^{"}.(2)$$
$$A_{(f)}^{"} = A'k_{p}^{"} \quad или \quad A_{(f)}^{"} = a_{h}^{'}H". \quad (3)$$
$$T_{(f)}^{"} = T'k_{p}^{"}.(4)$$

Помимо этого, образуются коэффициенты трансформации соотношений производственных ресурсов, например, производственных площадей или производственных процессов приходящихся на одного рабочего (5).

$$k_{a_{h}}^{"} = \frac{\frac{A"}{H"}}{\frac{A'}{H'}} = \frac{a_{h}^{"}}{a_{h}^{'}}; \quad k_{p_{h}}^{"} = \frac{\frac{P"}{H"}}{\frac{P'}{H'}} = \frac{p_{h}^{"}}{p_{h}^{'}} \quad (5)$$

На одном из предприятий отечественного товаропроизводителя, специализирующемся на производстве самолётов малой авиации, были проведены исследования на стадии организации опытного производства и передачи конструкторско-технологической документации в серийное производство. В основу трансформации производственных показателей было положено изменение количества технологических процессов – $k_{p}^{"}$, на основе чего были рассчитаны прогнозы других показателей.

Таким образом, в основе трансформации производственных показателей при переходе от одной стадии производства к другой, лежит увеличение количества производственных процессов и количества рабочих мест, что влечёт за собой изменение и других производственных показателей. Эти изменения характеризуются коэффициентами трансформации, с помощью которых можно спрогнозировать объёмы производственных ресур-

---

[1] Нижний индекс (*f*), взятый в скобки означает прогнозное значение показателя.

сов серийного производства.

Список литературы

1. Петухов Р.М. Оценка эффективности промышленного производства: Методы и показатели. - М.: Экономика, 2004. - 191 с.

2. Гайнутдинова Ю.А.. Система показателей эффективности организации промышленного производства с учетом экологических мероприятий. Экономические науки. 2010. Т. 66. № 5. С. 103-107. http://ecsocman.hse.ru/ text/34973335.

3. Фатхутдинов Р.А. Производственный менеджмент. 4-е издание. СПб.: Питер, 2003 г. - 491 с.

4. Айрапетова, А. Г. Формирование системы ресурсосбережения: теоретико-методологические аспекты / А. Г. Айрапетова. СПб: Изд-во СПбГУ-ЭФ, 1999.- 168 с.

5. ГОСТ 30167-95. Ресурсосбережение. Порядок установления показателей ресурсосбережения в документации на продукцию. М., 1999.

6. Ли И. В. Стратегия ресурсосбережения в рыночных условиях и ее эффективность / И. В. Ли. СПб, 1998. - 166 с.

7. Мингалеев, Г. Ф. Экономическое обоснование ресурсосбережения на предприятиях и в народном хозяйстве / Г.Ф. Мингалеев, Р.Я. Ахмадиев. -Казань : Унипрессг 2002. 96 с.

8. Глазьев, С. Ю. Отражение НТП в показателях удельных затрат материальных ресурсов / С. Ю. Глазьев // Методология оценки эффективности общественного производства. М.: ЦЭМИ АН СССР, 1985.

9. Закиров И.М. Производственные наукоёмкие технологии. Учебно-методический комплекс. Казань: КГТУ им. А.Н. Туполева. 2008. – 118 с.

10. Шарафеев И.Ш., И.М. Закиров. Расчет режимов резания и норм времени на основе концепции моделирования систем автоматизации технологического назначения. Казань: Изд-во Казан. гос. техн. ун-та им. А.Н. Туполева. 2006. 180 с.

11. Махитько В.П. Интегрированная информационно-коммуникационная система проектирования и производства воздушных судов. Самара: Издательство Самарского научного центра РАН, 2009. – 384 с.

12. Шарафеев И.Ш. Расчёт режимов резания и норм времени операций механообработки в условиях автоматизированного производства. // Вестник Казан. гос. техн. ун-та. 2012 № 4. С. 98-102.

13. Шарафеев И.Ш., Ермоленко И.В. Нормирование в условиях организации опытного производства. // Вестник Казан. гос. техн. ун-та. 2013 № 2. С. 62-66.

14. Шарафеев И.Ш., Ермоленко И.В. Многослойная матрица формирования показателей организации производства. // Вестник Казан. гос. техн. ун-та. 2012 № 3. С. 167-173.

Крукович М.Г.
д.т.н. профессор, МГТУ им. Н.Э. Баумана, МИИТ,ya.bormag@yndex.ru
Бадерко Е.А.
д.ф-м.н. профессор, МГУ им. М.В. Ломоносова, baderko.ea@yandex.ru
Клочков Н.П.
аспирант МИИТ
Савельева А.С.
аспирантка, МИИТ

МОДЕЛИРОВАНИЕ ПРОЦЕССА ИОННОГО АЗОТИРОВАНИЯ

Моделирование процесса ионного азотирования позволяет понять процесс насыщения, найти параметры управления и проводить предварительные расчеты толщины слоя, характера структуры и свойств упрочненных деталей без дополнительных экспериментов.

Обычно моделирование развивается по аналитическому, численному и эмпирическому направлениям. Их применяют на всех стадиях технологического процесса химико-термической обработки. Наиболее продуктивным является комбинированный путь моделирования.

Особенность работы заключается в оригинальной трактовке явлений в насыщающей среде и обрабатываемом материале при ионном азотировании, а также выявление параметра для объединения отдельных стадий процесса в расчетную схему, основанном на принципе подобия и идентификации.

Следует отметить, что формирование слоя при ионном азотировании происходит в термодинамически неравновесной среде с нерегулируемым химическим потенциалом. Катодная область и столб тлеющего разряда представляют собой открытую термодинамическую систему, вследствие чего в ней существуют значительные градиенты всех параметров, в том числе и химического состава.

Поверхность металла при температурах азотирования представляет собой зону металла с большим количеством свободных связей и обладает повышенной реакционной способностью. Помимо этого при ионном азотировании она является катодом. Одновременно поверхность подвергается постоянной бомбардировке положительно заряженными ионами газовой среды, при которой наблюдается нагрев поверхности, эмиссия электронов, катодное распыление, сорбционные процессы, имплантация ионов, ионное травление и др.

Таким образом, учитывая наибольшую подвижность и реакционную способность однозарядных ионов азота, которые играют определяющую роль в массопереносе, и активное состояние обрабатываемой поверхности, следует сделать заключение, что ионы азота восстанавливаются на поверхности до атомарного состояния и адсорбируются ею.

Имплантированные в поверхностные слои металла ионы под воздействием электронного потока также переходят в атомарное состояние и участвуют в формировании диффузионного слоя.

Одним из факторов, влияющих на скорость роста азотированного слоя и на его структуру, является исключение преобладающей роли граничной диффузии. Плазма, ускоряя направленный массоперенос положительных ионов к поверхности катода, создает условия для равномерной адсорбции атомов азота по всей поверхности металла.

Повышение скорости образования азотированного слоя следует объяснить появлением в объеме зерна особой дефектной субструктуры. При этом образующаяся кристаллическая дефектность, по всей видимости, приближаться к дефектности границ зерен. Возможность формирования такой субструктуры зерен при ионном азотировании обеспечивается: катодным распылением атомов металла; повышенным энергетическим состоянием поверхности и подповерхностных слоев, подвергаемых на всем протяжении обработки бомбардировке ионами и нейтральными атомами газовой среды; встречным потоком атомов металла и легирующих элементов к поверхности раздела металл - насыщающая среда, вследствие их высокого сродства к азоту; фазовым наклепом и периодической рекристаллизацией; одновременным протеканием диффузии атомов азота и образованием новых дефектов кристаллического строения подложки; совпадением направления и скорости диффузионного и теплового потоков, по крайней мере, в начале обработки.

При ионном азотировании одновременно происходит процесс образования легкоподвижных дефектов кристаллического строения и диффузии азота. Образующиеся дефекты являются облегченными каналами для диффузии азота. При этом имеет место энергетическое возбуждение, как атомов железа, так и атомов азота. Такое состояние, по-видимому, и обеспечивает ускорение диффузионных процессов при ионной обработке.

Основными факторами управления процесса ионного азотирования являются: состав газовой среды; давление насыщающего газа; электрические характеристики; межэлектродное расстояние; конфигурация упрочняемой поверхности и ее расположение в устройстве; температура и продолжительность обработки.

Моделирование каждого фактора сводится к определению оптимальных условий обработки, обеспечивающих стабильное существование тлеющего разряда, которое определяет заданную структуру и фазовый состав формирующегося слоя.

Конечным результатом технологического процесса ионного азотирования является получение определенного фазового состава и толщины диффузионного слоя, рост фаз которого подчиняется параболическому закону:

$$h = D\sqrt{\tau}, \qquad\qquad (1)$$

где h – толщина слоя, τ – продолжительность процесса, D – кинетический коэффициент.

Кинетический коэффициент включает не столько диффузионные явления, сколько реакцию обрабатываемой поверхности в реальных условиях на изменения параметров внешней среды. Эта реакция поверхности определяет кинетику процесса формирования диффузионного слоя.

Таким образом, кинетический коэффициент является косвенной характеристикой процессов, протекающих в насыщающей среде и в твердом теле (обрабатываемом материале). Он интегрально и самопроизвольно учитывает следующие явления и характеристики:
- коэффициент диффузии и свойства взаимодействующих элементов (атомные радиусы, кристаллические решетки, тип взаимодействия и т.п.);
- состояние металла основы и его фазовый состав при температуре обработки;
- явления, протекающие на поверхности металла в рассматриваемой насыщающей среде и степень их стабильности в условиях проведения процесса;
- изменения реакционной способности обрабатываемой поверхности во время насыщения.

Следовательно, задача по моделированию сводится к нахождению зависимости выходного параметра (толщины слоя и кинетического коэффициента) от многих трудно описываемых внешних параметров процесса обработки.

Насыщающая среда при ионном азотировании представляет собой самоорганизующуюся систему в определенных внешних условиях, в которой массоперенос азота обеспечивается диссипативными соединениями. В качестве диссипативных соединений выступают субионы азота (ионы азота низших валентностей).

При ионном азотировании восстановление субионов происходит в присутствии плазмы за счет электронного обмена адсорбированных частиц (адионов) с поверхностью или имплантированных ионов с атомами металла. В первом случае образуются адсорбированные атомы азота (адатомы), во втором – атомы азота, внедренные в кристаллическую решетку обрабатываемого материала, т.е. образуется твердый раствор внедрения азота в материале подложки. Этот массоперенос осуществляется в режиме самоорганизации. При этом для конкретных внешних условий существует свой уровень самоорганизации, который может понижать или повышать результаты азотирования. Таким образом, задачей моделирования процесса является определение оптимальных условий самоорганизации, обеспечивающих получение заданного результата.

Анализ влияния избыточного давления в насыщающем пространстве на кинетический коэффициент роста фаз азотированного слоя показал, что имеет место оптимальная величина давления, как для α – твердого раствора, так и для формирования ε и γ' фаз.

При этом величина оптимального давления (p_{opt}) по результатам ионного азотирования, обеспечивающего наибольшую активность насыщающей среды, в условиях устойчивого горения тлеющего разряда находится в тесной взаимосвязи с межэлектродным расстоянием (d) [1, 109]:

$$\frac{p_{opt}}{d} = const = K_1. \qquad (1)$$

Анализ используемых газовых насыщающих сред при ионном азотировании показал, что этот «постоянный коэффициент» (K_1) имеет некоторые колебания:
- 0,26 – для смеси, содержащей 5% H_2 и 95% N_2;
- 0,2 – для атмосферы чистого азота (N_2);
- 0,25 – 0,3 – для атмосферы аммиака (HN_3).

Соотношение (1) имеет естественные ограничения, которые возникают при существовании устойчивого аномального тлеющего разряда. Т.е. режим устойчивой самоорганизации возникает и в условиях, когда не обеспечивается нормальный процесса формирования азотированного слоя.

Соотношение (1) используют для управления процессом ионной обработки деталей простой формы.

Проведение экспериментов и обработка полученных результатов позволили получить адекватное уравнение для расчета толщины азотированного слоя в заданном интервале варьирования параметрами условий обработки. Для слоя α - твердого раствора уравнение имеет вид:

$$y = 73,5+3,75x_1+17,5x_2+27,5x_3+1,25x_2x_3+1,25x_1x_2x_3 \qquad (2)$$

где y – рассчитываемая толщина слоя α - твердого раствора;

x_1, x_2, x_3 – параметры варьирования: давление газовой среды, межэлектродное расстояние и удельная мощность разряда, соответственно.

Проведенные эксперименты позволил построить зависимость усредненного значения максимального кинетического коэффициента от сочетания давления (y) в рабочем пространстве и температуры (x).

С высокой степенью достоверности ($R^2 = 0,9899$) удалось аппроксимировать эту закономерность полиномом пятой степени:

$$y = -4E{-}13x^5 + 2E{-}09x^4 - 3E{-}06x^3 + 0,0018x^2 - 0,6525x + 90,004 \qquad (3)$$

Многочисленные исследования влияния продолжительности азотирования на кинетику роста α - слоя показывают, что параболический закон роста в большинстве случаев не выполняется. Дополнительная обработка результатов экспериментов позволила определить снижение величины кинетического коэффициента во времени. При этом в зависимости от продолжительности насыщения кинетический коэффициент для α – фазы снижается тем в большей степени, чем выше его начальное значение. В большей степени снижение наблюдается для процессов из расплавленных солей и в меньшей степени для газовых процессов.

Изменение обобщенного кинетического коэффициента (D_α^τ) роста α-слоя при ионном азотировании от продолжительности процесса (x) при температурах <590^{0}С определяется по формуле (3), полученной в результате аппроксимации зависимостей (достоверность R^2 = 0,995), представленных на рис. 3.

$$D_\alpha^\tau = -0,0476x^3 + 0,8352x^2 - 5,5378x + 104,43 \qquad (4)$$

Принятие тезиса о пропорциональности изменения величины кинетического коэффициента для различных сталей в зависимости от внешних факторов (принцип подобия) позволяет рассчитывать толщину α-слоя на любом материале по результатам обработки технического железа и/или по результатам решения уравнений диффузии. При этом необходимо вводить поправки в случае расчета толщины слоя в измененных условиях азотирования.

На последующих этапах моделирования путем решения уравнений диффузии и экспериментально были установлены кинетические коэффициенты роста фаз азотированного слоя при ионном процессе в среде диссоциированного аммиака при температуре 500^{0}С и продолжительности 4 ч, которые для железа и низкоуглеродистых сталей составили: $D_\alpha^{500} = 275$; $D_{\gamma'+\varepsilon}^{500} = 7$.

Температурная зависимость кинетического коэффициента роста фаз азотированного слоя (α, γ' и ε), исходя из общих закономерностей формирования диффузионных слоев, подчиняется экспоненциальному закону. Кинетические коэффициенты при изменении температуры (x) в интервале 500 – 590^{0}С предлагается рассчитывать по следующим формулам:

$$D_\alpha^T = K_\alpha \cdot D_\alpha^{500}; \qquad (5)$$

где $K_\alpha = 0,2281e^{0,0029x}$;

$$D_{\gamma'+\varepsilon}^T = K_{\gamma'+\varepsilon} \cdot D_{\gamma'+\varepsilon}^{500} \qquad (6)$$

где $K_{\gamma'+\varepsilon} = 0,0059e^{0,0102x}$.

Таким образом, моделирование процесса ионного азотирования сводилось к решению задач отдельных стадий обработки при заданных условиях. В то же время все факторы управления взаимосвязаны и находятся между собой в сложной и пока недостаточно изученной зависимости. Объединяющим фактором в данном случае является кинетический коэффициент роста фаз азотированного слоя.

Анализ процессов, протекающих при ионном азотировании, позволил дать объяснение ускорения формирования фаз азотированного слоя. Основными причинами такого роста являются энергетическое состояние обрабатываемой поверхности и формирование сложной дислокационно-дисклинационной субструктуры слоев металла, прилегающих к поверхности.

Представленные результаты показывают возможность объединения технологических параметров процесса ионного азотирования и выходных данных процесса (толщина фаз слоя на легированных сталях, распределение азота и твердости по толщине слоя) на основе сочетания математического и предметного моделирования.

Список литературы

1. Арзамасов Б.Н., Братухин А.Г., Елисеев Ю.С., Панайоти Т.А. Ионная химико-термическая обработка сплавов. - М.: Изд. МГТУ им. Н.Э. Баумана, 1999, 400 с.

*Пачурин Г.В., **Григорьева А.О., ***Филиппов А.А.
* д-р техн. наук, профессор; ** аспирант; *** канд. техн. наук, доцент;
Нижегородский государственный технический университет им. Р.Е.
Алексеева; e-mail: PachurinGV@mail.ru, http://www.famous-
scientists.ru/1238

ВЛИЯНИЕ ПОКРЫТИЯ НИКЕЛЕМ НА ПРОЧНОСТЬ СТАЛИ ПРИ РАСТЯЖЕНИИ И УСТАЛОСТИ

Сопротивление металлических материалов разрушению под воздействием циклических нагрузок существенным образом зависит от структуры материала, обусловленной предварительной технологической обработкой [1-3], состояния его поверхности [4,5] а также условий испытания [6,7].

В химическом машиностроении предъявляются повышенные требования к механическим свойствам конструкционных материалов с учетом воздействия на них агрессивных сред. Эксплуатационная надежность и долговечность деталей конструкций определяется сопротивлением материала статическому, циклическому и коррозионному разрушению. Для обеспечения коррозионной стойкости используются различные виды покрытий, большая часть которых имеет ряд недостатков: высокая пористость, низкие механические свойства, сложность технологического процесса, что ограничивает их применение.

Известно, что наиболее распространенным способом нанесения металлических покрытий является диффузионный и электролитический [4]. В качестве жаростойких покрытий используются покрытия никелем и хромом [6]. Пористость гальванического слоя никеля составляет 312 ± 74 поры на 1см² поверхности при их диаметре 2,5 мкм. Поэтому с точки зрения возможности использования Ni покрытия на стальные подложки с целью защиты от коррозии применяется карбонильный метод Ni покрытия путем газофазного термического разложения тетракарбонила никеля и диссоциации их на подложке, нагретой до температуры разложения карбонила, где при толщинах > 20 мкм, поры отсутствуют [8]. Процесс имеет достаточно простую технологию и позволяет при низких температурах подложки ($\sim100\div200°C$) получать металлические покрытия с удовлетворительной адгезией к подложке, высокой плотностью и удовлетворительными электрическими свойствами, равномерно сохраняющимися по всей площадки покрытия, что достаточно важно для работы в агрессивных средах.

Результаты испытаний на статическое растяжение цилиндрических образцов из электродной стали Ø5,0 мм с никелевым газофазным покрытием с толщинами 6, 10, 20, 50, 100 мм показали, что механические характеристики для электродной стали с ростом толщины Ni газофазного покрытия от 6 до 100 мкм меняются незначительно. В результате изменения толщины покрытия временное сопротивление разрыву ($\sigma_\text{в}$) снижается на 3,5%, относительное удлинение (δ) снижается на 9%, относительное сужение (Ψ) снижается на 5%, при этом одновременно предел текучести ($\sigma_{0,2}$) возрастает на 3,5%. При статическом растяжении с увеличением толщины покрытия от 6 до 30 мкм покрытие поверхности образца начинает растрескиваться, далее этот процесс замедляется, а при толщине покрытия 50 мкм вообще не растрескивается и покрытие снимается с основного металла в виде «чулка».

Результаты испытаний на статическое растяжение плоских образцов из стали 3 с никелевым газофазным покрытием с различными толщинами (20, 50 и 100 мкм), осуществленным при различных технологических температурах подложки (130,160,180 и 200ºС), показывают, что изменение технологической температуры подложки при газофазном напылении никеля практически не влияет на временное сопротивление разрыву, в то время как с увеличением толщины никелевого слоя от 0 до 100 мкм линейно падает на 5,5%. Аналогичное изменение наблюдается для пластических характеристик (δ и Ψ), которые снижаются на 13 и 4% соответственно. Анализ характера «сцепления» покрытия с подложкой по результатам статического испытания на разрыв показал, что «сцепление» с основным металлом возрастает с уменьшением толщины газофазного покрытия и самым оптимальным будет покрытие в 20 мкм.

Результаты испытаний на статическое растяжение круглых с шейкой образцов из стали 40 с никелевым газофазным покрытием толщинами 50 и 100 мкм, что механические характеристики ведут себя аналогично механическим характеристикам стали 3. Следует отметить снижение общего уровня пластичности, что объясняется наличием у образцов с шейкой.

Результаты испытаний на статическое растяжение цилиндрических образцов без шейки из холоднокатаной стали 40 и никелевым гальваническим покрытием толщинами 0, 5, 10, 20, и 30 мкм выявили, что с ростом трещины покрытия от 0 до 30 мкм механические характеристики практически не изменяются, покрытие деформируется как одно целое с основным металлом. Начиная с толщины покрытия 10 мкм растрескивание покрытия возрастает и при толщине покрытия 30 мкм вместе с растрескиванием появляется отрыв покрытия от основного металл в виде «чулка».

Результаты испытаний на статический изгиб плоских образцов из стали 3 с никелевым покрытием толщинами 20, 50 и 100 мкм показали, что механические характеристики растрескивания покрытия имеют максимум при толщине никелевого покрытия 50 мкм.

Результаты испытаний на изгиб с вращением круглых с шейкой образцов из стали 40 с никелевым газофазным и гальваническим покрытием с различными толщинами при частоте циклов в минуту 1800 и 2830 и температуре 20°C показали, что наблюдается изменение числа циклов до разрушения образца в зависимости от амплитуды приложения напряжения для различного типа (газофазное и гальваническое) и толщины покрытия. При испытании на изгиб с вращением с частотами 2830 и 180 об/мин выявлено, что при одном и том же уровне приложенного напряжения долговечность образцов падает с ростом толщины никелевого покрытия (газофазного) и частоты нагружения, что согласуется с соответствующим ростом зоны хрупкого долома (L_m) и уменьшением зоны чистой усталости (L_s) по результатам фрактографического анализа поверхности разрушения образца. При частоте нагружения 2830 циклов/минуту усталостная трещина выходит на поверхность покрытия образца при всех уровнях напряжения выше пределов усталости. В этом случае трещина зарождалась под покрытием, на поверхности основного металла и развивалась вглубь образца.

Литература

1. Пачурин Г.В., Пачурин К.Г. Усталостное разрушение металлов и сплавов // Технология металлов, 2005. № 5. С. 7-11.
2. Пачурин Г.В. Эксплуатационная долговечность пластически обработанных сталей и сварных соединений // Кузнечно-штамповочное производство. Обработка материалов давлением, 2004. № 12. С. 3-8.
3. Пачурин, Г.В., Пачурин К.Г., Власов, В.А. К вопросу о выборе штамповочного оборудования // Тяжелое машиностроение, 2005. № 10. С. 38-40.
4. Григорьева А.О., Филиппов А.А., Пачурин Г.В. Структурно-механические свойства металлоизделий с покрытием. Сб. ст. Междунар. науч.-практич. конф. «Инновационное развитие современной науки», 31 января 2014 г.: в 9 ч. Ч.3 / отв. ред. Сукиасян. – Уфа: РИЦ БашГУ, 2014. С.88-90.
5. Григорьева А.О., Филиппов А.А., Пачурин Г.В. Влияние структуры и метода покрытия на механические свойства металлоизделий. Materiały X Międzynarodowej naukowi-praktycznej konferencji «Strategiczne pytania światowej nauki - 2014», 07 - 15 lutego 2014 roku.Volume 34.Techniczne nauki.: Przemyśl. Nauka i studia. Str. 5-7.
6. Пачурин, Г.В. Долговечность штампованных конструкционных материалов на воздухе и в коррозионной среде // Заготовительные производства в машиностроении. 2003. № 10. С. 21- 27.
7. Пачурин Г.В. Долговечность на воздухе и в коррозионной среде деформированных сталей // Технология металлов, 2004. № 12. С. 29-35.
8. Пачурин Г.В., Гуслякова Г.П. Влияние газофазного никелевого покрытия на механические свойства сталей // Физика и химия обработки материалов. 1991. № 2. С. 115-117.

Гонтар Т.Б.

taty-gontar@mail.ru,Украинская инженерно-педагогическая академия, г. Харьков, Украина

Скородумова О.Б. - д.т.н., с.н.с.

Украинская инженерно-педагогическая академия, г. Харьков, Украина

Гончаренко Я.М. - к.т.н.

Украинская инженерно-педагогическая академия, г. Харьков, Украина

ВОССТАНОВЛЕНИЕ ОГНЕУПОРНЫХ ФУТЕРОВОК ТЕПЛОВЫХ АГРЕГАТОВ МЕТОДОМ СВС

Введение. Огнеупорная футеровка тепловых агрегатов непрерывного действия в процессе эксплуатации подвергается значительному механическому и температурному воздействию, что приводит к ее постепенному износу. Для их горячего ремонта перспективно использовать экзотермические смеси, содержащие огнеупорный наполнитель, горючий компонент и связующее, которые при подаче под давлением в струе окислителя образуют спеченное покрытие вследствие протекания экзотерических реакций.

Нанесенное восстановительное покрытие не должно снижать огнеупорность футеровки, а также ее прочность, поэтому состав экзотермической смеси целесообразно разрабатывать применительно к конкретной футеровке и температурным режимам работы теплового агрегата.

Основной термодинамической характеристикой горючей смеси является теплотворная способность, т.е. количество тепла, выделяемое при сжигании одного килограмма вещества. В литературе приведены данные зависимости теплотворной способности элементов от порядкового номера в Периодической системе [1,81]. В качестве горючего можно использовать элементы лишь первых двух периодов: водород, бериллий, бор, углерод, литий, алюминий, магний.

Алюминий и магний вследствие высокой химической активности могут использовать при горении не только свободный кислород, но и связанный кислород, входящий в молекулы прочных химических соединений, например воды и углекислого газа [2,17], поэтому они вполне могут конкурировать с углеводородами, несмотря на их невысокую теплотворную способность.

Принципиально важно, чтобы продукты горения не образовывали легкоплавкие эвтектики с материалом огнеупорного компонента.

Целью работы являлась разработка состава экзотермических смесей для различных типов огнеупорных футеровок, а также исследование влияния вида горючего компонента на температуру их воспламенения.

Материалы и методики исследований. В качестве горючего компонента для экзотермических смесей использовали алюминиевую пудру (ГОСТ 5494-95), порошок магния (ГОСТ 6001-79) и их смеси в различных соотношениях. Экзотермические смеси готовились на основе корейского спеченного периклаза (ГОСТ 10888-93), боя периклазохромитового кирпича (ГОСТ 10888-93), боя хромитопериклазового кирпича (ГОСТ 5381-93), боя периклазового кирпича (ГОСТ 4689-74) и боя динасового кирпича (ГОСТ 4157-79).

Качество экзотермической смеси зависит от степени равномерности распределения компонентов в ее объеме. Учитывая, что дисперсность компонентов находится в широком интервале (1 - 0 мм), целесообразно гранулировать экзотермические смеси, покрывая зерна огнеупорного компонента слоем металлической пудры. Размер полученных гранул не превышал 1мм. В качестве связующего компонента использовали жидкое стекло с силикатным модулем 3,0. Температуру воспламенения смеси определяли при ее сжигании в муфельной печи в струе кислорода.

Экспериментальная часть. Установлено, что температура воспламенения металлического магния составляет 560 °C, а алюминия - 570 °C. Термодинамические расчеты показывают, что энтальпия образования 1 моля Al_2O_3 составляет $\Delta H^0 = - 1676,0$ кДж/моль, а 1 моля MgO $\Delta H^0 = - 601,8$ кДж/моль, поэтому с увеличением в составе горючего компонента алюминия интенсивность горения экзотермической смеси должна возрастать.

Исследовали влияние соотношения Mg/Al на температуру воспламенения гранулированной экзотермической смеси (рис).

С повышением содержания магния в горючем компоненте температура возгорания смесей снижается. Это согласуется с результатами расчета изобарно-изотермического потенциала образования Al_2O_3 и MgO при окислении металлов Al и Mg: при 660 °C ΔG_{Al2O3} составляет - 920

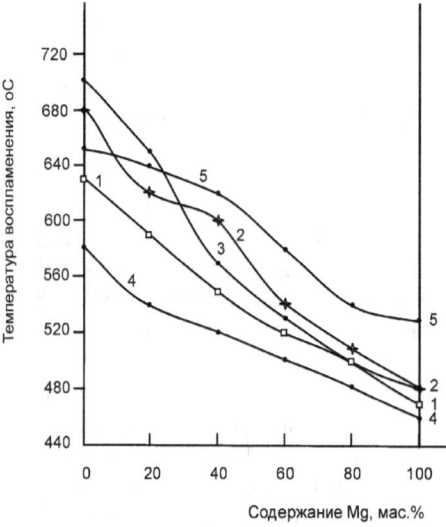

Огнеупорный компонент:
1– периклазохромит, 2– хромитопериклаз,
3 – спеченный периклаз, 4 – плавленный
периклаз, 5 – динас.

Рис. Зависимость температуры воспламенения от содержания магния в смеси

кДж/моль, а $\Delta G_{MgO} = -1050$ кДж/моль.

Как видно из рисунка, форма кривых подобна, фазовый состав огнеупорного наполнителя влияет на общую температуру возгорания экзотермической смеси и тем выше, чем больше его теплопроводность.

Опытным путем установлено, что при температуре огнеупорной футеровки ниже 700 °C зажигание наносимых экзотермических смесей затруднено, а горение неустойчиво. Поэтому представляется целесообразным использовать смеси, температура возгорания которых находится в интервале приблизительно 650 – 700 °C. При этом тепловой эффект расходуется на оплавление зерен огнеупорного наполнителя и их припекание к поверхности ремонтируемой футеровки. В случае снижения температуры возгорания смеси до 450 - 550 °C тепловой эффект от протекания реакции расходуется только лишь на оплавление гранул смеси до их попадания на поверхность футеровки, поэтому защитное покрытие получается пористым и непрочным.

Выводы. В результате проведенных исследований изучено влияние соотношения Mg/Al на температуру возгорания экзотермических смесей на основе различных огнеупорных порошков. Установлено, что наиболее рационально использовать в качестве горючего компонента металлический алюминий, который позволяет проводить горячий ремонт огнеупорных футеровок при температурах не менее 700 °C.

ЛИТЕРАТУРА

[1] Каркер Я.И., Мазинг Г.Ю. Металл-горючее //Химия и жизнь, № 12, 80-84(1983).

[2] Похил П.Ф. Горение порошкообразных металлов в активных средах. // М.: Наука.- 100 (1972)

[3] Сухов А.В. Исследование процесса горения алюминия // Известия ВУЗов. Машиностроение, № 2, 96-101 (1978)

[4] Бабкина Л.А., Пирогов Ю.А., Гонтар Т.Б. Неформованные огнеупоры для выполнения и ремонта футеровок металлургических агрегатов // Огнеупоры, №11, 42-44 (1987)

[5] Лидин Р.А, Молочко В.А, Андреева Л.Л. Химические свойства неорганических веществ // М.: Химия, 480, (2000)

[6] Чалый В.П. Гидроокиси металлов // К: Наукова думка, 158 (1972).

**Nikulin I.S. *, Kamyshanchenko N.V. *, Nikulichev V.B.,
Nikulicheva T.B. *, Kungurtsev M. S. *, Kungurtsev E. S. ***
Moscow State University of Economics, Statistics and Informatics,
Belgorod branch, Russia
*Belgorod National Research University, Russia

RESEARCH OF SOLITARY TWINNING LAYERS BY MICROINDENTATION AND ACOUSTIC EMISSION IN POLYCRYSTALLINE TITANIUM

The process of crystal twinning has been extensively studied because the formation of twinned structures in a crystal favors grain refinement and the formation of submicro and nanocrystalline state of the material [1], which in turn significantly influences its mechanical properties. To the present, a large number of theoretical and experimental investigations have been devoted to role of twinning and slip in the process of plastic deformation of metals (see, e.g. [2–4]). However, conclusions made in these works have been mostly based upon indirect manifestations and did not provide sufficiently complete and reliable evaluation of the contributions of various operative mechanisms to the total plastic deformation.

The investigation of separate twinned interlayers in real polycrystalline materials encounters several difficulties, which are related to a highly dynamic nature of twinning and unpredictable character of the formation and development of twins in crystals with large numbers of defects [5]. In the present work, we have used a complex microscopic analysis and acoustic emission measurements, which allowed both the local deformation process and its consequences to be studied.

MATERIALS, EQUIPMENT, AND METHOD OF RESEARCH

Formation of deformation twins and their development were studied using specimens from polycrystalline titanium VT1-0 made from a strip obtained by hot rolling of a rod up to ~75% deformation at the temperature of 500°C with a 15–20% compression per pass. The specimens 10×10 mm in size were cut using an electric arc method on a Sodick AQ 300 L setup. The surface of the specimens was subjected to mechanical and electrolytic polishing after supercritical preannealing at 700°C. All subsequent studies were performed at room temperature.

The objects of investigations in the present study were wedge-shaped twins in a titanium crystal formed near an indentation of a diamond pyramid [6] with the help of a DM8 microhardness gage by loading on the device indenter. Nucleation of the twins were initiated by stress concentrators related to geometrical peculiarities of the indenter. In such a method of deformation, mechanical twins occupy a limited volume near the stress concentrator and never cover the entire crystal cross section. The studies were performed in three neighboring sections of one and the same crystallographic plane (0001). The orientation of the lattice to the specimen surface was determined with a Quanta 200 3D focused beam microscope using EBSD analysis. The distance between the indentation centers did not exceed 75 μm.

Under the load imposed on the indenter, an indentation is formed on the specimen surface starting from 10 g. After photographing of the state of the surface around the indentation, 25, 50, 100, and 200g loads were imposed on the crystal in the same place with the hold time of 15 s. After unloading, the surface was photographed again. The process of twin nucleation and development in the crystal bulk was controlled via recording of the AE signals [7]. The wedge-shaped twins were studied with the help of a Ntegra Aura scanning probe microscope. The photographs of the microstructure were obtained with the help of a JEM-2100 transmission electron microscope.

According to the results of the comprehensive analysis made the following conclusions:

1. Taking into account the results of structure investigation in the region of diamond pyramid incorporation, it can be suggested with high confidence that the formation and propagation of dislocations responsible for the decay of strain hardening take place in the accommodation zones. Thus, it has been experimentally confirmed that the strain hardening in a real polycrystalline metal alloy with hexagonal closely packed (HCP) lattice takes place due to the formation and growth of twinned interlayers, while a slip in the accommodation zones produces stress relaxation [7].

2. The distribution of twinning dislocations at the two boundaries of the twin layer is different. Namely:

(a) In front of the twin plane, the structure of the parent crystal is preserved owing to the interaction of twinning dislocations and complete dislocations; in this case, complete dislocations are repelled from the twin boundary and the region near the boundary becomes free from dislocations and takes on the orientation of the parent crystal.

(b) Behind the twin plane, the density of dislocations along the crest of the twinning region is very high, these dislocations being formed owing to the interaction of complete dislocations in a twin with twinning dislocations.

3. AE makes it possible to systematize the processes of dislocation transformations in the crystal bulk under the action of a concentrated stress on the surface of the studied specimen and to determine the activity and the energy state of the sources of twinning dislocations [8].

4. It was detected the large accumulation of the low-angle boundaries in the accommodation area of the wedge twin.

5. A source of twinning dislocations in different area of a test specimen with the same crystal lattice orientation in the parent crystal may embrace zones that are different in magnitude [7].

REFERENCES

1. Chun, Y.B., Yu, S.H., Semiatin, S.L., Hwang, S.K. Effect of deformation twinning on microstructure and texture evolution during cold rolling of CP-titanium // Mater. Sci. Eng. – 2005. – Vol. 398, no. 1. – pp. 209-219.

2. Klassen-Neklyudova, M. V. The Mechanical Twinning of Crystals. – New York: Consultants Bureau, 1964. – P. 213.

3. Bashmakov V.I., Chikova T.S. New form of interaction of twinning and slip // Dokl. Akad. Nauk SSSR. – 1981. – Vol. 259, no. 3. – pp. 582-583.

4. Savenko V.S., Uglov V.V., Ostrikov O.M., Khodoskin A.P. Twinning of bismuth single crystals bombarded by boron ions // Tech. Phys. Lett. – 1998. – Vol. 24, no. 4. – pp. 287-289.

5. Fedorov V.A.,. Tyalin Yu.I, Tyalina V.A. Dislocation Mechanisms of Fracture in Twinning Materials. – M.: Mashinostroenie, 2004. – P. 336.

6. Kamyshanchenko N.V., Nikulin I.S., Kungurtsev M.S., Goncharov I.Yu., Neklyudov I.M., Volchok O.I. Twinning of alloy VT1-0 after total annealing // Met. Sci. Heat Treat. – 2010. – Vol. 371, no. 52. – pp. 371-375.

7. Kamyshanchenko N.V., Nikulin I.S., Kungurtsev E.S., Kungurtsev M.S. Experimental determination of preferential mechanism of stress relaxation during deformation of HCP metals // Tech. Phys. Lett. – 2013. – Vol. 39, no. 5. – pp. 469-471.

8. Kamyshanchenko N.V., Nikulin I.S., Kungurtsev M.S., Neklyudov I.M., Volchok O.I. Investigation of Twinning Dynamics in VT1-0 Titanium Using Acoustic Emission // Inorganic Materials: Applied Research. – 2011. – Vol. 2, no. 2. – pp. 103-107.

УДК537.8; 517.951

Шиёнок Ю.В.

Витебский Государственный университет им. П.М. Машерова

jws@list.ru

ЗАВИСИМОСТЬ ОТ ВРЕМЕНИ КОМПОНЕНТ ЭЛЕКТРОМАГНИТНОГО ПОЛЯ В ПРОИЗВОЛЬНОЙ ОРТОГОНАЛЬНОЙ СИСТЕМЕ КООРДИНАТ

Данная работа посвящена проблематике построения точных решений системы уравнений Максвелла в неоднородных нестационарных средах с пространственно-временными изменениями параметров.

Система уравнений Максвелла, дополняемая материальными уравнениями, является общепризнанной математической моделью макроскопической электродинамики и представляет собой систему восьми дифференциальных уравнений в частных производных (ДУЧП). Последнее в первую очередь усложняет задачу поиска ее решений. Для решения ДУЧП хорошо зарекомендовали себя методы разделения переменных (классический метод Фурье, обобщенный метод Фурье (ОМФ) разделения переменных), сопоставляющие уравнению в частных производных систему обыкновенных дифференциальных уравнений.

В то же время, сопоставить системе уравнений Максвелла эквивалентное ДУЧП для одной из компонент электромагнитного поля удается только для простейших классов сред [1, 116]. Использование ОМФ к системе ДУЧП, как подчеркивается в [2], приводит к существенному увеличению рассматриваемых уравнений и величин подлежащих определению, что существенно затрудняет практическое использование метода.

Однако, известны методы разделения переменных (алгебраический метод разделения переменных и метод коммутирующих операторов), разработанные для разделения переменных в системах ДУЧП, записанных в виде матричного ДУЧП. Использование указанных методов, за счет использования селекции, основанной на коммутационных соотношениях, позволяет существенно сократить количество проблем вычислительного характера.

Целью данной работы является определение зависимости компонент электромагнитного поля от времени в неоднородных нестационарных средах с пространственно-временными изменениями параметрами.

Систему уравнений Максвелла в произвольной ортогональной системе координат, согласно [3, 27], запишем в виде следующего матричного уравнения:

$$\left\{ \xi^1 \left(\mathbf{R}_u \partial_u + \partial_u (\mathbf{R}_u) \right) + \xi^2 \left(\mathbf{R}_v \partial_v + \partial_v (\mathbf{R}_v) \right) + \xi^3 \left(\mathbf{R}_w \partial_w + \partial_w (\mathbf{R}_w) \right) + \right.$$
$$\left. + \xi^4 \left(\widetilde{\mathbf{R}}_t \partial_t + \partial_t (\widetilde{\mathbf{R}}_t) \right) + \xi^4 \widetilde{\mathbf{R}}_\sigma \right\} \mathbf{R}_0 \widetilde{\Psi} = \widetilde{\mathbf{P}} \mathbf{J} \tag{1}$$

где

$$\xi^1 = \begin{pmatrix} \mathbf{0}^4 & \gamma^1 \\ -\gamma^1 & \mathbf{0}^4 \end{pmatrix}, \ \xi^2 = \begin{pmatrix} \mathbf{0}^4 & \gamma^2 \\ \gamma^2 & \mathbf{0}^4 \end{pmatrix}, \ \xi^3 = -\begin{pmatrix} \mathbf{0}^4 & \gamma^3 \\ \gamma^3 & \mathbf{0}^4 \end{pmatrix}, \ \xi^4 = \begin{pmatrix} \gamma^4 & \mathbf{0}^4 \\ \mathbf{0}^4 & \gamma^4 \end{pmatrix},$$

$$\gamma^1 = \begin{pmatrix} \mathbf{0}^2 & \alpha^1 \\ -\alpha^1 & \mathbf{0}^2 \end{pmatrix}, \ \gamma^2 = \begin{pmatrix} \alpha^2 & \mathbf{0}^2 \\ \mathbf{0}^2 & -\alpha^2 \end{pmatrix}, \ \gamma^3 = \begin{pmatrix} \alpha^1 & \mathbf{0}^2 \\ \mathbf{0}^2 & \alpha^1 \end{pmatrix}, \ \gamma^4 = \begin{pmatrix} \alpha^3 & \mathbf{0}^2 \\ \mathbf{0}^2 & \alpha^3 \end{pmatrix},$$

$$\mathbf{0}^4 = \begin{pmatrix} \mathbf{0}^2 & \mathbf{0}^2 \\ \mathbf{0}^2 & \mathbf{0}^2 \end{pmatrix}, \ \mathbf{0}^2 = \begin{pmatrix} 0 & 0 \\ 0 & 0 \end{pmatrix}, \ \alpha^1 = \begin{pmatrix} 0 & 1 \\ 1 & 0 \end{pmatrix}, \ \alpha^2 = \begin{pmatrix} -1 & 0 \\ 0 & 1 \end{pmatrix}, \ \alpha^3 = \begin{pmatrix} 0 & -1 \\ 1 & 0 \end{pmatrix},$$

$$\mathbf{R}_0 = diag(0,1,1,1,1,1,1,0), \ \mathbf{R}_u = diag\left(1, \frac{e_v e_w}{e_u}\varepsilon, 1,1,1,1, \frac{e_v e_w}{e_u}\mu, 1\right),$$

$$\mathbf{R}_v = diag\left(1,1,\frac{e_u e_w}{e_v}\varepsilon,1,1,\frac{e_u e_w}{e_v}\mu,1,1\right), \mathbf{R}_w = diag\left(1,1,1,\frac{e_u e_v}{e_w}\varepsilon,\frac{e_u e_v}{e_w}\mu,1,1,1\right),$$

$$\mathbf{R}_t = diag\left(1,\frac{e_v e_w}{e_u}\varepsilon,\frac{e_u e_w}{e_v}\varepsilon,\frac{e_u e_v}{e_w}\varepsilon,\frac{e_u e_v}{e_w}\mu,\frac{e_u e_w}{e_v}\mu,\frac{e_v e_w}{e_u}\mu,1\right),$$

$$\mathbf{R}_\sigma = diag\left(0,\frac{e_v e_w}{e_u}\sigma,\frac{e_u e_w}{e_v}\sigma,\frac{e_u e_v}{e_w}\sigma,0,0,0,0\right), \ \widetilde{\mathbf{P}} = \mathrm{diag}(0,0,0,0,0,0,e_u e_v e_w \rho, 0),$$

$$\widetilde{\Psi} = (-E_0, e_u E_u, e_v E_v, -e_w E_w, -e_w H_w, e_v H_v, e_u H_u, -H_0)^{\mathbf{T}}, \ \mathbf{J} = \|1\|_{8\times 1},$$

$$e_m = \sqrt{(\partial_m x)^2 + (\partial_m y)^2 + (\partial_m z)^2}, \ m = u, v, w - \text{коэффициенты Ламе,}$$

$H_u, H_v, H_w, E_u, E_v, E_w$ — компоненты векторов напряженности магнитного и электрического поля в выбранной системе координат

Уравнение (1), согласно [4, 85], может быть представлено в виде билинейного матрично-функционального уравнения вида:

$$\sum_{l=1}^N \mathbf{F}_l(x)\mathbf{G}_l(y)\mathbf{J} = 0, \tag{2}$$

где $\mathbf{F}_l(x) = \|^l f_{i,j}(x)\|_{8\times 8}, \mathbf{G}_l(y) = \|^l g_{i,j}(y)\|_{8\times 8}$, N – натуральное число.

В настоящее время, к сожалению, не существует общих методов построения решений такого рода уравнений.

Для начала, не умаляя общности, рассмотрим простейшие примеры билинейных матрично-функциональных уравнений вида (2). Рассмотрим уравнение:

$$(\mathbf{A}_1(x)\mathbf{B}_1(y) + \mathbf{A}_2(x)\mathbf{B}_2(y))\overline{\mathbf{J}} = 0, \tag{3}$$

где $\mathbf{A}_l(x) = \|^l f_{i,j}(x)\|_{2\times 2}, \mathbf{B}_l(y) = \|^l g_{i,j}(y)\|_{2\times 2}, \overline{\mathbf{J}} = \|1\|_{2\times 1}, l = 1,2.$

Уравнение (3) является обобщением билинейного уравнения:

$$f_1(x)g_1(y) + f_2(x)g_2(y) = 0.$$

Из теории билинейных уравнений (например, [3]) следует, что данное соотношение обращается в тождество тогда, и только тогда, когда функции $f_1(x), g_1(y), f_2(x), g_2(y)$ удовлетворяют требованиям:

$$f_1(x) = \alpha\, f_2(x),\; g_2(y) = -\alpha\, g_1(y),$$

где α – произвольная постоянная.

Используем аналогичный прием для уравнения (3), т.е. потребуем, чтобы матрицы соответствующих переменных были линейно зависимыми:

$$\mathbf{A}_1(x) = \alpha\,\mathbf{A}_2(x),\; \mathbf{B}_2(y) = -\alpha\,\mathbf{B}_1(y).$$

Уравнение (3) в этом случае обращается в тождество. При этом заметим, что требование линейной зависимости матриц $\mathbf{A}_1(x), \mathbf{A}_2(x)$ и $\mathbf{B}_2(y), \mathbf{B}_1(y)$ для обращения уравнения (3) в тождество является достаточным, но не необходимым.

Так в случае линейно зависимости матриц $\mathbf{A}_1(x), \mathbf{A}_2(x)$ уравнение (3) обращается в тождество, если матрицы $\mathbf{B}_2(y), \mathbf{B}_1(y)$ удовлетворяют соотношению:

$$\left(\alpha\mathbf{B}_1(y) + \mathbf{B}_2(y)\right)\overline{\mathbf{J}} = 0,$$

Очевидно, что все линейно зависимые матрицы $\mathbf{B}_2(y), \mathbf{B}_1(y)$ удовлетворяют данному соотношению, но не наоборот. Заметим, что рассмотренные соотношения не исчерпывают все случаи обращения уравнения (3) в тождество. Так в случае, когда матрицы $\mathbf{A}_1(x), \mathbf{A}_2(x)$ имеют явный вид:

$$\mathbf{A}_1(x) = \begin{pmatrix} f_{1,1}(x) & f_{1,2}(x) \\ f_{2,1}(x) & f_{2,2}(x) \end{pmatrix},\; \mathbf{A}_2(x) = \begin{pmatrix} f_{1,1}(x) & 2 \cdot f_{1,2}(x) \\ f_{2,1}(x) & 2 \cdot f_{2,2}(x) \end{pmatrix}.$$

В данном случае матрицы $\mathbf{A}_1(x), \mathbf{A}_2(x)$ являются линейно-независимыми и связаны соотношением:

$$\mathbf{A}_2(x) = \mathbf{A}_1(x)\Lambda, \qquad\qquad (4)$$

где Λ – матрица числовых коэффициентов:

$$\Lambda = \begin{pmatrix} 1 & 0 \\ 0 & 2 \end{pmatrix}.$$

В этом случае уравнение (3) обращается в тождество, когда матрицы $\mathbf{B}_2(y), \mathbf{B}_1(y)$ удовлетворяют соотношению:

$$\left(\mathbf{B}_1(y) + \Lambda\mathbf{B}_2(y)\right)\widetilde{\mathbf{J}} = 0. \qquad\qquad (5)$$

Заметим, что линейная зависимость матриц, рассмотренная нами ранее, является частным случаем, соотношений (4), (5). Так матрицы $\mathbf{A}_1(x), \mathbf{A}_2(x)$ определенные согласно (4) являются линейно зависимыми в случае:

$$\Lambda = \begin{pmatrix} \lambda & 0 \\ 0 & \lambda \end{pmatrix},$$

где λ – числовой коэффициент.

Заметим, что связь между матрицами вида (4), (5) в литературе не исследовалась. Не претендуя на построение общей теории таких матриц, введем несколько необходимых для нас определений.

Определение. Матрицу функцию $\mathbf{A}(x) = \left\| f_{i,j}(x) \right\|_{n\times n}$ будем считать r-связанной с матрицами функциями $\mathbf{A}_k(x) = \left\| {}^k f_{i,j}(x) \right\|_{n\times n}, k = \overline{1,N}$, если существуют матрицы числовых коэффициентов $\Lambda_k = \left\| {}^k \lambda_{i,j} \right\|_{n\times n}$, такие, что:

$$\mathbf{A}(x) = \sum_{k=1}^{N} \mathbf{A}_k(x)\Lambda_k.$$

Используя данные определения, сформулируем следующее утверждение:

Утверждение. Для того чтобы билинейное матрично-функциональное уравнение (2) представить в виде системы разделенных уравнений:

$$\Lambda_{y,m}\widetilde{\mathbf{S}}(x)^{-1}\left(\widetilde{\mathbf{F}}_m(x)\mathbf{J} + \widetilde{\mathbf{S}}(x)\Lambda\mathbf{J}\right) = 0, \sum_{\substack{l=1 \\ l\neq m}}^{N}\Lambda_{x,l}\mathbf{G}_l(y)\mathbf{J} = \widetilde{\mathbf{G}}_m(y)\Lambda\mathbf{J},$$

где

$$\mathbf{S}(x)\mathbf{F}_m(x)\mathbf{G}_m(y) = \widetilde{\mathbf{G}}_m(y)\widetilde{\mathbf{S}}(x)\widetilde{\mathbf{F}}_m(x), \Lambda_{x,l} = \left\| {}^l\lambda_{i,j} \right\|_{8\times 8},$$

$$\Lambda_{y,m} = \left\| {}^m\lambda_{i,j} \right\|_{8\times 8}, \Lambda = \left\| \lambda_{i,j} \right\|_{8\times 8},$$

достаточно, чтобы существовала невырожденная матрица $\mathbf{S}(x)$ r-связанная с матрицами $\mathbf{F}_l(x)$ при $l = 1..N$.

Доказательство.

Пусть существует невырожденная матрица $\mathbf{S}(x)$ r-связанная с матрицами $\mathbf{F}_l(x)$ при $l = 1..N$, тогда справедливо:

$$\mathbf{F}_l(x) = \mathbf{S}(x)\Lambda_{x,l},$$

где $\Lambda_{x,l} = \left\| {}^l\lambda_{i,j} \right\|_{8\times 8}$.

Уравнение (2) запишем в виде:

$$\left(\mathbf{F}_m(x)\mathbf{G}_m(y) + \mathbf{S}(x)\sum_{\substack{l=1 \\ l\neq m}}^{N}\Lambda_{x,l}\mathbf{G}_l(y) \right)\mathbf{J} = 0.$$

Вводя матрицы $\widetilde{\mathbf{G}}_m(y), \widetilde{\mathbf{S}}(x), \widetilde{\mathbf{F}}_m(x)$, такие что:

$$\mathbf{S}(x)^{-1}\mathbf{F}_m(x)\mathbf{G}_m(y) = \widetilde{\mathbf{G}}_m(y)\widetilde{\mathbf{S}}(x)^{-1}\widetilde{\mathbf{F}}_m(x),$$

получим:

$$\left(\widetilde{\mathbf{G}}_m(y)\widetilde{\mathbf{S}}(x)^{-1}\widetilde{\mathbf{F}}_m(x) + \sum_{\substack{l=1 \\ l\neq m}}^{N}\Lambda_{x,l}\mathbf{G}_l(y) \right)\mathbf{J} = 0.$$

Отсюда, используя замену: $\widetilde{\mathbf{G}}_m(y) = \widetilde{\mathbf{S}}(y)\Lambda_{y,m}$, запишем:

$$\left(\Lambda_{y,m} \widetilde{\mathbf{S}}(x)^{-1} \widetilde{\mathbf{F}}_m(x) + \widetilde{\mathbf{S}}(y)^{-1} \sum_{\substack{l=1 \\ l \neq m}}^{N} \Lambda_{x,l} \mathbf{G}_l(y) \right) \mathbf{J} = 0,$$

где $\widetilde{\mathbf{S}}(y)$ – невырожденная матрица.

Выделяя слагаемые от переменных x и y, получаем:

$$\Lambda_{y,m} \widetilde{\mathbf{S}}(x)^{-1} \widetilde{\mathbf{F}}_m(x) \mathbf{J} = -\widetilde{\mathbf{S}}(y)^{-1} \sum_{\substack{l=1 \\ l \neq m}}^{N} \Lambda_{x,l} \mathbf{G}_l(y) \mathbf{J} = -\Lambda_{y,m} \Lambda \mathbf{J},$$

где $\Lambda = \left\| \lambda_{i,j} \right\|_{8 \times 8}$ – матрица, элементы которой параметры разделения.

Таким образом, получаем:

$$\Lambda_{y,m} \widetilde{\mathbf{S}}(x)^{-1} \left(\widetilde{\mathbf{F}}_m(x) \mathbf{J} + \widetilde{\mathbf{S}}(x) \Lambda \mathbf{J} \right) = 0, \quad \sum_{\substack{l=1 \\ l \neq m}}^{N} \Lambda_{x,l} \mathbf{G}_l(y) \mathbf{J} = \widetilde{\mathbf{G}}_m(y) \Lambda \mathbf{J}.$$

Утверждение доказано.

Применим данный подход к системе уравнений Максвелла (1), записанной для сред со следующими параметрами:

$$\varepsilon = \varepsilon_{\mathbf{r}}(u,v,w) \cdot \varepsilon_t(t) = \varepsilon_{\mathbf{r}} \cdot \varepsilon_t, \ \mu = \mu_{\mathbf{r}}(u,v,w) \cdot \mu_t(t) = \mu_{\mathbf{r}} \cdot \mu_t, \ \sigma = 0.$$

Представляя решение уравнения (1) в виде:

$$\widetilde{\Psi} = Z(u,v,w) \cdot T(t) \mathbf{J}, \tag{6}$$

где $T(t) = \left\| m_i \tau_i \delta_{i,j} \right\|_{8 \times 8}, Z(u,v,w) = \left\| k_i p_i \delta_{i,j} \right\|_{8 \times 8}, \ \tau_i, i = 1..8$ – функции переменной t; $p_i, i = 1..8$ – функции переменных u, v, w; ___ и $k_i, i = 1..8$ – числовые коэффициенты определяющие размерность, получим:

$$\left\{ \xi^1 \left(\frac{\partial \mathbf{R}_u Z(u,v,w)}{\partial u} \right) \cdot T(t) + \xi^2 \left(\frac{\partial \mathbf{R}_v Z(u,v,w)}{\partial v} \right) \cdot T(t) + \right.$$
$$\left. + \xi^3 \left(\frac{\partial \mathbf{R}_w Z(u,v,w)}{\partial w} \right) \cdot T(t) + \xi^4 \left(\frac{\partial \mathbf{R}_t T(t)}{\partial t} \right) \cdot Z(u,v,w) \right\} \mathbf{R}_0 \mathbf{J} = 0. \tag{7}$$

Представим матрицы $\mathbf{R}_u, \mathbf{R}_v, \mathbf{R}_w, \mathbf{R}_t$ в виде произведения матриц:

$$\mathbf{R}_{r,u} = diag\left(1, \frac{e_v e_w}{e_u} \varepsilon_{\mathbf{r}}, 1, 1, 1, 1, \frac{e_v e_w}{e_u} \mu_{\mathbf{r}}, 1 \right),$$

$$\mathbf{R}_{r,v} = diag\left(1, 1, \frac{e_u e_w}{e_v} \varepsilon_{\mathbf{r}}, 1, 1, \frac{e_u e_w}{e_v} \mu_{\mathbf{r}}, 1, 1 \right), \mathbf{R}_{r,w} = diag\left(1, 1, 1, \frac{e_u e_v}{e_w} \varepsilon_{\mathbf{r}}, \frac{e_u e_v}{e_w} \mu_{\mathbf{r}}, 1, 1, 1 \right),$$

$$\mathbf{R}_{r,t} = diag\left(1, \frac{e_v e_w}{e_u} \varepsilon_{\mathbf{r}}, \frac{e_u e_w}{e_v} \varepsilon_{\mathbf{r}}, \frac{e_u e_v}{e_w} \varepsilon_{\mathbf{r}}, \frac{e_u e_v}{e_w} \mu_{\mathbf{r}}, \frac{e_u e_w}{e_v} \mu_{\mathbf{r}}, \frac{e_v e_w}{e_u} \mu_{\mathbf{r}}, 1 \right),$$

$$\mathbf{R}_{t,u} = diag\left(1, \varepsilon_t, 1, 1, 1, 1, \mu_t, 1 \right), \mathbf{R}_{t,v} = diag\left(1, 1, \varepsilon_t, 1, 1, \mu_t, 1, 1 \right),$$

$$\mathbf{R}_{t,w} = diag\left(1, 1, 1, \varepsilon_t, \mu_t, 1, 1, 1 \right), \mathbf{R}_{t,t} = diag\left(1, \varepsilon_t, \varepsilon_t, \varepsilon_t, \mu_t, \mu_t, \mu_t, 1 \right)$$

Уравнение (7) в этом случае запишем следующим образом:

$$\left\{ T_u(t)\widetilde{\mathbf{R}}_{t,u}\xi^1\left(\frac{\partial \mathbf{R}_{r,u}Z(u,v,w)}{\partial u}\right) + T_v(t)\widetilde{\mathbf{R}}_{t,u}\xi^2\left(\frac{\partial \mathbf{R}_{r,v}Z(u,v,w)}{\partial v}\right) + \right.$$

$$\left. + T_w(t)\widetilde{\mathbf{R}}_{t,u}\xi^3\left(\frac{\partial \mathbf{R}_{r,w}Z(u,v,w)}{\partial w}\right) + \xi^4\mathbf{R}_{r,t}Z(u,v,w)\cdot\left(\frac{d\mathbf{R}_{t,t}T(t)}{dt}\right)\right\}\mathbf{R}_0\mathbf{J} = 0,$$

где $T_u(t), T_v(t), T_w(t)$ и $\widetilde{\mathbf{R}}_{t,u}$ определяются коммутационными соотношениями и имеют явный вид:

$$T_u(t) = diag\left(\widetilde{\tau}_8, m_7\tau_7, m_6\tau_6, m_5\tau_5, m_4\tau_4, m_3\tau_3, m_2\tau_2, \widetilde{\tau}_1\right),$$

$$T_v(t) = diag\left(m_5\tau_5, m_6\tau_6, m_7\tau_7, \widetilde{\tau}_8, \widetilde{\tau}_1, m_2\tau_2, m_3\tau_3, m_4\tau_4\right),$$

$$T_w(t) = diag\left(m_6\tau_6, m_5\tau_5, \widetilde{\tau}_8, m_7\tau_7, m_2\tau_2, \widetilde{\tau}_1, m_4\tau_4, m_3\tau_3\right),$$

$$\widetilde{\mathbf{R}}_{t,u} = diag\left(1, \mu_t, 1, 1, 1, 1, \varepsilon_t, 1\right).$$

где $\widetilde{\tau}_1, \widetilde{\tau}_8$ – произвольные функции переменной t.

Полагая матрицы $T_u(t)\widetilde{\mathbf{R}}_{t,u}$, $T_v(t)\widetilde{\mathbf{R}}_{t,u}, T_w(t)\widetilde{\mathbf{R}}_{t,u}$ г-связанными:

$$T_x(t) = S(t)\Lambda_{t,x}, T_y(t) = S(t)\Lambda_{t,y}, T_z(t) = S(t)\Lambda_{t,z},$$

где

$$\widetilde{\Lambda}_t = \left\|m_i\delta_{i,j}\right\|_{8\times8}, \; S(t) = diag(\tau_5, \tau_5, \tau_5, \tau_5, \tau_1, \tau_1, \tau_1, \tau_1), \; \tau_2 = \tau_3 = \tau_4, \tau_5 = \tau_6 = \tau_7.$$

Уравнение для переменной t запишем в виде:

$$\xi^4\left(\frac{d\mathbf{R}_{t,t}\xi^1 S(t)\xi^1}{dt} + \xi^1\widetilde{\mathbf{R}}_{t,u}\xi^1 S(t)\Lambda_t\right)\widetilde{\Lambda}_t\mathbf{R}_0\mathbf{J} = 0. \tag{8}$$

где $\Lambda_t = \left\|\lambda_{t,j}\delta_{i,j}\right\|_{8\times8}$.

Совместной система уравнений (8), будет в случае:

$$\lambda_{t,2} = \lambda_{t,3} = \lambda_{t,4}, \lambda_{t,5} = \lambda_{t,6} = \lambda_{t,7}.$$

Таким образом, получаем, что функции τ_5, τ_1 определяются уравнениями.

$$\frac{d\varepsilon_t\tau_1}{dt} - \tau_5\lambda_{t,2} = 0, \frac{d\mu_t\tau_5}{dt} - \tau_1\lambda_{t,5} = 0.$$

Отсюда получаем:

$$\varepsilon_t(t)\mu_t(t)\frac{d^2\tau_5}{dt^2} + \left(\mu_t(t)\frac{d\varepsilon_t(t)}{dt} + 2\cdot\varepsilon_t(t)\frac{d\mu_t(t)}{dt}\right)\frac{d\tau_5}{dt} =$$

$$= \left(\lambda_{t,1}\lambda_{t,2} - \frac{d\varepsilon_t(t)}{dt}\frac{d\mu_t(t)}{dt} - \varepsilon_t(t)\frac{d^2\mu_t(t)}{dt^2}\right)\tau_5,$$

$$\varepsilon_t(t)\mu_t(t)\frac{d^2\tau_1}{dt^2} + \left(\varepsilon_t(t)\frac{d\mu_t(t)}{dt} + 2\cdot\mu_t(t)\frac{d\varepsilon_t(t)}{dt}\right)\frac{d\tau_1}{dt} =$$

$$= \left(\lambda_{t,1}\lambda_{t,2} - \mu_t(t)\frac{d^2\varepsilon_t(t)}{dt^2} - \frac{d\mu_t(t)}{dt}\frac{d\varepsilon_t(t)}{dt}\right)\tau_1.$$

$$\tag{9}$$

Уравнение для переменных u, v, w представим в виде:

$$\left\{ \xi^1 \left(\mathbf{R}_{r,u} \partial_u + \partial_u \left(\mathbf{R}_{r,u} \right) \right) + \xi^2 \left(\mathbf{R}_{r,v} \partial_v + \partial_v \left(\mathbf{R}_{r,v} \right) \right) + \xi^3 \left(\mathbf{R}_{r,w} \partial_w + \partial_w \left(\mathbf{R}_{r,w} \right) \right) + \right.$$
$$\left. + \xi^4 \Lambda_{t,t} \mathbf{R}_{r,t} \right\} Z(u,v,w) \widetilde{\Lambda}_t \mathbf{R}_0 \mathbf{J} = 0$$

Решение (6) представим в виде: $\widetilde{\Psi} = \xi^1 S(t) \xi^1 \cdot Z(u,v,w) \widetilde{\Lambda}_t \mathbf{J}$.

Тогда, вводя следующие обозначения:

$$\dot{\widetilde{\Psi}} = \left(-\dot{E}_0, e_u \dot{E}_u, e_v \dot{E}_v, -e_w \dot{E}_w, -e_w \dot{H}_w, e_v \dot{H}_v, e_u \dot{H}_u, -\dot{H}_0 \right)^{\mathbf{T}},$$

где $\dot{E}_u, \dot{E}_v, \dot{E}_w, \dot{H}_w, \dot{H}_v, \dot{H}_u$ – функции переменных u, v, w, получим:

$$\widetilde{\Psi} = \xi^1 S(t) \xi^1 \cdot \dot{\widetilde{\Psi}}.$$

Таким образом, для компонент электромагнитного поля получаем:

$$E_u = \tau_1 \dot{E}_u, E_v = \tau_1 \dot{E}_v, E_w = \tau_1 \dot{E}_w, \ H_u = \tau_5 \dot{H}_u, \ H_v = \tau_5 \dot{H}_v, H_w = \tau_5 \dot{H}_w.$$

В данной работе, идя по пути развития и обобщения алгебраического метода разделения переменных к системе уравнений Максвелла, нам удалось определить зависимость компонент электромагнитного поля от времени в нестационарных неоднородных средах в произвольной ортогональной системе координат.

Список литературных источников

1. Андрушкевич, И.Е. О классификации сред с точки зрения разделимости уравнений Максвелла./ И.Е. Андрушкевич, В.А. Жизневский, Ю.В. Шиёнок //Вестник Витебского государственного университета им. П.М. Машерова. 2005. №1 (35). С. 112-118.

2. Скоробогатько, В. Я. Исследования по качественной теории дифференциальных уравнений с частными производными / Скоробогатько В. Я. – Киев : Наукова думка, 1980. – 244 с.

3. Андрушкевич, И.Е. Алгебра Клиффорда и система уравнений Максвелла в неоднородных анизотропных средах./ И.Е. Андрушкевич, Ю.В. Шиёнок //Вестник Витебского государственного университета им. П.М. Машерова. 2010. №5. С. 25-30.

4. Андрушкевич, И.Е. О представлении решений системы уравнений Максвелла в виде суммы произведений матриц-функций одной переменной / И.Е. Андрушкевич, Ю.В. Шиёнок //Вестник Полоцкого государственного университета. 2010. №3. С. 83 -92.

Искам А.Н.
аспирант учреждения образования «Гродненский государственный
университет имени Янки Купалы» Беларусь, Гродно

ФРАЗЕОЛОГИЧЕСКИЕ КАЛЬКИ ИЗ ЗАПАДНОЕВРОПЕЙСКИХ ЯЗЫКОВ

В белорусском литературном языке, как и в других языках, есть довольно много фразеологических калек, а также полукалек. Под фразеологической калькой, как отмечает Н.М. Шанский, следует понимать «фразеологический оборот, появившийся в языке в результате буквального, т. е. пословного перевода иноязычного оборота. Фразеологическая калька возникает тогда, когда чужой фразеологический оборот переводится не целиком, а по составляющим его компонентам, т. е. по словам, из которых он складывается» [1, 140].

В белорусском языке есть фразеологические кальки из таких языков: русского, церковнославянского, греческого, латинского, английского, французского, немецкого, испанского, итальянского. Очень многие кальки – «интернациональные фразеологизмы: в разных языках они употребляются с тем же значением, с такой же образностью (если она свойственна этому фразеологизму), с той же грамматической структурой, стилистической окраской и отличаются только звучанием, компонентным составом (в родственных языках некоторые из таких выражений совпадают и звучанием)» [2, 38]. Вполне допустимо, что некоторые из таких оборотов возникли «параллельно и независимо друг от друга в сопоставляемых языках» [3, 55]. «Поскольку структурная схема иноязычного фразеологизма заполнена нашими словами, то обычно иноязычность таких скалькированных выражений совсем не чувствуется. Многие из них осознаются как живые метафорические образования с ярким образным стержнем, сформированным на основе слов конкретного значения. Поэтому не как чужеродный, скалькированный, а как свой, национальный воспринимается, например, фразеологизм *браць быка за рогі*. На самом же деле это – калька из испанского языка (*coder al toro por los cuernos*). Как показывают исследования последних десятилетий (Э.М. Солодухо, Ю.П. Солодуба и др.), во многих развитых литературных языках более третьей части фразеологизмов приходится на кальки и полукальки. Перекрашиваясь под национальную идиоматику, они органически входят в речь, вливаются в общий поток национального языка» [2, 37 – 38].

Далее рассмотрим фразеологические обороты, которые пришли в белорусский язык из одного из западноевропейских языков.

Будаваць на пяску – 'основывать что-либо на ненадежных сведениях, показателях'. Оборот сложился на базе евангельской притчи (Матфей, 7, 26 – 27): «А всякий, кто слушает сии слова Мои и не исполняет их, уподобится человеку безрассудному, который построил дом свой на песке; и пошел дождь, и разлились реки, и подули ветры, и налегли на дом тот, и он упал, и было падение его велико». В Этымалагічным слоўніку фразеалагізмаў [4, 63] (далее ЭСФ) фразеологизм характеризуется как «общий для всех славянских, а также французского и немецкого языков». Однако его следует считать калькой с нем. *auf Sand bauen* или франц. *bâtir sur le sable*, либо англ. *to build on sand*.

О фразеологизме *кропля (капля) ў моры* <чаго> говорится в ЭСФ (с. 201), что он «общий для восточнославянских, польского и некоторых других языков». И еще: «Предполагают, что выражение в своем развитии прошло стадию сравнения (*як кропля вады*), а потом стало употребляться без сравнительного союза». По нашему мнению, это выражение является неточной калькой с франц. *une goutte d'eau dans la mer* (капля воды в море) или англ. *a drop in the ocean* (капля в океане). А сложилось выражение в этих языках, возможно, не без влияния следующего библейского текста (Сирих, 18, 8): «Число дней человека – много, если сто лет: как капля воды из моря или крупинка песка, так малы лета его в дне вечности».

Книжный глагольный фразеологизм *прыводзіць да агульнага назоўніка* обозначает 'ликвидируя различия, уравнивать в каком-либо отношении'. В ЭСФ (с. 315) он квалифицируется как полукалька из русского языка (*приводить к общему знаменателю*). Дальняя же его этимология – в западноевропейских языках; сравним, например, франц. *réduire au même dénominateur* (приводить к одному и тому же знаменателю), или нем. *auf einen gemeinsamen Nenner bringenu* (приводить к общему знаменателю).

На сёмым небе – употребляется при сопроводителях *быць, адчуваць сябе* и обозначает '(быть) безмерно счастливым'. В ЭСФ (с. 248) отмечено, что этот оборот «возможно, калька из французского языка (*au septieme eiel*)». Но аналогичное выражение есть также и в английском языке (*in seventh heaven*).

Оборот *галава ідзе (ходзіць) кругам у каго, чыя* обозначает 'кто-л. чувствует головокружение (от усталости, полноты переживаний и под.)' и 'кто-л. утрачивает способность трезво рассуждать (от множества дел, переживаний и т.д.)'. Является калькой из английского языка (*sb's head is going around*) либо немецкого (*der Köpf geht mir herum*).

Гуляць (жартаваць) з агнём имеет значение 'действовать неосторожно, не считаясь с опасностью' и является калькой из немецкого языка (*mit dem Feuer spielen*) либо французского (*jouer avec le feu*) или английского (*to be playing with fire*). На аснове этого глагольного фразеологизма в белорусском языке сложился именной *гульня (жарты) з агнём*, который обозначает 'неосторожные, рискованные действия без учета возможной опасности'.

Здымаць шапку *перад кім* обозначает 'относиться к к-ому-л с глубоким уважением' и по происхождению является калькой из немецкого языка (*die Mütze abziehen*) или английского (*to take off one's hat*).

Лізаць боты (ногі, пяты, пяткі) *каму* имеет значение 'подлизываться к кому-л., подхалимничать'. Калька с немецкого *die Stiefel lecken* (дословно «ботинки лизать») или с английского *to lick sb's boots (shoes, feet)* (дословный перевод – «лизать чьи-л. ботинки (туфли, ноги)»).

Выражение **моцны (дужы) пол** обозначает 'мужчины' и является калькой из французского языка (*le sexe fort*) или немецкого (*das starke Geschlecht*).

Литература

1. Шанский, Н.М. Фразеология современного русского языка / Н.М. Шанский. – М.: Высш. школа, 1969. – 232 с.
2. Лепешаў, І.Я. Фразеалогія сучаснай беларускай мовы: вуч. дапам. для філал. фак. ВНУ / І.Я. Лепешаў. – Мінск: Выш. шк., 1998. – 271 с.
3. Райхштейн, А.Д. Сопоставительный анализ немецкой и русской фразеологии / А.Д. Райхштейн. – М.: Высш. шк., 1980. – 143 с.
4. Лепешаў, І.Я. Этымалагічны слоўнік фразеалагізмаў / І.Я. Лепешаў. – Мінск: БелЭН, 2004. – 448 с.

Канторович Т.М.

магистр гуманитарных наук, ГрГУ им. Я. Купалы, Гродно, Беларусь

«ДИАЛОГИЧЕСКОЕ» НАПРАВЛЕНИЕ ФЕМИНИСТСКОЙ ЛИНГВИСТИКИ

В становлении феминистской лингвистики выделяют два направления: 1). *"Монологическое"* – исследующее особенности системы языка и имеющее целью реформирование языка и устранение исторической несправедливости в отношении женщин;

2). *"Диалогическое"* – исследующее гендерные различия в коммуникативном поведении.

Феминистская лингвистика, с одной стороны, пытается устранить асимметрии в системе языка, направленные против женщин, а с другой стороны, посредством языка не только отразить социальный статус женщины, но и повысить его, тем самым оказав существенное влияние на политику государства через его языковую политику. Однако, ограничившись лишь критикой языка, объектом которой явились исторически сложившиеся стереотипы, зафиксированные в языке и отражающие социальное положение мужчин и женщин, многие исследователи игнорировали изучение влияния исторически сложившихся стереотипов на речевое поведение гендеров.

Многие исследователи пришли к выводу, что речь женщин отличается от речи мужчин по многим параметрам. На протяжении многих веков существования человеческого общества стереотипы различия речи мужчин и женщин закреплялись в культурном наследии разных народов. Коэтс привод целый список пословиц, отображающих существование данных стереотипов: *A woman's tongue wags like a lamb's tail (England); Foxes are all tail and women are all tongue (England); A sailor, a crowing hen, and a swearing woman ought all three go to hell together (the United States); All the Daddies on the bus go read, read, read... All the Mummies on the bus go chatter, chatter, chatter (British children song).* [1]

Главная идея заключается в том, что женщины слишком много говорят и сплетничают. Хотя феминисты провели исследования и выяснили, что на встречах, в телевизионных программах мужчины говорят больше [1; 2,70-71]. Таким образом, возникает вопрос: чем же объективно отличается речь женщин от речи мужчин. Первым лингвистом, начавшим изучение речи гендеров в рамках социолингвистики, была Р.Лакофф. Она первой выдвинула предположение, что мужчины и женщины говорят на разных языках, поскольку они обладают различными речевыми навыками. Свои взгляды исследовательница изложила в работе "Язык и место женщины". В ней Р.Лакофф вводит понятие "язык женщин", или "женский язык", и "мужской язык". Её представления о "женском языке" включают три категории:

1. он обеднён ресурсами самовыражения;
2. он склоняет женщин к разговорам о тривиальных вещах;
3. он заставляет женщин разговаривать нерешительно.

Р.Лакофф считала, что различие между "женским языком" и "мужским языком" состоит в следующем: женщины употребляют больше вежливых форм *(Would you, please, close the door; if you don't mind),* прилагательных *(adorable, divine, charming),* разделительных вопросов *(The weather is really nice today, isn't it?),* вопросительную интонацию в утвердительном высказывании для выражения неуверенности *(My name is Tammy?).* Женщины говорят курсивом, что усиливает логическую и эмоциональную значимость высказывания *(I feel so happy),* они чаще уклоняются от прямого ответа *(It seems like...; It's kinda nice).* Речь женщин характеризуется сверхправильной грамматикой и идеальным произношением. Речи женщины присуще отсутствие чувства юмора [6,232].

Однако схема отнесения человека к тому или ному роду на основе наличия в его речи выделенных характеристик, предложенная Р.Лакофф, слишком упрощена. Мы не можем, например, сказать, что говорящий является женщиной, если в речи он употребляет разделительные вопросы. Использование данного типа вопросов иногда связывается со смягчением грубости высказывания, эта стратегия часто используется женщинами, что объясняется культурными и идеологическими представлениями о женственности. В.О'Барр и Б.Аткинс утверждали, что некоторые показатели употребления форм, присущих "женскому языку", у женщин выше, чем у мужчин, что определяется социальным статусом женщин, а не их половой принадлежностью [5].

У.Лабов также придерживается взглядов о социологических причинах гендерной дифференциации языка. Он подчёркивает две характеристики речевого поведения: (а) женщины всех классов и возрастов используют литературный язык чаще, чем мужчины; (б) представители более низкого класса стараются использовать гиперправильный язык, чтобы улучшить своё социальное положение. Здесь женщины также стоят на первом месте. Они передают этот гиперкорректный язык своим детям, для которых он становится родным. Кроме того, Лабов отмечал, что стремление женщин к более престижным вариантам языка связано с их положением в определённом обществе. Например, в Индии и Иране, где женщины не участвуют в общественной жизни, они менее склонны к употреблению (более) литературного языка [4,181].

П.Траджилл придерживается в своей работе традиции Лабова, но большую важность в гендерной дифференциации языка он придаёт социологическим причинам и пытается обобщить имеющиеся данные и продемонстрировать отличия "мужского языка" от "женского" на примерах разных языков и на разных уровнях языковой системы.

Самым ярким примером гендерной дифференциации языка является язык карибских индейцев Малых Антильских островов. Когда европейцы впервые достигли этих островов, они обнаружили, что мужчины и женщины разговаривают на "разных языках". Однако Бэрон считает, что их нельзя назвать "разными" - это варианты языка [3,59-63]. В данном языке существует "мужской набор" выражений, которые понятны женщинам, но они никогда их не произносят. С другой стороны, существуют слова и фразы, которые употребляют только женщины, а их произнесение мужчиной считается позором. Поэтому может показаться, что мужчины и женщины говорят на разных языках. Различие в данном случае наблюдается лишь на лексическом уровне.

Коренные жители острова Доминика объясняют данные различия тем, что когда карибские племена пришли на данную территорию, она была населена племенами Аравак. Завоеватели истребили коренных мужчин и ассимилировались с женщинами. Подтверждением данной теории служит сходство речи карибских женщин и представителей племени Аравак, проживающих на материке. Многие относятся к данному объяснению скептически, однако оно дало жизнь "теории завоевания".

Лингвист О.Есперсен пошёл дальше и выдвинул "теорию табу". Он говорит о том, что в период войны существовал набор слов, который могли произносить только взрослые мужчины. Если их употребляли женщины или несовершеннолетние мальчики, это считалось плохим знаком. Примеры табу встречаются в разных языках. В Зулу, например, женщине не разрешалось употреблять имя её свёкра и его братьев. За нарушение табу её ждала смерть. Однако и "теория табу" не может служить достоверным объяснением лингвистической гендерной дифференциации. Во-первых, не вполне понятно, как такие различия могли распространяться на всю общину. Во-вторых, в отдельных случаях нам довольно ясно, что мы имеем дело не с табу.

В английском языке различия не так ярко выражены. Они в большинстве своём фонологические. П.Траджилл говорит, что на основе данных разных языков женщины всегда употребляют более литературные фонологические формы, что объясняется их социальным статусом: принадлежностью к определённому социальному классу, этнической или религиозной группе. Например, в Детройте афро-американские женщины вне зависимости от социального класса намного чаще произносят не предшествующую гласной [r] (престижная черта местного произношения). В лондонском варианте английского языка женщины намного реже произносят твёрдый приступ в словах *butter* и *but*. П.Траджилл объясняет это желанием повысить свой социальный статус и двойными стандартами нашего общества в сексуальной сфере. Используя литературный язык, женщина пытается защитить себя от всеобщего мнения о сексуальной доступности.

Чукчи мужчины часто опускают *[n]* и *[t]* в интервокальной позиции, например, женщина скажет *nitvagenat,* а мужчина - *nitvagaat.* В Монреале намного больше мужчин не произносят *[i]* в местоимениях *il, elle, la, les.* Ученицы в Шотландии чаще произносят *[t]* в словах *water* и *got,* чем ученики, которые заменяют её твёрдым приступом.

Существуют гендерные различия на уровне грамматики. В Детройте женщины, представляющие средний класс, гораздо реже употребляют нестандартный вариант двойного отрицания *(I don't want none).*

Лексический выбор гендеров различается, например, когда они говорят с себе. Японки показывают, что они женщины, прибавляя к последнему члену фразы частицу *-ne.* В Японии мужчина, говоря о себе, употребляет *wasi* или *ore,* а женщина - *watasi* или *atasi.* Детей обучают данным различиям на раннем этапе.

Как же отличается речевое поведение гендеров в акте коммуникации? Исследовав определённый набор комиксов в тридцати выпусках *"The New Yorker"* 1913 года, К.Крамер выяснил следующее: мужчины говорили вдвое больше женщин; темы, на которые спекулировали мужчины - бизнес политика, налоги и спорт, а женщины говорили об общественной жизни, книгах, еде и напитках, жизненных проблемах. Мужчины говорили с большим напором и употреблением нецензурных выражений [3].

Хотя данные комиксы не могут служить однозначным показателем гендерной дифференциации, они всё же отражают идеологические социальные и культурные тенденции в обществе.

Было также выявлено, что когда мужчина разговаривает с женщиной, часто он старается ей что-то объяснить, выступить в роли опекуна, в то время как женщины часто извиняются перед мужчинами.

Женщины задают больше вопросов, используя часто сигналы как *mhmm* с целью заставить собеседника продолжать свою мысль, они ничего не имеют против, если их прерывают. С другой стороны, женщины часто спорят, прерывают, игнорируют собеседника, стараются держать под контролем тему беседы и склонны к категоричным высказываниям [8,319].

Кроме того женщины и мужчины имеют различные паралингвистические системы, то есть двигаются и жестикулируют по-разному [8,317].

Таким образом, мужчины и женщины воспитываются по-разному и выполняют различные социальные роли. Сами они осознают это и выбирают разные формы "престижа": женщины предпочитают "открытый", а мужчины – "скрытый" престиж. По словам П.Траджилла "Социальное положение женщин в обществе менее безопасное, чем мужчин... Может быть... женщинам больше необходимо укреплять и обозначать свой социальный статус лингвистически" [7,91].

Как считают некоторые исследователи, вербальное поведение гендеров всегда обусловлено их социальным положением в обществе. Однако в работе феминистов отсутствует анализ тех лингвистических структур, которые дифференцируют речь гендеров и довлеют над их поведением в обществе. В связи с этим прослеживается определённая связь между социальными категориями и речевым поведением и предлагается модель анализа вербального поведения гендеров, которая должна оперировать такими понятиями, как: *социальная ситуация* (ролевые отношения, статус, обстановка), *социальная мотивация* (цели и желания общающихся, которые мотивируют те или иные действия), *коммуникативная стратегия* (средство достижения цели) и *лингвистический выбор* (средства языка, которые обеспечивают выполнение коммуникативной стратегии).

Таким образом, перед нами выстраивается целая система взаимосвязанных параметров именно коммуникативного поведения гендеров. Сложность данной проблемы заключается в высокой степени вариативности, как самого вербального поведения, так и сопутствующих ему социопсихологических факторов, которые трудно поддаются обобщению и систематизации.

Литература

1. Coates J. Gossip revisited: Language in all-female groups. In Jennifer Coates and Deborah Cameron (Eds.)/Women in their speech communities, 1986. – P.94-121.

2. Graddol D., Swann I. Gender Voices. – Oxford; Basil Blackwell, 1989.

3. Kramer C. Wishy-Washy Mommy Talk // Psychology Today, 89(1), 1974. – P.82-85.

4. Labov W. Sociolinguistic Patterns. Philadelphia: Univ. of Pensilvania Press, 1991.

5. O'Barr W.U., Atkins B.K. "Women's Language" or "Powerless Language" // Women and Language in Literature and Society / Ed. By S. McConnell-Ginet, R. Borker, N.Furman. – New York:Praeger, 1980. – p.93-110.

6. Sociolinguistics and Language Teaching / Ed. By Lee McKay S. and Hornberger H.N., Cambridge Univ. Press, 1996. – 484p.

7. Trudgill P. Sex, covert prestige and linguistic change in the urban British English of Norwich / Language in Society, 1, 1972. – P.179-195.

8. Wardhaugh R. An Introduction to Sociolinguistics. Second Edition.- Oxford: Blackwell Publishers, 1992. – 400p.

Елизаров М.В.
к.филос.н., Башкирский государственный университет

СОЦИАЛЬНАЯ НАПРЯЖЁННОСТЬ В ГОСУДАРСТВЕ: ПРИЧИНЫ И СЛЕДСТВИЯ

В настоящее время социальная напряжённость относится к числу основных факторов, препятствующих стабильному развитию многих стран. Возникая в силу разнообразных причин, социальная напряжённость всегда сопровождается конфликтом между различными элементами общества, вызывая потрясения во многих областях общественной жизни.

В наши дни социологи, экономисты и представители других научных дисциплин, всерьёз занимающиеся изучением природы возникновения социальной напряжённости, пытаются объяснить данное явление с различных точек зрения. Большинство учёных сходятся во мнении, что социальная напряжённость носит системный характер. Так, по мнению С.С.Соловьева, социальную напряжённость можно определить как «…негативное отношение преобладающей части общности к актуальным явлениям и процессам и наличие с ее стороны конкретных практических действий, которые способны привести к деструктивным изменениям в обществе» [1,69].

Нарастание напряжённости в стране или регионе – явление нередкое. В новой и новейшей истории социальные волнения и экономические кризисы сотрясали общественное устройство многих государств мира. Примеров таких много, приведём лишь некоторые из них: Бостонское чаепитие, Великая французская революция, революционное движение в России в первой четверти XX века, всеобщие забастовки в Барселоне в 1919 г. и в Польше 1980 г., акции протеста на Ближнем Востоке. Эти и другие аналогичные явления приводили к значительным политическим и социальным изменениям, а нередко способствовали улучшению условий жизни соответствующих групп населения благодаря определённым уступкам со стороны правительства.

При изучении причин возникновения социальной напряжённости следует учитывать целый комплекс объективных факторов. Прежде всего, это события и процессы, протекающие внутри государства. В частности, это могут быть политические и социальные проблемы, кризисные явления в экономике, расовая, половая и классовая дискриминация, высокий уровень преступности, события, связанные с «обострением внутренних противоречий объективного и субъективного характера» [2,13].

Эти противоречия возникают вследствие недовольства ростом цен на топливо и продукты питания, системной коррупцией, безработицей, дефицитом природных ресурсов, а также недоверия к существующей системе правосудия. Крайним выражением такого недовольства являются

Философские науки

социальные волнения, которые имея довольно значительные негативные последствия для общества, могут приводить к распаду социальной структуры, перерастая при благоприятных условиях в этнические чистки, гражданскую войну или даже революцию, способную изменить ход истории. К примеру, события, произошедшие в первой четверти XX века в царской России, были следствием таких противоречий. Нарастание недовольства и разочарованности народных масс в коррумпированности и неэффективности действующего режима вылились в 1917 году в череду непрерывных беспорядков и, в конечном счёте, привели к революции и смене государственного строя.

Помимо внутренних факторов социальная напряжённость в стране возникает также вследствие определённой обстановки на международной арене, вызванной действиями, либо же бездействием ряда государств или международного сообщества в целом. Это может быть как гуманитарная интервенция, так и вынужденная миграция, экономические санкции, в том числе введение эмбарго, санитарных мер, тарифных и нетарифных ограничений без учёта льготных торговых соглашений и т.п.

Источниками социальной напряжённости могут выступать чрезвычайные ситуации, связанные с пожарами, эпидемиями, стихийными бедствиями и техногенными авариями, которые создают угрозу жизни и здоровью населения. Экологические проблемы, вызванные нарушением водного баланса огромных районов, уничтожением лесного покрова, эрозией почв, оползнями, лесными пожарами, опустыниванием и изменением климата вынуждают мигрировать большие массы людей. Как пишет Г.Ф.Морозова, «...на фоне экономического спада и роста безработицы неконтролируемые потоки экологических беженцев способствуют обострению социально-экономических проблем в стране, а это, в свою очередь, вызовет новые волны вынужденной миграции» [3,38].

Как известно, экологические проблемы выходят за рамки национально-административных границ и угрожают здоровью и безопасности людей, находящихся за тысячи километров друг от друга. К примеру, воздушные потоки, несущие кислотные дожди, имеют "транснациональный характер" и не признают каких-либо границ. Парниковые газы приводят к изменению климата в масштабах всей планеты, что в перспективе может обернуться новыми стихийными бедствиями и потоками «экологических беженцев».

К экономическим факторам социальной напряжённости относятся резкие различия в уровне благосостояния граждан страны, рост инфляции массовой безработицы, преобладание рабочих мест с низким уровнем доходов, дефицит бюджета страны. Нередко эти проблемы приводит к публичному выражению недовольства и социальной мобилизации, которая может выражаться в форме забастовок, региональных бойкотов, а в крайних случаях – актов гражданского неповиновения, военных мятежей, беспорядков, попытках государственного переворота с целью добиться реальных изменений.

Нищета и отсутствие у людей возможностей для получения образования, профессиональной подготовки и трудоустройства, особенно у представителей молодого поколения, как правило, вызывают острую реакцию в форме нарастающего волнения, бессилия, разочарования, гнева, преступности и даже актов терроризма. И по мере того, как деятельность групп и отдельных индивидов становится всё более и более радикальной, а напряжение в обществе нарастает, за всем этим следует вспышка насилия. В конечном итоге, ситуация может выйти из-под контроля и вылиться в гражданскую войну.

И всё же не всегда социальные волнения и конфликты несут в себе одно лишь разрушение. Нередко они приносят позитивные изменения. Более того, гражданские волнения и беспорядки могут искусственно провоцироваться и использоваться в качестве своеобразного инструмента теми силами и движениями, которые стремятся изменить общество в лучшую, с их точки зрения, сторону. Однако и в этом случае социальные волнения обычно представляют угрозу для жизни многих людей и наносят ущерб материальным благам.

В целом же политическая составляющая социальной напряжённости, как правило, непосредственно проистекает из экономических проблем. В данном случае напряжённость бывает вызвана большим разрывом между богатством высшего класса и отсутствием богатства низших классов. Этническая напряжённость и внутренние волнения усугубляют ситуацию. Последствия могут быть самыми разными: падения действующего политического режима, потоки беженцев, гражданские беспорядки и региональные конфликты.

В заключение попробуем ответить на главный вопрос: в чём заключается залог стабильности и благополучия государства? И здесь следует принять во внимание целый ряд объективных причин. Довольно часто стабильность и процветание государства отражает экономические и политические успехи, достигнутые на более ранних этапах развития. С этой точки зрения, прошлое государства определяет его настоящее. Значение имеют типы политических институтов, существовавших на территории государства, характер перехода власти (выборы, захват силой, наследственное правопреемство), степень вовлечённости общественности в политический процесс, профессионализм бюрократического аппарата.

Немаловажную роль играют и проводимые реформы, направленные на обновление политической системы в стране, подъём национальной экономики и поддержку широких слоёв населения. В качестве примера можно привести Японию, которая до 1860-х годов была закрытой, традиционной и отсталой в экономическом отношении страной. Однако благодаря реформам, предпринятым в период правления императора

Мэйдзи (1868-1912 гг.) Япония претерпела процессы модернизации и проникновения западных ценностей, в результате которых значительно улучшились условия жизни, возросла военная мощь страны.

Ещё одним немаловажным фактором устойчивого развития государства выступает географический фактор. Значение в данном случае имеют климатические и геологические условия (например, наличие выходов к морю, размеры территории), характер местности, особенности распределения живых ресурсов. Например, страны расположенные в умеренном поясе, обычно отличаются более устойчивым развитием, чем те, которые находятся в тропиках. И этому есть разумные объяснения. Во-первых, земледелие в странах тропического пояса чаще оказывается менее рентабельным, в том числе из-за низкого плодородия почв и высокой распространенности вредителей сельскохозяйственных культур. Во-вторых, тропические болезни, например, малярия, влияющие на здоровье человека, являются причиной снижения производительности труда. Кроме того, географический фактор может препятствовать торговле и экономической интеграции в тех случаях, когда, например, страна не имеет выхода к морю, в результате чего перекрывается доступ к внешним рынкам, ограничивается рост экспорта и технологического обмена [4,13].

Таким образом, факторы, лежащие в основе социальной стабильности, многочисленны и разнообразны. Очевидно лишь то, что нарастание социальной напряжённости неизбежно, когда первопричины существующих в обществе проблем не только игнорируются, но даже не осознаются. Для того, чтобы справиться с подобными явлениями, необходимо сотрудничество между государством, гражданским обществом и межправительственными организациями, направленное на поддержание стабильного курса экономики, социальной сферы и обеспечение экологической безопасности с учётом культурного разнообразия и интересов всех слоёв населения.

Литература:

1. Соловьёв С.С. Методика измерения социальной напряженности в Вооруженных Силах // Социологические исследования. - 1993. - № 12.
2. Рукавишников В.О. Пик напряжённости под знаком белого коня / В.О. Рукавишников // Социологические исследования. - 1990. - № 10.
3. Морозова Г.Ф. Современные миграционные явления: беженцы и эмигранты // Социолог. исследования. – 1992. – № 3.
4. Donovan M., Smart M., Moreno-Torres M., Ole Kiso J., Zachariah G. Countries at Risk of Instability: Risk Factors and Dynamics of Instability, background paper, London, UK: Prime Minister's Strategy Unit, February 2005.

Бадретдинова Г.З.
аспирант, БашГУ
kafedra_pedagogiki_304@mail.ru

ОСОБЕННОСТИ ФОРМИРОВАНИЯ СЕМЕЙНЫХ ЦЕННОСТЕЙ У СОВРЕМЕННОЙ МОЛОДЕЖИ

Формирование семейных ценностей должно начинаться еще в детстве. Это целенаправленный процесс, направленный как на общество в целом, так и на семью и молодое поколение, целью которого является воспитание позитивных установок на семью и брак, подготовку к вступлению в брак и решению проблем молодой семьи. Подготовка молодежи к семье - это такая же важная проблема, что и подготовка к профессиональной деятельности, адаптация к жизни в обществе. Ценности семьи необходимо формировать еще в родительской семье, а затем в школе и других образовательных учреждениях, в молодежных организациях и трудовых коллективах.

Проблемам современной семьи необходимо привлечь внимание средств массовой информации (через социальную рекламу). Особенно важно формирование общественного мнения сторону повышения статуса молодой семьи, материнства и отцовства, роли и места детей в жизни российского общества.[1,169]

Отечественные исследователи связывают нынешний кризис семьи, деформацию многих семейных ценностей среди различных категорий населения не только с изменением ценностных ориентаций современной молодежи, но и с общемировыми тенденциями. Происходит переход от патриархальной семьи к нуклеарной, а также от детоцентристкой к эгалитарной. В современной российской семье главной функцией становиться не ведение совместного хозяйства, не физическое рождение детей, а отношения между супругами. Речь идет об оказании психологической поддержки членам семьи, что приобретает особую актуальность в условиях системного кризиса в России, когда жизнь насыщена изменениями, стрессами и волнениями.

Вопрос формирования установок на семью и семейный образ жизни ученые начали исследовать недавно. Прежде всего, это связано с изменением самого типа семьи, а также системным кризисом института семьи в современных российских условиях.

В современных условиях, где отношения между супругами являются решающим фактором стабильности молодой семьи, необходимо формировать и толерантное отношение к различным типам и видам семьи среди старшего поколения и среди самой молодежи. Наряду со становлением нового типа семьи, происходит отказ от единой ее модели для всех групп населения. Происходит совмещение нескольких тенденций одновременно, а также параллельное существование и функционирование нескольких видов семейных отношений. Так, в сельской местности чаще встречаются семьи, где несколько поколений проживают под одной крышей, что вызвано не столько трудностями в жилищном вопросе, сколько определенным укладом жизни.

Семья - это школа, где человек учится, как жить в обществе. Поэтому воспитание человека начинается с воспитания его семьи. При поступлении в детский сад с родителями и ребенком проводятся индивидуальные консультации по вопросам организации быта и досуга в семье, изучаются семейные ценности и правила, по которым живет семья, при необходимости организуются пути решения проблем.

Постоянно действуют родительские лектории различной тематики, ведется просветительская работа через информационные уголки, советы родителям. Через сюжетно-ролевую игру дети с раннего возраста усваивают роли трех поколений: ребенка, мамы и папы, бабушки и дедушки.

Позитивным следует считать наличие у различных категорий молодого поколения ориентации на семейный образ жизни. Как показывают результаты исследований, мотивами вступления в брак остаются базовые супружеские ценности - любовь, рождение и воспитание детей в семье, доверительное общение с близким человеком.

Молодое поколение считает: готовить молодежь к созданию семьи надо заранее, еще в школе - 65%. Всего 17% считают, что в школе говорить об это рано (мнение не сложилось у 18% респондентов). Столько же сторонников и того, что в школе нужно преподавать основы семейной жизни и полового воспитания.

Результаты опроса молодых семей показывают, что заявленные ранее установки не всегда выполняются. Это связано с низким уровнем знаний о семейной жизни, низкой культурой населения в целом, включая правовую, а также с тенденциями в сфере семейных отношений. По данным опроса семей, часть домашней работы делает женщина, в то время как мужчинам достается мелкий ремонт по дому.[2,64]

Наряду с решением уже известных проблем семьи, связанных с повышением ее уровня жизни, а также ценности института семьи для государства и общества, укрепление семьи как социального института, профилактика деструктивных тенденций, важно формировать должное позитивное отношение среди различных категорий молодежи к семье и браку. Помимо социальной рекламы в СМИ, различных мероприятий, посвященных проблемам молодой семьи, необходима целенаправленная подготовка молодого поколения к вступлению в брак еще задолго до создания семьи. К такому выводу пришли отечественные и зарубежные исследователи современной семьи.

Однако важны не только знания. Необходимы должные позитивные установки на семью и брак, готовность реализовать заявленные установки на практике в повседневной семейной жизни. В современных условиях, когда внешний социальный контроль за поведением молодежи ослаблен, а силы внутреннего еще не сформированы, необходимо воспитание культуры чувств и умения жить в семье.

В настоящее время необходимо формировать у молодежи должное представление о семье, не только повышать уровень знаний, но и воспитывать позитивное отношение к семейным ценностям, готовность решать проблемы молодой семьи.

В современных условиях общественных трансформаций России семейно-брачные отношения затронул кризис, который выразился в деформации семейных ценностей у большинства населения.

Ценности семьи необходимо воспитывать начиная с родительской семьи, а затем других образовательных учреждениях, молодежных организациях.

В качестве позитивного опыта формирования позитивного отношения в семье можно назвать опыт советской школы. В настоящее время необходимо, используя положительный опыт советской школы, готовить молодежь к созданию семьи заранее. Помимо основных вопросов молодой семьи целесообразно затронуть следующие:

1) в правовой сфере - отличия и особенности гражданского и зарегистрированного брака;

2) в сексуальной сфере - гедонистическая функция секса;

3) в сфере психологической грамотности - основы семейной конфликтологии и умение общаться в семье.

Таким образом, несмотря на все сложности, семья и в новых для страны социально-экономических условиях продолжает оставаться основным институтом социализации молодежи. И насколько молодые родители смогут адаптироваться к новым реалиям, вызванным резким изменением социально-экономических условий, в которых протекает жизнь семьи, настолько успешно будет осуществляться ее социализирующая роль, а также влияние на ценностные ориентации молодежи.

Литература:
1. Климантова Г.И. Государственная семейная политика в условиях социально-политических трансформаций современной России. М.: Триада ЛТД, 2001 – 264 с.
2. Сафарова Г.Л., Клецин А.А., Чистякова Н.Е. Семья в Санкт-Петербурге. Демографичекие, социологические, социально-психологичекие аспекты.- СПб.: СПбГУ, 2002 – 88 с.
3. Ювенология и ювенальная политика в XXI веке: опыт комплексного междисциплинарного исследования/ Колл. монография/ Под . ред. Слуцкого Е.Г. - Спб.: Знание, ИВЭСЭП, 2004 - 737 с.

Ускова И.К. – вед. инженер КемГУ,
Халфина П.Д. – ст. преподаватель КемГУ,
Левкович Е.А. – студент КемГУ

ВОЛЬТАМПЕРОМЕТРИЧЕСКОЕ ПОВЕДЕНИЕ 2,5-ДИНИТРОФЕНОЛА НА ЭЛЕКТРОХИМИЧЕСКИ МОДИФИЦИРОВАННЫХ СТЕКЛОУГДЕРОДНЫХ ЭЛЕКТРОДАХ

Динитрофенолы (ДНФ) применяются в производстве некоторых красителей, средств для пропитки дерева, а также для лечения ожирения. Качество ДНФ зависит от структуры и чистоты применяемого реагента. В производстве ионообменных смол в качестве сшивающих агентов используются дивинилбензол (ДВБ), для этерификационной очистки которого применяется динитробензол, являющийся ингибитором полимеризации ДВБ. В то же время производные фенола, в частности, хлорпроизводные и нитрофенолы занимают значительное место среди загрязнителей окружающей среды.

Проблемой является определение различных изомеров ДНФ, а также замещенных фенолов в присутствии незамещенного фенола, поскольку по токсическому воздействию на организм они различаются на несколько порядков, а при электрохимическом определении дают сигналы в одной области потенциалов. В работах [1, 146-147; 2, 203-204] было изучено вольтамперометрическое поведение фенола, орто-хлорфенола, 2,4- и 2,6-дихлорфенола, 2,4,6-трихлорфенола, орто- и пара-изомеров нитрофенола и 2,5-динитрофенола на УПЭ, модифицированных пористыми полимерными сорбентами. Показано, что оптимальными условиями концентрирования и электроокисления фенола на модифицированных УПЭ являются *pH* 4,5 (ацетатный буфер) на стадиях накопления и регистрации для незамещенного и хлорированных фенолов. Использование модифицированных угольно-пастовых электродов (УПЭ) позволяет селективно концентрировать и определять один из изомеров в присутствии избытка другого, а также в присутствии другого соединения, дающего электрохимический отклик при тех же потенциалах. Однако, изготовление УПЭ является достаточно трудоемким, и после каждого измерения требуется обновление рабочей поверхности. Настоящая работа посвящена изучению возможности использования модифицированных стержневых стеклоуглеродных электродов для анализа ДНФ.

Количественное определение 2,5-динитрофенола проводили на «Анализаторе вольтамперометическом ТА-4» в трехэлектродной ячейке, состоящей из идентичных электрохимических модифицированных стержневых стеклоуглеродных электродов. Электрохимическую обработку СУЭ проводили в течение 30 с стабильным током с помощью внешнего источника тока в водном растворе 0,1 KOH с добавлением ацетона (19:1) [3, 129-133].

Ранее для ВА-определения динитрофенолов на СУЭ в качестве фонового раствора использовали 0,2 M K_2HPO_4 [4, 120], рекомендованный для ВА определения фенола, в настоящей работе применяется раствор ацетатного буфера (*pH* 4,5), предлагаемый в литературе. Потенциал накопления $E_{нак}$ = 0,0 В, время накопления $\tau_{нак}$ = 100 с. Стандартные растворы 2,5-ДНФ готовили по точной навеске из 97% сухого вещества растворением в этаноле, стандартные растворы фенола – из ГСО 7270-96 разбавлением этанолом.

При введении стандартного раствора ДНФ в фоновый электролит на ВА-кривых наблюдается аналитический сигнал в виде пика ($E_{ДНФ}$ = 1,210 В), величина которого возрастает при увеличении концентрации ДНФ (рис. 1, а). Ток пика ДНФ линейно зависит от его концентрации в растворе в интервале концентрации (0,5 - 2,0)$\cdot 10^{-5}$ М:

$$I = 0,076c + 1,654$$

Изучено влияние фенола на вольтамперометрическое поведение динитрофенола. При добавлении к раствору, содержащему 2,0 10^{-5} М ДНФ, фенола в соизмеримых концентрациях на вольтамперометрических кривых наблюдается 2 раздельных пика при потенциалах E(Ph) = 0,690 В и E(ДНФ) = 1,210 В (рис. 1, б). Увеличение концентрации фенола до c(Ph) = 7,4 $\cdot 10^{-4}$ М не оказывает влияния на положение пика ДНФ (E(ДНФ) = 1,182 ± 0,001 В), при этом величина пика ДНФ уменьшается ~ на 18%. Дальнейшее увеличение концентрации фенола до c(Ph) = 1,4 $\cdot 10^{-3}$ М приводит к резкому уменьшению тока пика ДНФ, что, скорее всего связано, с заполнением активной поверхности СУЭ.

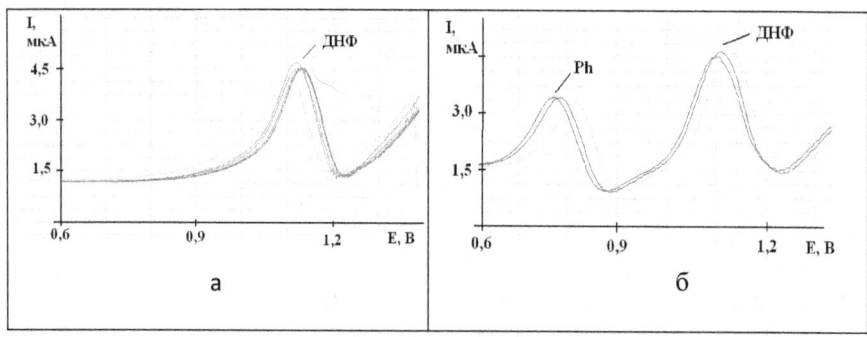

Рис. 1. ВА-кривые ДНФ: а – в отсутствии фенола, б – в присутствии фенола.

Прямолинейная зависимость тока пика фенола от его концентрации в присутствии ДНФ наблюдается в интервале концентрации $(0,5 - 4,0) \cdot 10^{-4}$ М (рис. 2), при этом потенциал пика E(Ph) смещается в анодную область ~ на 0,1 В.

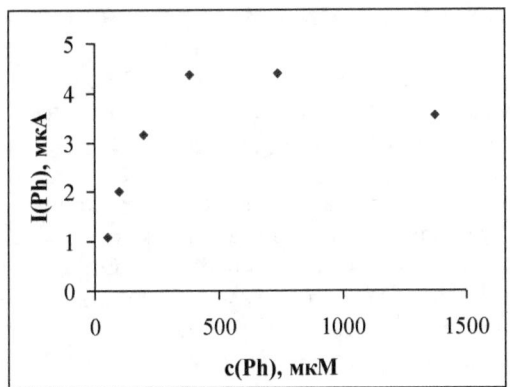

Рис. 2. Зависимость тока пика фенола от его концентрации в присутствии ДНФ (с(ДНФ)=$2 \cdot 10^{-5}$ М). $I = 0,013c$

Список литературы

1. Майстренко В.Н. Селективное вольтамперометричесчкое определение замещенных фенолов на угольно-пастовых электродах, модифицированных пористыми полимерными сорбентами. [Текст] // Майстренко В.Н., Сапельникова С.В., Ильясова Р.Р. «Электрохимические методы анализа», 1999. – ГЕОХИ РАН, Москва. С. 146-147.

2. Сапельникова С.В. Использование модифицированных угольно-пастовых электродов для селективного концентрирования и определения ароматических динитросоединений в вольтамперометрии. [Текст] // Сапельникова С.В., Майстренко В.Н., Кудашева Ф.Х. «Электрохимические методы анализа», 1999. – ГЕОХИ РАН, Москва. С. 203-204.

3. Ускова И.К. Циклическая вольтамперометрия анилина на стеклоуглеродных электродах. [Текст] / Ускова И.К., Булгакова О.Н., Иванова Н.В., Невоструев В.А.// Ползуновский вестник. 2009. – № 3. – С. 129-133.

4. Ускова И.К. Вольтамперометрия 2,4-динитрофенола на электрохимически модифицированных стеклоуглеродных электродах. [Текст] / Ускова И.К., Халфина П.Д. Асташина А.С. «Аналитика Сибири и Дальнего Востока: материалы IX Научной конференции», Красноярск , 8-13 октября 2012 г.- Красноярск: Сиб. федер. ун-т, 2012. – С. 120.

Кулешова В.Ю.

аспирант, ГБОУ ВПО «Сургутский государственный университет ХМАО-Югры» г.Сургут

ПРОБЛЕМЫ ИПОТЕЧНОГО КРЕДИТОВАНИЯ В РОССИИ НА СОВРЕМЕННОМ ЭТАПЕ

Приобретение собственного жилья - первоочередная потребность для каждой семьи: уровень удовлетворенности населения в рамках обеспечения жилья указывает на уровень социального развития общества и страны в целом.

Исходя из этого, реализация конституционных прав граждан на достойное жилище рассматривается как важнейшая социально-политическая и экономическая проблема. От выбора тех или иных подходов к решению этой проблемы в значительной мере зависят общий масштаб и темпы жилищного строительства, реальное благосостояние людей, их моральное и физическое самочувствие, политические оценки и мотивация поведения.

Ипотечное кредитование в России развивается, но не заняло в настоящее время того места, которое могло бы, в вопросе решения обеспечения граждан жильем. Это происходит по ряду причин.

Во-первых, надо сказать о низкой платежеспособности населения. В РФ более 60% населения нуждаются в улучшении жилищных условий, но лишь немногие могут самостоятельно приобрести жильё. Для остальных выходом могла бы стать ипотека, но на данный момент не все могут позволить себе воспользоваться таким кредитом по причине низкого уровня дохода. Банки, как правило, выдают кредит, если ежемесячный платёж составляет не более 40% дохода заёмщика и членов его семьи. Многие заёмщики, стремясь получить ипотеку, показывают в справках завышенные доходы, а потом сталкиваются с проблемами оплаты и обеспечения семьи. Чтобы иметь возможность платить по кредиту и при этом поддерживать приемлемый уровень жизни, заёмщику нужно иметь уровень дохода в 2-3 раза выше средней зарплаты. Ипотека для широких слоёв населения либо вообще недоступна, либо превращается в многолетнюю финансовую «кабалу». Эта проблема может быть решена только с ростом благосостояния населения.[2, 25]

Стоит сказать и о высоких процентных ставках по ипотечным кредитам (в 2013 они составили 12-14,5% годовых). В этом случае переплата оказывается существенной, так как ипотека оформляется на довольно длительный срок, чтобы ежемесячный платёж был посильным. Снизить процентные ставки банкам не позволяет высокая стоимость привлечения денежных средств – проценты по депозитам должны быть выше уровня инфляции, иначе вкладчикам будет невыгодно размещать средства в банках. Соответственно, растут и проценты по жилищным кредитам. Снижение роста инфляции может стать решением данной проблемы. Тем не менее федеральные власти озабочены проблемой высоких ставок. Глава государства В. Путин в 2012 г. подписал указ «О мерах по обеспечению граждан РФ доступным и комфортным жильем и повышению качества жилищно-коммунальных услуг». Меры, в том числе должны включать снижение процентной ставки по ипотеке настолько, чтобы она превышала уровень инфляции не более чем на 2,2 п.п. Эта цель должна быть достигнута к 2018 г. Глава АИЖК Александр Семеняка уверен, что к идеалу можно приблизиться, но придется снизить и удерживать уровень инфляции не выше 4,7%, а также активнее привлекать на рынок ипотеки страховые компании — они должны разделить (а значит, снизить) риски банков.

Негативное влияние оказывают общеэкономические проблемы ипотечного кредитования. Ипотека - это длительный кредитный продукт. Срок, на который кредитные организации вкладывают свои средства, должен измеряться десятилетиями. Для того чтобы предлагать такие программы, требуется гарантия экономической стабильности. В то же время экономика России в очень большой степени зависит от мировых цен на сырьевые ресурсы.

В условиях, когда доходы страны подвержены резким изменениям в связи с мировыми кризисами, заключение длительных договоров несут определенные риски, которые кредитные организации вынуждены компенсировать высокими процентными ставками.

Среди факторов, сдерживающих развитие ипотечного жилищного кредитования в России, следует назвать отсутствие должной защиты прав кредиторов, в данном случае банков, выдающих ипотечные кредиты на приобретение жилья. Наиболее актуальными представляются следующие аспекты.[3,71]

Конституция РФ, гарантирующая каждому гражданину право на жилище, не позволяет выселять залогодателя и членов его семьи. Следовательно, необходимы четкие механизмы промежуточного отселения указанных лиц на период проведения реализации предмета ипотеки. В частности, предлагается предусмотреть возможность переселения заемщиков и членов их семей в жилые помещения (отдельные квартиры, комнаты или общежития), предоставляемые в коммерческий имущественный наем третьими лицами по нормам, действующим в отношении маневренного фонда, - не менее 6 кв. м жилой площади на 1 человека. Подобная норма может быть закреплена в Законе "Об ипотеке" и Жилищном кодексе РФ.

В соответствии с законодательством РФ ипотечный кредитор имеет преимущественное право удовлетворения своих требований за счет предмета ипотеки перед другими кредиторами.[1] Вместе с тем, в исполнительном законодательстве отсутствуют нормы, позволяющие ипотечному кредитору реализовывать указанное право. В частности, при наложении обеспечительного ареста на предмет ипотеки любым иным кредитором ипотечный кредитор не имеет никаких процессуальных механизмов, позволяющих ему заявлять о снятии данного ареста в рамках исполнительного производства или в судебном порядке.[5]

Не последнюю роль в этой ситуации играют и вопросы политической стабильности, а также гарантии неизменности юридической базы, что также не всегда может быть обеспечено в РФ.

В итоге ипотечное кредитование развивается, но не как массовый продукт, а в форме предложения для избранных и наиболее успешных.

Как правило, в сегодняшних условиях банки имеют короткие деньги - это или вклады на период до года, или счета юридических и физических лиц до востребования. Альтернативой финансирования могут быть государственные программы поддержки, например, программы АИЖК. Но это не «панацея», так как эти возможности не безграничны. Здесь можно предложить инструменты фондового рынка.

Существует еще проблема, связанная с монополиями на рынке строящегося жилья. Зачастую возможность строить новые жилые дома имеет узкий круг компаний. Отсутствие конкуренции удерживает стоимость квадратных метров на слишком высоком уровне, чаще недоступном для обычных потребителей.

Когда на рынке будет конкуренция, это автоматически приведет к решению целого ряда проблем ипотечного кредитования – цена на недвижимость снизится в соответствии с рыночными условиями.[4, 89]

Выравнивание доходов населения могло бы привести к снижению стоимости жилья, что оказало бы положительное влияние.

Таким образом, решение проблем ипотечного кредитования – это комплексная задача, затрагивающая экономику страны, социальную и миграционную политику, строительный сектор, развитие банковских продуктов и многое другое. Такие цели не могут быть достигнуты сразу, для этого требуется длительное время.

Очевидно, что российский рынок мог бы развиваться бурными темпами, если бы не множество вышеуказанных препятствий. Будущее жилищного кредитования выглядит довольно оптимистично, если государству удастся решить ряд проблем: обеспечить рост благосостояния населения и его уверенности в завтрашнем дне, снижение темпов инфляции, поддержку банков (в том числе в законодательной сфере), увеличение количества программ социальной направленности.

Россия, наверняка, в скором будущем достигнет такого момента, когда ипотечное кредитование будет выгодно и банкам, и населению.

Литература:

1. Федеральный закон от 16.07.1998г. №102-ФЗ «Об ипотеке (залоге недвижимости)»
2. Романова М.В. Развитие социальной защиты в России в части обеспечения жильем: Монография. – М.: Цифровичок, 2009.
3. Семенова Е.А. Экспертиза ипотечного кредитования. – М.: Экономика, 2009.
4. Логинов М.П. Стратегия развития национальной ипотеки: Монография. – Екатеринбург: Изд-во УрАГС, 2011.
5. Ипотечное кредитование в России в 2013 году, текущее состояние и перспективы [Электронный ресурс]: http://thebanks.info/2836

Ляхова Е.Я.

доцент кафедры менеджмента, кандидат экономических наук, ЗФ ЛГУ им. А.С.Пушкина, г.Норильск

ПОТРЕБНОСТИ И ИНТЕРЕСЫ КАК ДВИГАТЕЛИ ТРУДОВОГО ПОВЕДЕНИЯ

Трудовое поведение членов общества определяется взаимодействием различных внутренних и внешних побудительных сил. Внутренними являются потребности и интересы, желания и стремления, ценности и ценностные ориентации, идеалы и мотивы. Все они представляют собой структурные элементы сложного социального процесса мотивации трудовой деятельности. Мотив (от франц. motif — побуждение) — побуждение к активности и деятельности личности, социальной группы, общности людей, связанное со стремлением удовлетворить определенные потребности. В свою очередь, мотивация — это вербальное поведение, направленное на выбор мотивов (суждений) для объяснения, обоснования реального трудового поведения [1,12].

Формирование этих внутренних побудительных сил трудового поведения — суть процесса мотивации трудовой деятельности. Мотиваторами можно назвать основания или предпосылки мотивации. Они определяют предметно-содержательную сторону мотивации, ее доминанты и приоритеты [2,36]. Мотиваторами выступают значимые факторы социального и предметного окружения (стимулы), либо устойчивые потребности и интересы.

Потребности есть забота индивида о необходимых средствах и условиях собственного существования и самосохранения, стремление к устойчивому сохранению равновесия со средой обитания (жизненной и социальной). Существует множество классификаций человеческих потребностей, основанием которых выступают: специфический объект человеческих потребностей, их функциональное назначение, вид реализуемой деятельности и т. д.

Существует множество социальных и моральных потребностей, которые изучаются и учитываются в социологии с разных точек зрения. Определенная их часть имеет непосредственное отношение к проблеме мотивации труда и обладает конкретными мотивационно-трудовыми значениями.

Потребности играют одну из важнейших ролей в общем процессе мотивации трудового поведения. Они стимулируют поведение, когда осознаются работниками. В этом случае они принимают конкретную, форму — форму интереса к тем или иным видам деятельности, объектам и предметам. Интерес (от лат. interest — имеет значение) — это конкретное выражение осознанных потребностей. В отличие от потребности интерес направлен на те социальные отношения, от которых зависит удовлетворение нужд работника. Если потребности показывают, что нужно человеку для его нормальной жизни, то интерес отвечает на вопрос, как действовать, чтобы удовлетворить данную потребность. Таким образом, специфической чертой интереса выступает деятельное отношение к использованию условий существования субъекта, в то время как потребность выражает состояние необходимости овладеть этими условиями. Содержанием интересов выступают предметы и объекты, овладение которыми позволит удовлетворить те или иные потребности субъектов.

Носителем потребностей и интересов выступают различные общности, общество в целом, классы, социальные группы, регионы, трудовые организации, а также отдельные работники. В число субъектов потребностей и интересов входят все субъекты хозяйствования, имеющие определенные функции и цели в системе общественного разделения труда. Каждому субъекту свойственна совокупность различных интересов.

Интересы бывают материальные (экономические) — интерес к денежным и материально-вещественным средствам удовлетворения потребностей. Отсюда интересы работников к соответствующему уровню оплаты труда, размерам премирования, льготам и компенсациям за неблагоприятные условия труда, к режиму труда и т. д. Кроме того, интересы могут быть и нематериальные: интерес к знаниям, науке, искусству, общению, культуре, общественно-политической деятельности и т. д. [4,18].

Любая из потребностей может породить многообразие различных интересов. Например, потребность в знаниях может сформировать у работников интерес к повышению своего профессионального мастерства; к поиску творческой, разнообразной и содержательной работы, требующей постоянного расширения своего профессионального багажа; интерес к чтению специальной литературы, обобщающей и освещающей передовой опыт и т. д. Таким образом, потребности и интересы характеризуют внутреннюю обусловленность трудового поведения. В различных условиях жизнедеятельности у разных социально-демографических, профессионально-квалификационных и других социальных групп работников разная структура и направленность потребностей и интересов. На основе потребностей формируются ценности и ценностные ориентации, которые играют существенную роль в мотивационном процессе.

Список использованных источников

1. Агапцов С. А, Мордвинцев А. И., Фомин П.А. Мотивация труда как фактор повышения эффективности производственно-хозяйственной деятельности предприятия.- М.: НИИ, 2007. - 385 с.

2. Антропов В.А. Современные проблемы управления персоналом предприятия / В.А.Антропов, А.В.Пиличев. – Екатеринбург: Институт экономики УрО РАН, 2008. – 447 с.

3. Алиев В.Г. Организационное поведение / В.Г.Алиев, С.В. Дохолян. – М.: Центр, 2007. – 412 с.

4. Белова И.Ф. Трудовая мотивация. – М.: Центр, 2007. – 376 с.

Filatov V.V.
British Post Doctoral standard (The National Recognition Information
Centre for the United Kingdom)
associate professor of chair "Management",
Moscow state university of technologies and management
of K.G.Razumovsky,
Moscow, Russia
filatov_vl@mail.ru
Kobiashvili N.A.
associate professor of chair "Management",
Moscow state university of technologies and management
of K.G.Razumovsky,
Moscow, Russia
NKobiashvili@eaoi.ru

ECONOMIC - MANAGEMENT IN AN EMERGING MARKET INNOVATIONS

With the growth of the level of economic development increases the importance of the use of innovations on a large scale. We can distinguish two main forms of entrepreneurship, creation and economic realization of innovations (innovative entrepreneurship) and purely market-based entrepreneurship. The essence of entrepreneurship is most fully realized in the innovations, where a new, previously unheard of combination of production factors (new production function). Unfortunately, the most important competitive advantage is the level of development of science and intellectual products (patents, know-how, information) are used in our practice extremely weak. Analysis of the competitiveness of the majority of Russian products on the world markets has shown that almost all the positions of the majority of civil products inferior to foreign analogues. This was especially clear in the context of widespread access to foreign markets. Opportunities to compete in the global and Russian market of goods were sharply limited as only disappeared advantage of low prices on resources and the factors of extensive growth[1, 236].

In the Russian economy has little economic entities involved in full the innovative business. The situation in this case is generated by the difficulty of perception and practical transition to the innovative economy after years of enforced distribution and concentration of resources. In addition, limited resources should encourage production to remove these restrictions through innovation. However, incentives can be almost overwhelmed, on the one hand, the economic crisis and the uncertainty of development, and on the other hand, the reduction of value for money. Therefore, the General state of economy, material production affects the development of innovative entrepreneurship.

Unlike the production process innovation process is characterized by the following[2,47]:
- multiplicity and the uncertainty of achieving the goal and high risk;
- the inability of the detailed planning and orientation forecast estimates;
- the need to overcome resistance in the current economic relations and interests of the participants of the innovation process.

These features in entrepreneurship accounted for little, that sharply reduces culture of innovation. The complexity of the problem is that a simple accumulation of the scientific results of any magnitude is not automatically merges into the innovation process. Knowledge transfer along the chain from one phase of the innovation process to another requires additional intermediary system. This system is essentially a market innovations, the incoming part in the commodity market. The market of innovations forms in the conditions of uncertainty that arise from the nature of innovation processes, and in the specific environment of mutual relations of participants of the market. The establishment of the market of innovations should be considered in connection with the development of entrepreneurship in the sphere of innovations. In the beginning of this journey had to give up direct control of production in favour of entrepreneurship, to adapt to the new market conditions. Finally, there was active independent market entities engaged in innovative behavior, the essence of which is in constant search of innovation and diversification of production, active involvement in this process of financial capital and intellectual potential. Thus, this paper examines the nature of the market of innovations, the specifics of the trade novelties and features of the relations between the seller and the buyer[3,267].

Market innovations can be defined as a system of economic forms and mechanisms associated with innovative entrepreneurship, conditions and place of realization of goods-innovations. The market mechanism, as it is known, includes prices, money, credit (interest) and other cost categories. Market innovations have relations supply and demand of innovation, the scale of prices, demand a combination of innovations and other Market mechanism maintains the circulation of goods-innovations and is a factor in its management. At the same time he used for the influence on the producers of innovations and entrepreneurs. Innovation is a product of intellectual activity with a certain term of life and moral ageing. Several interrelated innovations, forming a new customer value and reflect the specific trends of development of technics and technology Complex of interrelated innovations ensuring the needs in new products or new quality of economic growth. Complex of single items and basic innovations, until interchangeable, providing a new need[4,89].

Certain differences in the object structure of demand and supply can be caused by failure of entrepreneurs (buyers) from basic innovations with significant investments, dissatisfaction with the quality (technical level) number of innovations, the reluctance to change traditional technologies and raw materials suppliers, even to the detriment of its economy, etc. In many cases the demand for innovations can not be satisfied due to the lack of adequate supply. This situation is typical for high-tech branches of engineering and technology. The complexity of the problems of development identifies significant temporal gaps between the demand for innovation and its satisfaction. Emerging market innovations has a number of essential features. Market innovations may not function properly without recognition of rights to objects of intellectual property, which are now widely implemented in economic turnover. Innovations as objects of intellectual property are considered as goods of a special kind, which you can dispose of the commodity-monetary form. Participants of economic turnover, should be considered with the special qualities of intellectual property: the presence of exclusive rights to the products involved in the economic turnover, form of transfer, the objective existence of an intellectual product in the economy of the corresponding subject of the market. Coming into economic turnover of intellectual, first of all, industrial property and derivative rights, received under the contract shall be subject to the General rules of management: to establish a foothold for companies to be a part of intangible assets, transferring its the cost for the company's products in accordance with the norms of depreciation of intangible assets[5,158].

The market of innovations includes in addition to the products of industrial property rights to inventions, utility models, know-how, trademarks, and others) a lot of information products that are not patentable and are not protected by copyright. These results of intellectual activity may be closely connected with the objects of industrial property. Thus arise complexes of interrelated objects of intellectual property, representing the entrepreneur's more valuable than the sum of values, included in the complex. If we are talking about the commodity nature of innovation and its realization, then there are the specific features of trafficking. These features affect the ability and the need to ensure that trade relations between, for example, innovative organization - manufacturer of innovation and entrepreneur- consumer innovations delivered on the scheduled contractual basis, including essential conditions for realization of products, such as quantity, quality, price, delivery time, cost of treatment, etc. and also provisions concerning non-fulfilment of contractual obligations. It should be noted that when trading innovations largely eliminates one of the most characteristic signs of the turnover is unknown to the consumer and the associated incomplete clarity on the nature of demand for the goods. The function of free supply and demand as a form of regulation it is not excluded (for example, information), but more limited. Features trade innovations distinguish its independent field, in a relatively isolated market[6,29].

The most important feature of this market, price formation, namely: whether the innovation value and price, as well as whether it is a monetary expression of its value. In itself a novelty, except for the experimental production, has no direct use value. But used or adapted to the needs of production and embedded in it, it can lead to new use values. Therefore, its use value indirect and manifests advanced. Intellectual product may move from the sphere of science, where he appeared in a production sphere and to gain direct use value, playing the role of produced using a new product or a new technology, new means of labour or other forms. So regardless of how this transformation, it is possible to speak about the use value of innovation is one of the elements of merchantability. But this is not the case with the cost - the second attribute of the goods. Scientific work is of a special nature, it cannot be brought under the common heading of abstract labor, considered as expedient human activity, spend your energy. Not that characterizes scientific work, so he is not reduced to simple human labour and involves the intellect and the specifics of the creative movement. On the other hand, and the time of scientific work can not serve as its measure, and a measure of the result. Therefore, we cannot speak about the value of the scientific work, as embodied in his work, which means the absence of its value in the classical sense, and the need for recognition of its special value. Features cost stipulate a number of factors that her form. It is a specific manifestation of the effect that scientific work creates for the company. Value and price innovations have no direct connection with the labour invested in its production, as over time within which the work was spent. This value is determined solely by the effect that innovation creates in production and is capitalized effect. It is said about the value refers to the price of innovation. Its essence can be defined as expressed in money value of the effect is created with the use of innovations. Features cost innovations identified and the specific price and the method of its formation. Requirements prices can be formulated as follows[7,35]:

- the effect of use innovations leads to accumulation of additional revenue generated when used in production;
- lifetime use of innovations depends on the mass effect due to moral depreciation innovations;
- decrease over time effect on the use of innovations;
- the effect of innovations cannot be fully appropriated innovative organization (seller), as it makes no sense to the entrepreneur its purchase and use in production. The international practice provides different ratios in his division between the seller and the buyer innovations. The buyer is assigned from 0.2 to 0.6 of a part of profit (effect) from the use of scientific product. This ratio depends on the scientific level of the product and the nature of the involvement of the buyer in his creation (production);
- scientific product is not alienated from innovative organization (scientists), and when use is not destroyed, like all other commodities, and can be sold to various buyers, if it's not confined to the first purchaser. Re-selling, however, is related to evaluation of innovations. The more repeats the sale, the more the total economic result from the production and use of innovations.

The diversity of factors influencing on the price of innovations, complicates pricing. Stop attention on three mistakes committed by entrepreneurs when determining the price of innovation[8,401]:

- the direct use of estimated cost (cost) of the executed works when creating innovations. Price, built by cost accounting is not the cost of innovations and does not in principle different from the simple cost recovery in the current or any other form;

- departure from the cost basis in the formation of prices through the category of economic effect. Economic effect works as comparative analytical category in practical areas and may not be used in conditions of market innovations;

-the most common is an attempt to create the appearance of a more complete assessment of innovations by adding to the cost of creating additional profit acting measures of economic efficiency. This profit can't be a measure of the efficiency of scientific work (innovations), and its stimulating influence is practically due to the incomparability of the cost.

The nature of these errors is one and consists in the uncertainty of views:

- about the nature of scientific work the main feature of which is that he can create surplus product, many times exceeding the cost of its receipt;

- about the scientific work, which, as was shown above, only under certain conditions can be equated to a commodity output in the power of his direct use material production to meet specific public needs for a profit.

If the innovation is used directly in material production, the price for it must come from the expected economic results of this production (price of a factor of production). In all other cases in the market price is always conditional. Innovations in the first place meet directly with production requirements and are not directly connected with satisfaction of individual, social and creative needs. As shown by numerous studies, they may for a long time to grow old on the shelf, waiting for the demand and losing its consumer cost. Practice active promotion of innovations does not give decisive success, as their demand is not formed with the objective economic, technical, and organizational requirements. Hence the crucial importance for market innovation interaction innovative organization - seller innovations and the buyer. The peculiarity of this market is that it yields «subject» programming, precise addressing innovation and the application of marketing methods that control the creation and implementation of innovations. Describing the relations between sellers and buyers operating in the market of innovations, we can assume that they have full information about the technical and economic characteristics (indicators) innovations. In practice, however, the innovative organization - seller innovations knows more about it than entrepreneur, i.e. there problem of asymmetric market information. This problem is closely connected, on the one hand, the uncertainty in qualitative characteristics of innovations, and on the other hand, corporate nature of the relationship between the seller and the buyer. In market conditions the buyer innovations are not able to check it before he made the transaction. As a result, he will always have doubts quality innovations, to lower a price on it, insuring your own risk. Feature of the market of innovations is its informational asymmetry, which influence the behavior of market participants. Innovative organization, faced with a cautious behavior of the buyer, due to the asymmetry of market information about the quality of innovations can try to lower the threshold of distrust, instead of using radical innovations set (combination) of known technical solutions. Such renunciation of serious changes in technology reduces not so much the threshold of distrust, as the efficiency of innovation[9,193]..

The research of the level of technology available on the market innovations, show a significant dependence on new components and new materials. For example, potentially high potential of aircraft designers are directly dependent on the level of new composite materials created by chemists. Therefore refusal of radical innovations, small demand may arise due to the absence of appropriate quality level of technology in another business sector Let's dwell on the possibilities to reduce the asymmetric information about quality innovations[10,289]:

- by increasing the innovative reputation of the seller. Entrepreneurs are more likely to trust the characteristics of innovation in the case when the seller innovations known to them or has a good reputation in the industry and in the market of goods;

- by informing the prospective buyer (entrepreneur) in the process of creation of the innovation.

The maximum possible buyer confidence to information about the quality of innovations can occur after stage of construction of demonstration (pilot) power and checked technical solutions and specific economic indicators, which can be detected and extrapolate into the business. Largely succeed in eliminating the asymmetry of information, know-how, showing it in conditions of experimental production, which is particularly important information, obtained in the process of tests of experimental batches of new products. We can speak about the active or the passive attitude to market, information from both innovative organizations, and entrepreneur. Activity and addressability in this matter reduce the time period from the moment of occurrence of innovations to commercial implementation. The market is often seen as a techno-economic category, which function is simple promotion of the goods to the consumer. This passive role is not characteristic for the market of innovations, since it has significant regulatory functions:

- is the center of implementation of scientific-technical and policy;

- provides economic impact on producers of innovations (through prices, interest, benefits and other);

- tells entrepreneurs necessity of development of this or that manufacturer innovations and aspect ratio change in the scale of production innovations;

- forms requirements (indicators) for innovation business;
- expressly regulates the production of innovations through an active demand for investment goods for entrepreneurial projects.

In order to perform its functions, the market should have the opportunity cost to affect the dynamics and scale of innovation. Being the economic impact is that increases or decreases the interest of the participants of the innovation process to the production and sales and distribution. The impact of the market depends on the ability to change the value of the cost categories in accordance with the market conditions and thus increase or decrease the interest in innovations. However, prices, profit, percentage (etc.) perform the role of the tools by which the market has its effect, turning innovations into an important part of the market of production factors. Basic principles of the theory of production costs is built on the model of a competitive market, where the demand for a separate factor of production is sufficiently elastic, and the buyer factor assumes that the acquisition will not affect the price factor. For the market of production factors economic rent is the difference between the costs of the factors of production and a minimum fee for them. With regard to market innovations as part of the market of factors of production, this means that the cost and price of innovations on the market are formed under the influence of economic resulting interaction of specific factors of production, not only the values of aggregate demand and supply.

Creating and commercial realization of innovations depends on the efficiency of interaction of participants of innovation. The complexity of the problem is that a simple accumulation of intellectual products of any magnitude is not automatically results in innovations. Knowledge transfer along the chain from one phase of the innovation process to another requires additional intermediary system. Such a system is, in essence, is the market of innovations, which have their own peculiarities and mechanisms. The distinctive feature of this market is «the subject of programming», precise addressing innovations and application of marketing management. Innovations happen in the specific sphere of relations between participants of the market, where demand the recognition of rights to objects of intellectual property which are realized in economic turnover, and objects innovations become innovations. The demand and supply on the market of innovations is difficult to predict because of the complexity, dynamism and surprises of innovation processes. At the same time, In conditions of growing competition of producers on the market increases, the rate of change of generations of technics and technology, product updates. The rate of conversion of production and its adaptation to the changing conditions of consumption depends on business practice, the entrepreneurial perspective on the business.

Literature

1. Filatov V.V. // Management of innovative activity of economic entities of the Russian Federation, innovative infrastructure and economic development of regional systems. - Monograph Publisher: Moscow, Central Scientific and Technical Library of the food industry, 2008

2. Filatov V.V. // Venture capital management, innovative business and transfer of innovative technologies in regional economic systems of the Russian Federation. - Monograph Publisher: Moscow, Central Scientific and Technical Library of the food industry, 2009

3. Filatov V.V. // Regional aspects of innovation management of business entities in the CIS economic instability - Monograph Publisher: Moscow, Central Scientific and Technical Library of the food industry, 2010

4. Filatov V.V. // Management of the state innovation policy of the Russian Federation, taking into account the impact of globalization on structural Russian economy at the present stage, Monograph Publisher: Moscow, Central Scientific and Technical Library of the food industry, 2011

5. Filatov V.V., Kobiashvili N.A. and others // Innovation Management - Study Guide with test tasks, with the stamp of the EMA, Publisher: Moscow, Central scientific and Technical Library food industry 2011

6. Filatov V.V., Dorofeev A.Y. // Current trends and prospects of innovative development of the Russian economy in the context of a protracted crisis.// Collective research monograph "Problems of the innovation economy," Center for Development of scientific cooperation, Novosibirsk: Publishing NSTU, 2013

7. Filatov V.V. Conceptual Issues innovative activities in the Russian Federation, Monograph, Moscow: Publishing NIIEISS, 2013

8. Kobiashvili N.A., Filatov V.V. Management of social - communicative technologies in formation of the modern innovative society. // VII International scientific-practical conference «Innovative development of the modern economy: theory and practice» section: «Innovations in management marketing and communications):EDI, 2011 - p-401

9. Kobiashvili N.A., Filatov V.V. and others // Management. Training manual with the tests, with the stamp of UMO. Publishing house: Moscow, Jurisprudence, 2008.

10. Kobiashvili N.A., Palastina I.P., Polozhentsev V.I. Management of innovative strategy of a holistic educational process in higher professional education.// International scientific-practical conference «Innovation policy of the managing subject: purposes, problems, ways of improving»., section: «Conceptual features of modern management», M:IEC «Crocus - Expo», PFUR, 2011, p. 287-299

Соколова Я.В.
Научно-образовательный центр инновационного развития
пассажирских железнодорожных перевозок ПГУПС

ЭЛЕМЕНТЫ ЭФФЕКТИВНОГО УПРАВЛЕНИЯ ИННОВАЦИОННЫМ РАЗВИТИЕМ ТРАНСПОРТНОЙ КОМПАНИИ

Стратегия инновационного развития Российской Федерации на период до 2020 года закрепила в качестве приоритетных задачи повышения конкурентоспособности национальной экономики, развития кадрового потенциала, повышения инновационной активности бизнеса, внедрения в деятельность органов государственного управления современных инновационных технологий, формирования сбалансированного сектора исследований и разработок, обеспечения открытости национальной инновационной системы и экономики [1].

Инновации, инновационное развитие, инновационные процессы становятся основой для экономического развития и роста национальных экономик, отраслей, отдельных предприятий и организаций.

Система управления инновационными процессами – это комплекс взаимосвязанных компонентов, находящихся в определенной упорядоченности, сочетающих локальные цели для достижения главной цели системы – инновационного развития компании.

Система состоит из двух укрупненных составляющих: внешнее окружение, объединяющее вход, выход системы и ее связь с внешней средой; внутренняя структура, обеспечивающая процесс воздействия субъекта управления на объект для достижения целей системы посредством преобразования входа в выход.

При разработке системы управления инновационным развитием компании необходимо учитывать основные свойства целеполагания системы: целенаправленность системы, наследственность системы, приоритет качества, надежность и оптимальность системы, неопределенность информационного обеспечения, эмерджентность и мультипликативность системы.

Управление инновационными процессами транспортной компании предполагает формирование управленческого цикла, адаптированного под специфику деятельности компании (рис. 1).

На всех этапах управленческого цикла необходимо осуществлять мониторинг научно-технического развития отрасли, проводить непрерывный бенчмаркинг по наиболее развитым компаниям, постоянный отбор и применение новых практик инновационного развития, оценку параметров среды, в наибольшей степени влияющих на возможность и необходимость осуществления инновационных проектов.

1. **Планирование**: выбор релевантных инновационных стратегий, формирование портфеля проектов инновационного

2. **Организация**: реализация проектов инновационного развития, ресурсное обеспечение

3. **Мотивация**: поощрение и обеспечение доступа к средствам осуществления инновационной деятельности

4. **Контроль**: оценка эффективности проектов, расчет KPI, оценка вклада проектов в достижение стратегических целей, выработка мери по ликвидации отклонений

Рис. 1. Цикл управления инновационными процессами компании

Важнейшей задачей при формировании политики повышения конкурентоспособности компании является разработка и оценка вариантов инновационного развития, поскольку в условиях современной экономики инновативность является ключевым фактором повышения эффективности функционирования хозяйствующих субъектов.

Автором выделены следующие классификационные признаки вариантов инновационного развития:

1. Степень «агрессивности» («наступательности») инновационного развития, указывающая на то, является ли компания «пионером» («первопроходцем») в применении того или иного нововведения или же предпочитает отслеживать нововведения, создаваемые конкурентами, образцовыми компаниями отрасли, выбирать из них наиболее успешные, копировать и внедрять в свою деятельность. В первом случае инновационное развитие может быть охарактеризовано, как «наступательное», во втором – «оборонительное».

2. Степень новизны внедряемой инновации. При наиболее высокой новизне внедряемого нововведения инновационное развитие может быть названо «радикальным», в случае относительно низкой новизны нововведения – «инкрементальным».

3. Предмет обновления. В соответствии с базовой классификацией инноваций, выделяют продуктовые, процессные, организационные и маркетинговые инновации [2].

Основными критериями для формирования портфеля вариантов инновационного развития компании являются их соответствие показателям базового (эволюционного) сценария развития и экономическая эффективность. Планируемая экономическая эффективность рассматриваемых вариантов может быть оценена при разработке бизнес-планов инновационных проектов.

Процесс разработки и реализации вариантов инновационного развития транспортной компании в наиболее общем виде сводится к следующему алгоритму, отображенному на рис. 2.

Рис. 2. Алгоритм процесса разработки и реализации вариантов инновационного развития транспортной компании

В общем виде инновационный процесс состоит в получении и коммерциализации изобретения, технологии, продукта или услуги, управленческих решений производственного, финансового, административного, организационного характера и других результатов интеллектуальной деятельности [3].

Эффективная система управления инновационным развитием транспортной компании с учетом международного опыта позволяет решать проблемы технологического отставания и ставить задачи опережающего развития техники и технологий, а также сферы услуг.

Литература:

1. Распоряжение Правительства РФ от 8 декабря 2011 г. № 2227-р О Стратегии инновационного развития РФ на период до 2020 г.
2. Руководство Осло. Рекомендации по сбору и анализу данных по инновациям: 3-е изд., пер. на русс. яз. – М.: Государственное учреждение «Центр исследований статистики и науки (ЦИСН)», 2010г.
3. Сураева, М.О. Методология инновационного развития железнодорожного транспорта России: монография / М.О. Сураева. – М.: Изд-во Моск. фин.-юрид. Акад., 2011. – 200 с.

Оплеснина Е.Е.
старший преподаватель кафедры «Организация производства и маркетинг» Донского государственного технического университета

ФАКТОРЫ, ОКАЗЫВАЮЩИЕ ВЛИЯНИЕ НА ФУНКЦИОНИРОВАНИЕ МОДЕЛИ ТОРГОВО-ТЕХНОЛОГИЧЕСКОЙ СИСТЕМЫ РОЗНИЧНОЙ ТОРГОВЛИ

Сегодня, на рынке розничной торговли наблюдается дальнейший рост стационарных форм торговли – торговые сети разного формата, касающийся продовольственного и непродовольственного сектора. Этому способствуют увеличение доходов населения, усиление активности банков в сфере потребительского кредитования, что в совокупности иллюстрируют высокие темпы роста потребительского спроса.

Маркетинг, как неотъемлемая категория рынка, в обобщенном виде конкретизирует реальную деятельность фирмы по управлению спросом на результаты своей деятельности, что выражается в управлении выпускаемой и реализуемой продукции, основанной на результатах анализа маркетинговых исследований. Исследования, проводимые маркетологами, включают в себя изучение потребности различных категорий потребителей в производимой продукции, приспособление под существующий спрос и/или манипулирование спросом и поведением потенциальных клиентов.

Г. Фоксол отмечает, что с усилением маркетингового управления на предприятиях в различных сферах экономики, обязывает фирмы, желающие достигнуть конкурентного преимущества, принять во внимание психологию потребителя, а в частности понимать причины принятия решения о покупке того или иного товара.

Сегодня под успешным маркетинговым управлением понимается грамотно сформированный комплекс маркетинга, удовлетворяющий потребности покупателя. В этом проявляется ориентация производителя на запросы потребителя, что и определяет общий подход к управлению бизнесом.

Ориентация на потребителя является следствием принятия фирмой концепции маркетинга, являющейся философией бизнеса компании, при которой менеджеры высшего звена претворяют в жизнь маркетинговую концепцию, основанную на комплексе маркетинга, который в свою очередь основан на понимании поведения потребителя.

П. Друкер отмечает о важности создания системы маркетингового мониторинга в бизнесе, претендующем на эффективное управление. Важно понимать, что потребитель покупает конкретный товар и/или услугу, но не за средство их получения. За лидирующее положение на рынке необходимо уделить внимание поиску новых способов удовлетворения потребностей потенциальных и постоянных покупателей. Реальное знание потребительских предпочтений становится одной из основных задач маркетинга нашего времени.

Основой для маркетинговых исследований потребительских предпочтений стала простая модель, представленная на рис.1.

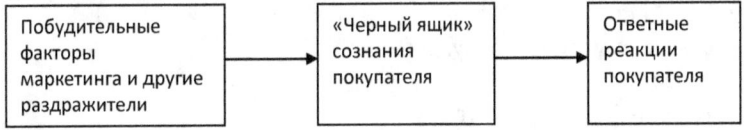

Рис.1. Простая модель покупательского поведения

Данная модель иллюстрирует о наличии побудительных факторов и других раздражителях, формирующихся под воздействием маркетинга, и воздействии их на сознание человека («черный ящик»), что вызывает как положительные, так и негативные ответные реакции покупателя. Фирма должна разобраться в реакции потребителя на коммуникативную политику, цену, характеристику и модификацию товара, чтобы иметь преимущество перед конкурентами.

К побудительным факторам относят комплекс маркетинга: товар, цена, методы распространения и стимулирование сбыта. В прочие раздражители входят элементы маркетинговой среды: экономические, политические, культурные, социально-демографические, научно-технические и географические. Пройдя через сознание покупателя, эти факторы вызывают покупательскую реакцию: выбор места покупки, выбор времени, выбор объема, выбор марки, выбор самого товара. Важное значение принимает данная модель в ходе положительной ответной реакции покупателя на заданные побудительные факторы и другие раздражители — возможность повторной покупки и привлечение потенциальных покупателей и как следствие, хороших отзывов о данном товаре, месте его приобретения и обслуживании.

Умение грамотно сформировать розничное предложение, которое создаст максимально возможный уровень удовлетворенности потребителя, во многом зависит от эффективного планирования маркетингового микса. В розничной торговле под элементом маркетингового микса — продукт понимается торговый ассортимент, персонал и сам магазин. Для эффективной маркетинговой деятельности розничного предприятия определяющую роль в конкурентной борьбе играет расположение торговой точки, ценовая политика, товарный ассортимент, внутренняя планировка магазина, брэнд и предлагаемое обслуживание. Концепция магазина предполагает набор таких элементов как внутреннее оформление и дизайн торговой точки, а также удобство и система получения информации потребителем о брэнде и товаре. Все это в совокупности должно создать благоприятный фон, несущий информацию о дополнительной ценности приобретаемого товара, который в свою очередь становится средством достижения конкурентного преимущества и прибыли.

О. В. Брижашева выделяет следующие элементы успешной розничной операции:

— формы и методы обслуживание;

— качество;

— товарный ассортимент;

— брэнд;

— характеристики и выгоды;

— атмосфера.

Совокупность вышеназванных элементов розничной операции, а также размер торговой площади определяют формат магазина. Для каждого формата магазина соответствует определенный набор критериев:

– форма собственности (частные, государственные, совместные);

– тип расположения (в деловом центре, в торговом комплексе, отдельно стоящие);

– формат торговли (комбинация часов работы, месторасположения, ассортимента, обслуживания, масштаба деятельности, уровня цен и т.д.)[1].

Именно выбор определенной бизнес-стратегии будет определять определенный формат оказания розничных торговых услуг.

По данным агентства «INFOLine» 2013 год показал значительное увеличение доли формата гипермаркета в розничной торговле. Как признают участники отрасли, для открытия крупных торговых объектов в городах-миллиониках уже практически не осталось «беспроигрышных» локаций.

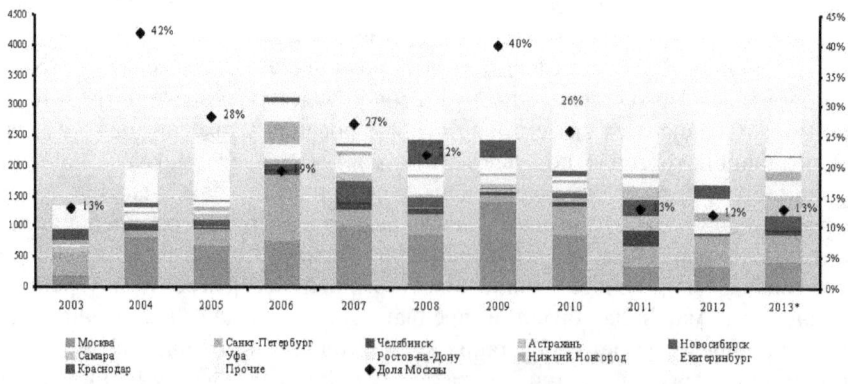

Рис.2. Динамика ввода общей площади в торговых центрах по 32 городам и регионам России в 2003-2013 гг., тыс.кв.м [2, 115]

По оценкам аналитиков «INFOLine»для большинства крупных городов России первичное насыщение рынка торговыми комплексами соответствует 500кв.м. на 1000 жителей [3, 116]. Также аналитиками отмечаются принятые меры по редевелопменту и реновации торговых объектов в связи с нецелесообразностью сохранения торговой функции проектов. Дальнейшее сокращение уровня вакантных площадей оказывает влияние на рост арендных ставок, что заставляет девелоперов и торговых операторов переключаться на территории, расположенные вблизи городов-миллионников.

При такой расстановке сил в розничной торговле FMGG на примере лидера сетевой торговли компании «Магнит» можно увидеть его ответный ход на сложившуюся ситуацию. Компания переводит часть своих магазинов и открывает новые точки продаж из уже привычного формата дискаунтер – в формат гипермаркет. Так, по итогам 2012 года безусловным лидером в формате гипермаркет стала компания «Магнит» (53 торговые точки).

Рис.3. Динамика количества гипермаркетов в России в 2005-2012 гг. и прогноз на 2013-2015гг. на конец периода [4, 129]

Активное развитие формата гипермаркет продолжится и в 2014-2015гг. так, «Магнит» планирует к 2017г. довести количество гипермаркетов до 650. Инвестиционной программой в сегменте гипермаркетов запланировано около 15-20 объектов сетями «Лента» и «О'КЕЙ», «АШАН». Такая тенденция основывается на интенсивном методе освоения торгового пространства в сфере розничной торговли. В связи с тем, что стратегия развития розничной сети «Магнит» проводилась изначально по регионам и областям экстенсивным путем развития.

Для достижения успеха компанией и руководителю необходимо сформулировать цели маркетинговой стратегии, которые основываются на совокупности факторов, оказывающих влияние на функционирование торгово-технологических систем розничной торговли:

- потенциальные возможности и ресурсы, которые могут быть использованы предприятием;
- материальные и нематериальные активы ресурсы компании;
- профессиональный уровень персонала;
- формирование стратегии и маркетинговое руководство системой;
- уровень использования маркетингового комплекса в торгово-технологической системе;
- производство продукции собственной торговой марки;
- экономическая ситуация в отрасли;
- социально-демографические условия в стране;
- политические факторы;
- конкуренция в отрасли.

Литература:

1. Маркетинг торговли : учебное пособие / О. В. Брижашева. – Ульяновск : УлГТУ, 2007. – 170 с.

3. Белькевич Л.Ю. Состояние рынка торговых комплексов. Маркетинг в России и за рубежом. № 5, 2013

4. Бурмистров М.Б. В 2013г. Рынок гипермаркетов ожидает прирост на 140 объектов. Маркетинг в России и за рубежом, №4, 2013

5. Друкер П. Эффективное управление. Экономические задачи и оптимальные решения / Пер. с англ. – М.: Фаир-Пресс, 1998.- 232с.

6. Федько Н.Г., Федько В.П. Поведение потребителей: Учебное пособие. Серия «Учебники и учебные пособия». Ростов н/Д: Феникс, 2001. – 352с.

Дубская Е.С.
преподаватель экономического факультета
ФГАОУ ВПО «Южный федеральный университет»
elena.dubskaya@inbox.ru
Дубская О.С.
доцент, к.э.н. экономического факультета
ФГАОУ ВПО «Южный федеральный университет»
odubskaya@sfedu.ru

СТАНОВЛЕНИЕ КРЕАТИВНОЙ ЭКОНОМИКИ: БАРЬЕРЫ, ВЫЗОВЫ И ПЕРСПЕКТИВЫ

Современные экономика и общество в развитых странах все в большей степени становятся креативными (творческими), главными продуктами которых являются новые идеи и инновации в различных областях человеческой деятельности. В развитых странах креативность становится и основным источником экономической ценности.

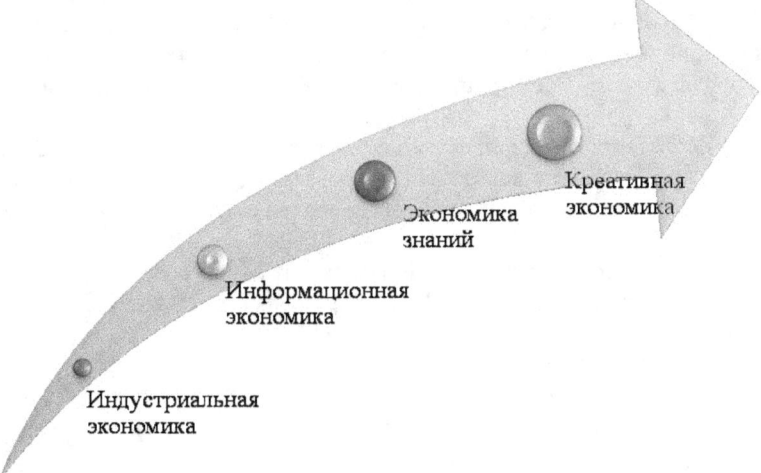

Рисунок 1 – Экономическая эволюция глобальной экономики

На рисунке 1 показана модель эволюции глобальной экономики. Промышленное производство было движущей силой на протяжении большей части 20-го века, а информационная экономика, которая за этим последовала, была позже преобразована в «экономику знаний». Первенство в настоящее время переходит к креативной экономике. И как в индустриальную эпоху были творческие индустрии, так и в эпоху креативной экономики будет промышленное производство, но важность этих двух секторов перевернута.

Креативная экономика определяется как сумма видов экономической деятельности, вытекающая из весьма образованного сегмент рабочей силы и охватывающая широкий спектр творческих личностей - таких как художники, архитекторы, программисты, университетские профессора и писатели широкого диапазона отраслей промышленности, таких как технологии, развлечения, журналистика, финансы, высокотехнологичное производство и искусство.

Как показывает опыт ведущих стран мира, таких как Япония, США, Великобритания, Германия и Швеция, основными характеристиками креативной экономики являются [1]:

• высокая роль новых технологий и открытий в разных областях деятельности человека.

• высокая степень неопределённости;

• экономика креативного общества является социально-ориентированной, рыночной и инновационной;

• большой объем уже существующих знаний и острая необходимость генерации новых знаний;

• наличие креативного класса, т.е. людей занимающихся инновационными разработками в различных областях (ученые, инженеры, преподаватели ВУЗов, архитекторы, дизайнеры, писатели, журналисты и др.).

Характеристиками креативного общества являются также [2, 12]:

1. Систематическое инвестирование в инновации в различных сферах (экономика, наука, техника, социальная сфера, политика, культура и др.);

2. Рост практической отдачи от затрат на инновации;

3. Рост количества профессионалов, занятых креативной работой в различных областях;

4. Развитие венчурного капитала;

5. Развитие инновационных инфраструктур (технопарки, инновационно-технологические центры и комплексы, инновационные венчурные фирмы, бизнес-инкубаторы).

Проводя анализ креативной экономики, необходимо отметить

- факторы, способствующие ее росту: развитие инновационной и инвестиционной составляющих, человеческого потенциала, внутреннего спрос,

- обеспечивающие факторы: инвестиционный, инновационный, социальный, производственный и креативный эффективный менеджмент

- внешний спрос, выступающий дополнительным фактором

Признаками креативной экономики являются непрерывное инновационное развитие, большая роль человеческого капитала в инновационном развитии страны; инвестиции в новые товары, услуги, технологии, в развитие человеческого капитала; большая доля наукоемкой продукции в ВВП; конкуренция на основе инноваций; специализация и кооперация в области инновационной деятельности хозяйствующих субъектов; создание комплексов производств имеющих межотраслевой и глобальный характер; высокая наукоемкость производства и высокий уровень профессиональной подготовки работников, защита объектов интеллектуальной собственности [2, 13].

Кроме того, креативная экономика характеризуется с точки зрения креативного подхода, в основе которого лежат проектное мышление, креативное воображение, практическая направленность.

Главная же ценность и особенность становления креативной экономики заключается в том, что творческое мышление применительно к экономике позволяет по-новому взглянуть на концепции, вещи и пространства, чтобы развивать их в современном мире.

Креативная экономика является не только одним из наиболее быстро растущих секторов мировой экономики, но также обладает весьма высоким преобразующим потенциалом с точки зрения создания источников дохода, рабочих мест и экспортных поступлений. Однако ее возможности гораздо шире. Наряду со своими экономическими выгодами креативная экономика также создает ценности, которые не поддаются денежной оценке и которые вносят существенный вклад в обеспечение инклюзивного и устойчивого развития, ориентированного на человека.

К сожалению, кажется, что рост креативной экономики приводит к усилению неравенства и социальной изоляции. Креативная экономика способствует одновременно и возобновленному процветанию городов, и несправедливому социальному и географическому распределению преимуществ (выгод).

Итак, что же случилось? Государственная политика стимулирования творческой экономики имеет два серьезных недостатка: во-первых, неправильное восприятие культуры и творчества как продукта индивидуального гения, а не коллективной деятельности; и, во-вторых, готовность терпеть социальные беспорядки в обмен на городскую жизнеспособность или конкурентное преимущество.

Можно дать следующие рекомендации относительно развития креативной экономики и творческого предпринимательства:

1. Идентифицируйте и сохраните культурные традиции посредством народного и традиционного искусства полевых исследований.

2. Вовлеките художников в планирование.

4. Создайте коалиции.

5. Запланируйте соответствующий сельским образам жизни масштаб.

6. Обеспечьте техническую помощь.

7. Создайте эффективный рынок для креативных товаров и услуг.

8. Обеспечьте местное лидерство и потенциал сообщества.

9. Интегрируйте искусство в стратегию развития экономического сообщества.

10. Обеспечьте финансирование.

11. Создайте основанные на искусствах деловые инкубаторы.

12. Стимулируйте туризм культурного наследия.

На наш взгляд, ключевой ресурс, который имеет Россия – это люди, технологии и возможность открытого инновационного развития. Объединение усилий в области развития инновационного бизнеса может дать мощный толчок развитию креативной индустрии, а привлечение международного опыта даст возможность формировать свою собственную «повестку дня» на мировом рынке.

Для осуществления коммерциализации креативной экономики требуется заинтересованность не только правительства, но и частного сектора, которому в свою очередь надо предоставить разного рода льготы и облегченные условия для создания бизнеса.

Основной проблемой в развитии творческой экономики в типичных индустриальных городах является невысокая, слабо развитая потребность в результатах творческого труда данных сфер, и соответственно, небольшой уровень спроса. Если учитывать, что в настоящее время самым распространенным способом выражения индивидуальности является процесс потребления стандартизированного массового продукта, то не стоит ожидать качественных изменений по отношению к этим секторам. Пока предметы искусства, дизайнерская одежда и качественная литература остаются принадлежностью немногочисленных «элитарных» групп, они не могут стать популярными в массовом использовании.

Сегодня существует достаточно серьезная проблема, связанная с дефицитом насыщенности потребительских рынков в России в целом, а в регионах в особенности. Это обусловлено с одной стороны, историко-культурным типом развития регионов и их удаленностью от центров развитых стран, из которых по принципу волны при открытии границ в переходный для России этап времени стали распространяться новые стили и образы жизни. И с другой стороны, индустриально-аграрным типом развития, не предполагающим внедрение во все сферы общественного развития регионов России креативных технологий. В том числе и формирование гармоничной городской среды не стало приоритетом ведущих традиционный уклад жизни территорий, что повлекло за собой формирование в обществе только базовых потребностей. Кроме этого, повсеместное использование не наукоемких и высокотехнологичных технологий на территории Сибири привело к ситуации формирования низких доходов среди населения, что в свою очередь не позволило начать формирование современного арт-рынка. В связи с этим продукция, где основную часть добавленной стоимости формирует творческая составляющая, создается в настоящее время в крупных городахмегаполисах и в других немногочисленных территориях, интенсивно развивающихся по постиндустриальному вектору.

Данные процессы сформировали особенности государственной политики, характеризующейся отсутствием внимания к нуждам и потребностям креативных индустрий и творческих бизнесов в регионах. В настоящее время уместно говорить лишь о формальной поддержке некоторых процессов, происходящих в этих сферах. Высокий ресурсный потенциал секторов креативных индустрий доказан мировым опытом, однако на российских территориях, удаленных от ее центрально-европейской части, практические инструменты по внедрению этого опыта в настоящее время практически отсутствуют.

Еще одной, не менее важной проблемой исследуемых творческих секторов является кадровое обеспечение, напрямую связанное с неразвитостью рынка творческих индустрий. Отсутствие в городе грамотных профессионалов, арт-менеджеров, продюсеров, кураторов творческих проектов с одной стороны, и отсутствие посредников между творцом и потребителем - коллекционеров, критиков, ценителей искусства, моды и т.д., с другой стороны, сдерживает развитие креативных индустрий и творческий обмен между творцами и потребителями.

Кроме перечисленных выше проблем, одним из самых актуальных для всех секторов творческой экономики является вопрос защиты авторских прав.

Правильно построенная инвестиционная политика могла бы дать дополнительные стимулы для малых и средних инновационных и креативных предприятий. Для достижения поставленной цели необходимо решение следующих основных задач:

– выявление системных проблем и разработка приоритетных направлений креативного развития экономики Ростовской области;

– обеспечение институциональной поддержки региональных инвестиционно-инновационных процессов;

– создание системных условий развития регионального рынка инновационной и креативной продукции (услуг);

– совершенствование механизмов государственной поддержки кеативной деятельности.

Перспективным в Российской Федерации является создание условий для развития и реализации творческого потенциала населения, и, прежде всего, креативной молодежи; создание особой образовательной среды, в которой акценты будут поставлены на личностный рост, раскрытие внутреннего потенциала личности, развитие предпринимательства и креативности во всех областях деятельности. Главным в данном направлении может стать создание государственной системы поддержки разрабатываемым в крае инновационным проектам и технологиям не только в науке, но и в сфере культуры и креативных индустрий.

Во-вторых, важно использование уникальных пространств как в городской, так и в природной (ландшафтной) среде. Основная задача - поиск новых форм включения этих пространств в формировании привлекательности городской среды и культурной идентичности.

Проблемным же остается поиск механизмов реализации концепции развития креативных индустрий в современных социально-экономических условиях развития. На данном этапе основным катализатором «креативных» процессов должно стать их включение в стратегии и программы городского и регионального развития.

Можно выделить следующие приоритетные направления по решению задач развития креативной деятельности в Ростовской области:

– развитие кадрового потенциала и формирование креативного мышления, а также формирование новой креативной культуры в обществе и повышение статуса креаторов;

– поддержка субъектов малого и среднего идея-центрического предпринимательства, осуществляющих разработку, внедрение и реализацию инновационной и креативной продукции;

– развитие инновационной инфраструктуры Ростовской области;

– формирование сети городов-предпринимателей (креаполисов, «чартерных городов») - центров концентрации креативного класса;

– создание креативной инфраструктуры области: центров современного искусства, арт-кластеров, медиа-центров, новых музеев и т.д.;

– стимулирование развития рынка инновационной и креативной продукции;

– совершенствование областного законодательства, регулирующего инновационную деятельность;

– создание областного законодательства, регулирующего креативную деятельность и ее инвестирование;

– стимулирование модернизации и развития инновационного креативного комплекса;

– информационное обеспечение деятельности МиСБ СКИ.

Среди точечных направлений можно выделить:

1. Повышение способности города генерировать новые идеи. Инструменты: публичные дискуссии, лекции, тренинги и т.д. - «Творческий форум».

2. Поддержка творческой и проектной активности: бизнес-инкубаторы, «бизнес-ангелы», предпринимательская программа для школ и т.д.

3. Создание сетей, открытого банка инновационных идей и их распространение (создание творческого сообщества). Инструменты:

ежегодный аудит «креативного сектора», сетевые события, специализированный журнал.

4. Создание коучинг-центров по венчурному предпринимательству.

5. Обеспечение «платформ потребления» - физической и виртуальной инфраструктуры, включающей бизнес-центры, производственные мощности, студии, галереи или веб-сайты, с соответствующими техническими условиями и по сходной цене.

6. Создание аудиторий и рынков - тренинги по маркетингу и навыкам продаж, посещение торговых ярмарок и экспортных представительств. Создание Агентства по Развитию Творческих Индустрий.

7. Создание Ростовского центра поддержки креативных индустрий и Кредитного фонда развития.

8. Формирование творческих пулов малого бизнеса. Выделение и поддержка в поле малого бизнеса именно креативных производящих проектов, в том числе в области дизайна, производства сувениров, товаров народного потребления, культурных услуг (инкубаторы и посевное финансирование).

9. Формирование зон привлекательности, мест притяжения для проектно ориентированных людей в городской среде. Индустриальные центры также должны развивать креативную городскую среду как ключевое условие продуктивного взаимодействия креативных, в том числе инженерных кадров.

10. Перспектива промышленной политики. Здесь запрос на проектность/креативность возникает из: а) логики промышленного кластера, б) необходимости компенсировать разрушение советской системы лифтов продвижения проектных предложений, в) требования сопровождения развития кластеров социальными и гуманитарными проектами.

Для развития креативных индустрий важно понимание на всех уровнях власти новой роли человека не как пассивного потребителя готового продукта – досуговых и развлекательных сервисов, но как полноценного участника творческого, культурного процесса. Для этого креативные индустрии и программа по их развитию должны быть внесены в Стратегию социально-экономического развития Ростовской области. Среди мер, имеющих межведомственный характер и не касающихся только отрасли культуры, можно выделить:

– Изменение вектора культурной политики, расширение полномочий и зоны ответственности Министерства культуры – от работы с учреждениями Министерство должно перейти к работе с гражданами, по инициированию междисциплинарных, межведомственных проектов, имеющих практический эффект для развития экономики и формирования нового класса творческих граждан на территории Ростовской области. В числе таких проектов может быть программа развития дизайна, в том числе компьютерного (с учетом интенсивного развития сектора IT), событийного (в особенности события в области современной культуры), а также конкретные меры по модернизации сети действующих институций (от изменения часов работы до создания новых программ).

11. Формирование комплекса мер со стороны Министерств и ведомств Ростова-на-Дону и Ростовской области для включения этой повестки в их деятельность (создание творческих бизнес-инкубаторов, предоставление льготной аренды и недвижимости, рассмотрение вопроса о льготном налогообложении, расширении программ и создание специальных программ по поддержке малого бизнеса в сфере креативных индустрий). Акцент на том, каким образом реальный креативный капитал города может быть использован для решения его приоритетных экономических и социальных задач.

Исходя из анализа мирового опыта, можно с уверенностью утверждать, что ядром, отправной точкой становления креативной экономики является креативный класс, который создает новые технологии, инновации, являющиеся генераторами экономического роста. Но талантливые люди могут выбирать, где им работать, поэтому им важна городская и культурная среда, инфраструктура, государственная политика, для чего нужны определенные инвестиции. И уже каждому отдельному городу предстоит выбирать: растить ему таланты или же привлекать из других регионов.

Хотелось бы завершить статью цитатой председателя Creative England Джона Ньюбайджин: «Что такое талант? Талант это неисчерпаемый глобальный ресурс, который мы должны научиться использовать для роста и развития»

Литература

1. Креативная экономика: развитие в Британии и России // http://www.design-management.ru/articles/articles/?id=191
2. Проблемы развития инновационно-креативной экономики / Сборник докладов по итогам международной научно-практической конференции, Москва, 29 марта-09 апреля 2010 г. / Под общей редакцией проф. Мельникова О.Н. – М.: Креативная экономика, 2010

Ильченко К.М.
аспирант Северо-Кавказского гуманитарно-технического института

О НЕОБХОДИМОСТИ ФОРМИРОВАНИЯ ОБЩЕБАНКОВСКОЙ СИСТЕМЫ РИСК-МЕНЕДЖМЕНТА

Современные тенденции развития банковской системы в России подтверждают, что большинство российских банков перешли из состояния, когда им приходилось решать вопросы исключительно связанные с проблемами выживания, к вопросам развития бизнеса, необходимости капитализации, расширения инфраструктуры, сохранности своих активов, создания новых нетрадиционных для российского финансового рынка банковских продуктов, наконец, построения системы корпоративного управления, отвечающей реалиям сегодняшнего дня.

В этой связи, безусловно, встают вопросы по изменению механизмов принятия решений. Эти механизмы должны позволять оценить, какие риски и в каком объеме может принять на себя кредитная организация, определить, оправдывает ли ожидаемая доходность соответствующий риск. На основе этого должны быть разработаны и претворены в жизнь мероприятия, которые позволяют снизить влияние фактора риска. Методом реализации данной задачи является разработка систем управления рисками, которые должны позволять руководству банка выявить, локализовать, измерить и проконтролировать тот или иной вид риска и тем самым минимизировать его влияние. Сегодня для банков, которые реально хотят оставаться конкурентоспособными все в более ожесточающейся среде их функционирования, невозможно ограничивать риск-менеджмент вопросами по выполнению требований ЦБ РФ по контролю за рисками, вопросами, которые обычно решают так называемые комитеты по управления активами и пассивами и/или кредитные комитеты. Все большее понимание в банковской среде находят вопросы, связанные с рисками репутации, рисками конкуренции, рисками потери персонала, то есть теми рисками, которые напрямую не связаны с операциями в той или иной форме, отражаемыми на балансовых или забалансовых счетах, но при этом с точки зрения будущего развития банка не менее важными и актуальными.

На наш взгляд, общебанковская система риск-менеджмента (ОСРМ) является наиболее эффективным решением данной проблемы. Данный подход ни в коем случае не связан с упрощенным пониманием того, что возможно в одном документе (в одной даже очень хорошо продуманной стратегии) выработать рецепты на все случаи жизни, приемлемые для всех российских банков. Эта задача изначально нереальна. Речь идет как раз об обратном, а именно о том, что основной акцент в сфере регулирования рисков должен приходиться на саму кредитную организацию, на систему ее корпоративного управления, включая внутренний контроль. При этом еще раз хочется особо подчеркнуть, что речь идет не о системе, приемлемой для всех банков. Речь идет о системе, разработанной для конкретного банка, однако, с учетом всего спектра рисков, присущих деятельности данного банка.

Для эффективного функционирования такая система должна обеспечить решение следующих основных задач:

- оптимизировать соотношение потенциальных возможностей, рисков, размера капитала и темпов роста банка;

- реализовывать системный подход к оценке и управлению рисками;

- соотносить риски и потенциальные возможности для достижения наилучших результатов;

- составлять важнейшую часть процесса принятия управленческих решений;

- улучшать управляемость банка с помощью создания адекватной структуры контроля.

Таким образом, ОСРМ представляет собой четкий структурированный подход, объединяющий стратегию, процессы, персонал, технологии, опыт и знания, который направлен на оценку и управление неопределенностями, возникающими в процессе работы каждого конкретного банка.

ОСРМ является основой системы корпоративного управления, требующей длительного переходного периода, а также существенного роста профессионального уровня банковского персонала. Такая система является новым подходом в области управления рисками и, соответственно, для ее внедрения необходимо провести процесс преобразований.

Очевидно, что конечной целью любого нововведения в банке, тем более требующего значительных инвестиций, является увеличение стоимости банка («added value»). Однако необходимо четко представлять себе каким образом (через достижение каких "промежуточных" целей), можно за достаточно короткий период времени функционирования ОСРМ в банке достичь реального увеличения стоимости банка. Данная цель достигается путем решения следующих промежуточных задач:

Для наиболее эффективного функционирования ОСРМ внедрение данной системы целесообразно проводить поэтапно:

1) Создание процесса управления бизнес рисками, и их оценка

На данном этапе обеспечивается выполнение следующих задач:

- введение общих терминов риск менеджмента - письменное определение всех видов рисков, которые могут влиять на банк;

- согласование такого списка со всеми банковскими подразделениями;

- установление средств общения между подразделениями;

- определение отношения банка к риску;

- оценка корпоративной культуры и готовности к переменам;

- определение идеологии управления и контроля за рисками в банке;
- определение общих целей и задач риск менеджмента, а также стратегий для их достижения;
- создание формализованной политики по управлению рисками;
- реализация функций риск менеджмента в банке;
- наделение органов управления полномочиями по контролю и управлению рисками;
- проведение трансформации организационной структуры в случае необходимости;
- создание комитета по риск менеджменту;
- назначение на должность руководителя службы риск менеджмента.

На этапе оценки бизнес-рисков необходимо, в частности, применение единого процесса определения и приоритизации бизнес-рисков и построение карты рисков. При этом, в качестве источников неопределенностей предлагается разделять риски внешней среды, риски, связанные с бизнес-процессами, а также риски, связанные с информацией, используемой при принятии управленческих решений.

2) Разработка стратегий риск менеджмента

На данном этапе представляется возможным:

- внедрение таких стратегий для отдельных рисков на основе анализа намерений банка в отношении данного риска и анализа всех возможных стратегий;
- установление лимитов рисков в соответствии с принятым отношением банка к риску;
- интеграция риск менеджмента в процесс планирования.

3) Разработка и внедрение средств управления рисками

Под разработкой и внедрением средств риск менеджмента понимается:

- анализ существующих средств управления рисками в ключевых областях деятельности банка – кредитный департамент, казначейство, служба внутреннего контроля;
- определение требуемых средств риск менеджмента в этих областях на основе принятых стратегий управления индивидуальными рисками и в рамках принятого внутреннего регламента по риск менеджменту;
- составление и реализация планов по приведению существующих средств к требуемым, путем поэтапного усовершенствования.

4) Контроль за эффективностью риск-менеджмента

- контроль за существующими рисками в соответствии с их значимостью для банка,
- контроль за вновь возникающими рисками;
- оптимизацию процессов контроля (организационной структуры и мониторинга);
- внедрение процедуры аудита бизнес-процессов.

Успешное функционирование ОСРМ предполагает постоянное совершенствование процессов риск менеджмента, а именно:

- накопление и обмен знаниями в сфере управления рисками;
- интеграцию риск менеджмента в процесс постоянного совершенствования деятельности банка, а также в показатели оценки эффективности деятельности банка;
- формулирование общебанковской стратегии риск менеджмента.

Планирование, проектирование и внедрение таких систем является очень сложной и тонкой задачей. Внедрение такой системы предполагает вовлечение в этот процесс практически все направления и подразделения банка. Выбор технологии управления рисками является очень важным и сложным этапом в процессе постановки риск менеджмента в банке. Системы управления рисками на уровне всего финансового учреждения стали неотъемлемой компонентой современного бизнеса: они позволяют функции управления рисками развиться от простого контроля отдельных позиций до фундаментального фактора повышения стоимости финансового учреждения.

Зенченко С.В.
д-р экон. наук, профессор Северо-Кавказского федерального
университета
Егоркин Е.А.
аспирант Северо-Кавказского гуманитарно-технического института

ПРОБЛЕМЫ ПОСТРОЕНИЯ СИСТЕМЫ АНАЛИТИЧЕСКИХ ПОКАЗАТЕЛЕЙ ФИНАНСОВОЙ УСТОЙЧИВОСТИ КОММЕРЧЕСКОГО БАНКА

Многие авторы при исследовании финансовой устойчивости банков предлагают модели комплексной оценки, характеризующие кредитную организацию с разных позиций. Система возможных оценок устойчивости банков включает следующие варианты [7]:

- применяемые в банковском надзоре, а также внутрибанковские и авторские методики исследователей-аналитиков;

- основанные на анализе показателей отдельного банка или групповой оценке;

- с выведением комплексного индикатора на основе анализа группы показателей;

- оценки устойчивости банка в целом или ее составляющих (видов устойчивости).

Формирование интегральных оценок зависит от позиции оценщика при определении дифференцированных состояний на основе собственной шкалы оценки. По одному из мнений, варианты оценки соответствующего состояния могут быть следующими: при выделении трех категорий — высокий, средний, низкий уровень; при пяти позициях — сильный, удовлетворительный, посредственный, критический и неудовлетворительный уровень [14]. Официальная методика Банка России по оценке финансовой устойчивости банка предполагает только две результирующих оценки — удовлетворительную и неудовлетворительную (достаточную и недостаточную) [9], при оценке экономического состояния банка его отдельные компоненты получают одну из четырех итоговых оценок состояния (хорошее, удовлетворительное, сомнительное, неудовлетворительное), сводная оценка представлена как классификация банков от первой до пятой группы.

Официальные методики состоят в соотнесении объекта оценки с принятым критерием, нормой, эталонным значением локального показателя.

Среди неофициальных отечественных методик наиболее популярна методика В.С. Кромонова [6], которая основана на оценке структуры баланса конкретного банка относительно гипотетического эталона. Аналогичный подход у А.Ю. Бец и О.П. Овчинниковой, которые на основе экспертной оценки сравнивают параметры конкретного банка с идеально устойчивым, параметры которого заданы в виде содержательных описаний и некоторых количественных признаков. Но в отличие от предыдущего подхода в методике также проводится оценка достаточности капитала и сбалансированности активов, уровень менеджмента, клиентура, прозрачности отчетности и некоторые другие [10].

Ю.М. Кошелюк предлагает дистанционно ранжировать банки по уровню финансовой надежности, пересматривая параметры моделей в зависимости от изменения важности показателей [5], для ранжирования банков в целях оценки их текущей и долгосрочной надежности адаптированы А.В. Буздалиным математические модели [1]. Эконометрические модели вероятности дефолта предложены А.А. Пересецким и ориентированы на построение лучших моделей банков в отдельных группах-кластерах и экспертном выборе пороговых параметров [12]. Предлагаемые модели реализуются в основном на небольшом перечне показателей, подобные методы оценки могут заинтересовать пользователей публикуемой отчетности.

Предложения Т.В. Никитиной по оценке банковских рисков интегрируют зарубежные методики оценки риска, доходности и капитала; ориентируют надзор на оценку качества внутренних систем управления рисками и применение такого аналитического инструмента как стресс-тестирование [8].

Интерес представляют работы, развивающие идею сбалансированной системы показателей, предложенной Р. Капланом и Д. Нортоном [4], применительно к кредитным организациям данный подход нашел отражение в исследованиях В.В. Ермолова [3]. Прикладным аспектом такой системы является формализация стратегических целей банка в показатели оперативного управления.

Конкретные показатели оценки устойчивости зависят от предмета оценки. В сфере операционной устойчивости это могут быть показатели устоявшегося перечня услуг и операций, конкурентоспособности; в сфере кадровой устойчивости — текучесть кадров, их квалификация [14]. Наиболее разработанным и интенсивным по исследованиям является перечень показателей важнейшей для банка финансовой устойчивости.

Проведенное исследование подтвердило, что единого методологического подхода к оценке финансовой устойчивости не выработано. В составе показателей финансовой устойчивости, как правило, присутствуют группы показателей оценки капитала, ликвидности, доходности, показатели качества активов и пассивов; а также частым элементом оценки финансовой устойчивости является анализ качества управления банком [11].Часто перечень показателей ориентируется на комплексный финансовый анализ. Так, Е.Б. Герасимова полагает, что финансовая устойчивость как комплексная характеристика качества деятельности банка может быть идентифицирована через систему показателей по восьми направлениям, включающих кроме представленных аспектов анализ качества банковских услуг [2].

А.Ю. Петров считает, что финансовая устойчивость характеризуется прежде всего показателями капитала, при этом ее подтверждением является платежеспособность и положительное значение системы показателей, в числе которых рентабельность, ликвидность, качество активов и пассивов [13].

Согласно позиции Л.Т. Гиляровской, С.Н. Паневина основными признаками потери банком устойчивости являются: отсутствие возможностей наращивать объемы операций в виду недостаточности собственного капитала, наличие картотеки непроведенных платежей клиентов из-за отсутствия средств на корреспондентском счете, сокращение собственного капитала до нулевого или отрицательного уровня. Поэтому для оценки финансовой устойчивости банка ими предложен ряд показателей, включающий расчет коэффициентов использования мощности, использования срочных депозитов, лиентской базы, избытка (дефицита) ликвидности, локального покрытия, независимости, несбалансированной устойчивости, покрытия работающих активо и др. Однако в качестве главного недостатка данного подхода можно отметить его ориентированность в большей мере на оценку позиций банка относительного его платежеспособности.

Представленные авторские подходы нашли отражение в официальной методике Банка России, которая также эволюционирует и изменяется. В Федеральных законах от 02.12.1990 № 395-1 «О банках и банковской деятельности», от 10.07.2002 № 86-ФЗ «О Центральном банке Российской Федерации (Банке России)» заложены основные показатели и критерии оценки деятельности банков. Первый состав показателей, оценивающих устойчивость банковской деятельности, представлен в Указании Банка России от 31.03.2000 № 766-У «О критериях определения финансового состояния кредитных организаций» и представлял собой свод отдельных показателей и фактов нарушений, на основании которых делался общий вывод. С позиций построения системы показателей значительные нововведения были проведены в 2004 году с принятием Указания Банка России от 16.01.2004 № 1379-У «Об оценке финансовой устойчивости банка в целях признания ее достаточной для участия в системе страхования вкладов». Данная методика представляет собой рейтинговую (балльную) оценку на основе групп сводных показателей, анализирующих риск, реальную стоимость активов, систему внутреннего контроля, прозрачность структуры собственности. Период одновременного действия Указания № 766-У и Указания № 1379-У привел к тому, что для оценки банков в разных целях параллельно использовалось несколько комплексов показателей с разными критериями, для банков это означало необходимость соответствовать одновременно всем применяемым системам оценок. Различие методик приводит к возможности одновременного существования удовлетворительной финансовой устойчивости банка и сомнительной или неудовлетворительной оценки его экономического положения.

Для анализа финансовой устойчивости кредитной организации в соответствии с Указанием №1379-У используется балльная методика, на основе 5 групп показателей: оценки капитала; активов; доходности; ликвидности; качества управления банком, его операции и рисками. Финансовая устойчивость банка по всем перечисленным группам оценочных показателей признается удовлетворительной в случае, если значение интегрального показателя по каждой из групп меньше либо равно 2,3 балла. В целом финансовая устойчивость банка считается достаточной для признания банка при наличии результата «удовлетворительно» по всем группам показателей. Такая оценка производится на основе расчета обобщающего показателя, который представляет собой степень надежности банка. Достоинства данной методики оценки являются:

1) определение обобщающего показателя финансовой устойчивости банка, характеризующего степень его надежности, а не только выявление выполнения/невыполнения определенных показателей;

2) более детальная оценка устойчивости на основе добавления новых оценочных критериев, таких как показатели прозрачности структуры собственности, организации системы управления рисками, эффективности службы внутреннего контроля.

Наряду с достоинствами представленной методики можно выделить и ее недостатки:

- оценка не предусматривает учета динамики показателей и расчета их прогнозных значений;

- определяет возникновение финансовых проблем по факту и не прогнозирует их возможность (эффект опоздания);

- не исключен субъективный подход к оценке кредитных организаций со стороны Банка России.

В 2011 года принято Письмо Банка России от 29.06.2011 № 96-Т «О методических рекомендациях по организации кредитными организациями внутренних процедур оценки достаточности капитала», которое адаптирует часть требований Базеля II в рамках процедур внутреннего контроля и рекомендует расчет всех существенных для банка рисков; «риск-аппетита» (предельный размер рисков), соотнося его с возможностью достижения заданных им целей, вводить многоуровневую систему лимитов с определением «тревожных уровней» и других индикаторов риска.

Результаты проведенного исследования показали, что эволюцию системы показателей оценки устойчивости деятельности банка, в том числе его устойчивости, можно охарактеризовать следующим: расширение перечня оценочных показателей; усиление стандартизации критериев и методик оценок; сближение применяемых систем оценок с международными; усиление роли прогнозных оценок и оценки качества систем управления и внутреннего контроля банка; усиление роли внутрибанковских процедур оценки как инструмента управления рисками.

При всей важности созданных методических подходов к оценки устойчивости деятельности банка следует отметить, что заранее заданный стандартный набор показателей, позволяет оценивать деятельность банка, но с позиций обеспечения устойчивости его недостаточно. Деятельность банков протекает в условиях нестабильности и частичной неопределенности, реакция на изменяющиеся обстоятельства также должна быть динамичной, что большинство авторских методических подходов, а также официальная методика Банка России не учитывает. Применительно к отдельным банкам постоянно происходит корректировка приоритетности отдельных показателей и операций. Потребности внутрибанковского менеджмента требуют постоянного контроля соответствий банка параметрам оперативных и стратегических задач, внешним и внутренним критериям устойчивости. Исходя из этого, полагаем, что перечень показателей, находящихся в сфере оценки и контроля, должен давать информацию для управления устойчивостью, быть ориентирован на процесс принятия решений по динамично развивающимся целям и обстоятельствам их достижения.

Литература

1. Буздалин А.В. Надежность банка: от формализации к оценке. М. : Либроком, 2012. 190 с
2. Герасимова Е.Б. Турбо-анализ банка. М. : Форум, 2010. 384 с.
3. Ермолов В.В. Повышение экономической эффективности деятельности коммерческого банка за счет инноваций в управленческом учете // Управленческий учет. 2007. № 6. С. 3—11.
4. Каплан Р.С., Нортон Д.П. Сбалансированная система показателей. От стратегии к действию : пер. с англ. М. : ЗАО «Олимп-Бизнес», 2003. 304 с.
5. Кошелюк Ю.М. Применение рейтингов в банковском риск-менеджменте // Банковское дело. 2007. № 12. С. 79—83.
6. Методика Кромонова [Электронный ресурс] / РосБизнесКонсалтинг. Рейтинги : [сайт]. URL : http://www.rbc.ru/kromonov.shtml

7. Мурати А.И. Оценка н обеспечение устойчивости банков на основе контрольных параметров их деятельности: дисс. на соискание ученой степени канд. экон. наув. – СПб, 2012

8. Никитина Т.В. Влияние финансовой глобализации на развитие банковского дела и банковского надзора. СПб. : СПбГУЭФ, 2007. 202 с.

9. Об оценке финансовой устойчивости банка в целях признания ее достаточной для участия в системе страхования вкладов : указание Банка России от 16.01.2004 № 1379-У // Вестник Банка России. 2004. № 5.

10. Овчинникова О.П., Бец А.Ю. Основные направления обеспечения динамичной устойчивости банковской системы // Финансы и кредит. 2006. №22. С. 2—11.

11. Оценка финансовой устойчивости кредитной организации / коллектив авторов ; под ред. О.И. Лаврушина, И.Д. Мамоновой. М. : КНОРУС, 2011.304 с.

12. Пересецкий А.А. Эконометрические методы в дистанционном анализе деятельности российских банков. М. : Высшая школа экономики, 2012. 235 с.

13. Петров А.Ю., Петрова В.И. Комплексный анализ финансовой деятельности банка / А.Ю. Петров, В.И. Петрова. М. : Финансы и статистика, 2007. 560 с.

14. Фетисов Г.Г. Устойчивость банковской системы и методология ее оценки. М. : Экономика, 2003. 394 с.

Пожилова И.В.
Волгоградский государственный университет, институт управления и
региональной экономики

СОВРЕМЕННЫЕ ПОДХОДЫ К ИССЛЕДОВАНИЮ ВОПРОСОВ РОССИЙСКОЙ ЖИЛИЩНОЙ ПОЛИТИКИ

В настоящее время вопросы жилищной политики приобретают особенную актуальность не только для России, но и для многих европейских стран. Поиск современных и наиболее эффективных подходов, принципов и методов исследования и управления государственной жилищной политикой происходит во многих европейских «государствах благосостояния» (Германия, Великобритания, Нидерланды, Франция, Бельгия). Решения актуальных социальных, экономических, политических, инновационных и культурных задач во многом связаны с исследованием и обсуждением совершенствования неэффективно функционирующих жилищных систем и моделей.

Необходимость трансформации жилищных систем и жилищной политики обусловлена глобальными вызовами и изменениями. Следует отметить, что по степени остроты социально-экономических проблем в жилищной сфере Россия существенно отличается от других стран. Так, в настоящее время в России наблюдаются очень низкие показатели обеспеченности комфортным жильем: на душу населения в России приходится 15 кв.м. общей площади жилья, а во Франции, Англии и Германии – 40-45 кв.м. Почти половина жилья в России нуждается в капитальном ремонте, при этом большая часть жилья не удовлетворяет современным требованиям. Ежегодно Россия вводит только 0,4 кв.м. жилья на душу населения, по сравнению с 0,7-1 кв.м. нового жилья во Франции или в США [1].

Действительно, основные социально-экономические проблемы отражены в долгосрочной стратегии социально-экономического развития России. В части жилищной политики к основным приоритетам и задачам относятся: увеличение объемов жилищного строительства, модернизация и улучшение качества жилищного фонда, эффективное развитие рынков жилья. Поэтому на современном этапе развития российской социальной политики особенную актуальность приобретают теоретические и методологические подходы к пониманию и исследованию жилищной политики, рынка жилья, жилищной системы, жилищной экономики.

В качестве наиболее важных задач исследования можно выделить уточнение и анализ стратегических ориентиров социальной политики, поиск наиболее эффективных подходов и методов исследования. Система концепций современной жилищной политики обусловливает сложность и многоаспектность исследований данной сферы. Экономические, социальные и политические аспекты современной жилищной политики усложняются новыми вызовами, но также и новыми возможностями, как с позиций фундаментальных и прикладных исследований, так и с позиций методов и возможностей реализации жилищной политики на национальном и региональном уровнях. Однако несмотря на то, что содержание социальной жилищной политики определено социально-экономическими проблемами и приоритетными целями стратегического развития России, её реализация недостаточно эффективна в современных условиях. Следовательно, трансформация концепций и подходов к разработке эффективной жилищной политики очевидна и вызвана факторами объективного характера.

В большинстве исследований жилищная политика определяется как часть социальной политики государства, которая выполняет основные государственные функции по обеспечению жильем и решению проблем в жилищной сфере. Жилищная политика понимается как многоаспектная система мер, мероприятий и отношений. Для исследования и теоретико-методологического анализа представляется целесообразным уточнение основных понятий и категорий, таких как жилищная система, жилищная модель, жилищная сфера, жилищная экономика. Жилищная система определяется как общественная подсистема обеспечения населения жильем. Жилищная модель, обеспечивающая устойчивое развитие экономики – это многосекторная модель, которая включает в себя как рыночный, так и государственный сектор и использует государственные и рыночные методы регулирования [3]. Кроме того, эффективная жилищная политика требует решения большого числа взаимосвязанных социально-экономических проблем, но наиболее актуальными (как было указано выше) являются проблемы доступности и обеспеченности жильём.

Очевидно, что исследование этих вопросов связано также со многими аспектами жилищной экономики: с уровнем развития жилищного строительства, особенностями развития рынка жилья и аренды жилья, методами и механизмами жилищного финансирования. В результате анализа состояния и тенденций развития современной жилищной политики России выявляются системные противоречия, которые во многом обусловливают недостаточную эффективность разработки и реализации жилищной политики.

Безусловно, содержание вопросов социальной политики и, в частности, жилищной политики определено стратегическими целями и приоритетами развития российской экономики в долгосрочной перспективе. Следует отметить, что эффективность государственного управления в реализации и развитии жилищной политики имеет первостепенное и принципиальное значение. Однако, теоретико-методологические исследования эффективности стиля современного государственного управления, а также степени его «стратегичности» позволяют сделать следующие выводы. Так, по мнению Клейнера Г.Б., страна находится на переходном этапе с точки зрения определенных подходов к стилям и методам государственного управления. Переходный этап характеризуется ситуацией, когда период ручного, реактивного управления заканчивается, а взаимосвязанные идеология и методология стратегического управления еще не созданы [4]. Это и обусловливает «нестратегичность» социально-экономического мышления и невнимание к фундаментальным основам стратегического планирования и стратегического управления в части социально-экономических решений.

Таким образом, представленные аспекты анализа современной российской жилищной политики определяют необходимость дальнейшего уточнения и развития теоретико-методологических подходов к исследованию вопросов социальной политики и, в частности, жилищной политики.

Список литературы:

1. Аганбегян, А.Г. О применении научных методов при подготовке решений социально-экономических проблем / А.Г. Аганбегян // Вопросы экономики. – 2013. - № 7. – С. 124-137.
2. Асаул, А.Н. Экономика недвижимости / А.Н. Асаул. – СПб.: Питер, 2007. – 624 с.
3. Бессонова, О.Э. Новая жилищная модель как антикризисная мера / О.Э.Бессонова // Регион: экономика и социология. – 2010. - №2. – С.203-222.
4. Клейнер, Г.Б. Какая экономика нужна России и для чего? (опыт системного исследования) / Г.Б. Клейнер // Вопросы экономики. – 2013. - № 10. – С. 4-27.
5. Крыгина, А.М. Перспективы развития региональной социальной политики / А.М. Крыгина //Фундаментальные исследования. – 2013. - №4. – С. 812-817.

Живицкая Е.Н.
кандидат технических наук, доцент, БГУИР (Минск)
Черненко И. Д.
магистр, аспирант, БГУИР (Минск)

ИНСТРУМЕНТАРИЙ УПРАВЛЕНИЯ СЕЗОННОЙ ЛОГИСТИКОЙ

Введение

Внешние и внутренние логистические процессы предприятий охватывают движение материальных потоков и сопровождаются постоянным созданием запасов. Причина создания запасов заключается в необходимости сгладить различную интенсивность потоков, находящихся во взаимодействии. Фактор случайности оказывает влияние на логистические процессы и является причиной формирования запасов, он делает невозможным точное прогнозирование, и поэтому логистические решения принимаются в условиях неопределенности.

Теоретический анализ

Инструментальные методы логистики позволяют значительно снизить запасы продукции в снабжении, производстве и сбыте, и тем самым сократить издержки на хранение, снизить себестоимость производства, ускорить оборачиваемость оборотного капитала, снизить расходы на доставку конечной продукции потребителю, сократить время движения продукции от источника сырья до потребителя и обеспечить наиболее полное удовлетворение потребителя в качестве товара и сопутствующих услуг[1].

Роль запасов в экономике заключается в том, что они обеспечивают устойчивую работу торговых систем. Однако такой способ обеспечения устойчивости обходится недешево. Годовые затраты на содержание запасов могут составлять до 30% от их закупочной стоимости. Несмотря на то, что содержание запасов сопряжено с определенными затратами, предприниматели вынуждены их создавать, так как отсутствие запасов может привести к еще большей потере прибыли.

Одним из главных условий обеспечения качественной работы производства является разработка эффективных механизмов адаптации к колебаниям спроса на рынке. В каждом бизнесе существуют месяцы, когда значительно увеличивается объём реализации продукции, и это влечет за собой увеличение производства. Если компания окажется не готовой к всплеску, то это скажется пагубно на её судьбе с точки зрения маркетинга. Клиент, получивший отказ в оперативной отгрузке товара в острый для него период, обратится к конкурентам и в дальнейшем продолжит работать уже с ними.

В целом логистическая оптимизация материального потока – это комплекс математических задач, в результате решения которых может быть создана интегрированная система, обеспечивающая наличие нужного изделия в нужном количестве в нужное время в нужном месте с минимальными затратами.

Управление запасами в логистике – оптимизация операций, непосредственно связанных с переработкой и оформлением грузов и координацией со службами закупок и продаж, расчет оптимального количества складов и места их расположения. Затраты, связанные с созданием и содержанием запасов, разобьем на группы:
* отвлечение части финансовых средств на поддержание запасов;
* расходы на содержание складов;
* оплата труда специального персонала;
* дополнительные налоги;
* постоянный риск порчи, не реализации просроченного товара.

В свою очередь отсутствие необходимого объема запасов приводит также к расходам, которые можно определить в следующей форме потерь:
* от простоя производства;
* упущенной прибыли из-за отсутствия товара на складе в момент возникновения повышенного спроса;
* закупки мелких партий товаров по более высоким ценам;
* потенциальных покупателей и др.

По перечисленным причинам, как в торговле, так и в промышленности, отдают предпочтение созданию запасов, так как в противном случае увеличиваются издержки обращения, т.е. уменьшается прибыль.

Традиционно логистическая система управления запасами проектируется с целью непрерывного обеспечения потребителя каким-либо видом материального ресурса.

В настоящее время используются несколько известных и универсальных методов, возможных для адаптации к ситуации в конкретной компании: ABC анализ; XYZ-анализ; совмещенный ABC-XYZ-анализ; анализ по адаптированной матрице BCG; анализ показателей дохода с метра квадратного, коэффициентов по обороту и доходу[2]. Наиболее используемые из них ABC и XYZ анализ.

Предлагаемые и рассмотренные методы не учитывают сезонную составляющую в системе управления запасами.

В качестве примера можно рассмотреть производство и реализацию продукцию производственного предприятия. На нижеследующем графике видно, как сильно отличается недельные объемы реализации продукции в течение всего года. Отчетливо видно, что с 1 по 10 неделю отгрузок практически не происходило, в тоже время на 22 неделе произошел пик продаж товаров предприятия, и было продано более 16% от годового объема.

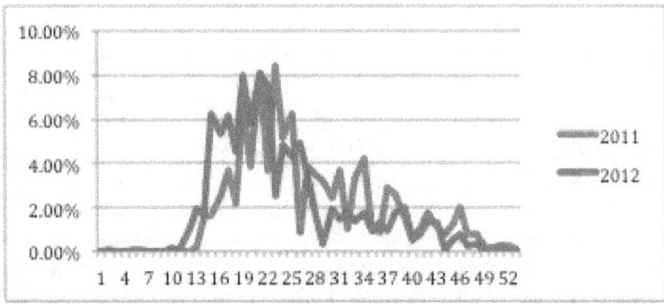

График 1. – Статистика реализации продукции (недельный процент от итогового производства)

Как видно из графика 1, деятельность данной компании носит ярко выраженный сезонный характер: четко различимы пик продаж, который приходится на 16-25 недели, и резкое падение практически до нуля (27-29 недели). Подобные колебания повторяются на протяжении двух лет примерно в одни и те же месяцы, что объясняется сезонностью бизнеса. В таком виде распределения отгрузок предприятию не имеет практического смысла рассчитывать свои производственные возможности исходя из пиковой нагрузки. В противном случае производственное оборудование будет иметь слишком большие простои в течение всего последующего периода. В таких случаях предприятию приходиться идти на дополнительные риски и предугадывать потенциальный спрос на товар следующего периода. При этом основным показателем и ориентиром для принятия такого рода решений могут служить лишь отчеты предыдущих периодов и заложенный процент роста на следующий период. В реалиях современного мира дирекция компании принимает решение не только о плановом производстве товара и складских запасах, но и также потенциальных отгрузках клиентам.

Следовательно, необходима разработка инструментария по управлению запасами с учетом сезонной составляющей.

Описание метода

На основе анализа существующих аналогов в качестве оптимизационного фактора выбран объем запаса продукции к началу пиковых продаж. С целью определения уровня оптимального запаса выбран метод выбранных точек. Он состоит в следующем. По заданным экспериментальным значениям на координатной плоскости OXY наносится система точек. Затем проводится простейшая плавная линия, которая наиболее близко примыкает к данным точкам. На этой линии определяются точки, которые не принадлежат исходной системе точек. Число выбранных точек должно быть равным количеству искомых параметров эмпирической зависимости. Координаты этих точек тщательно измеряются и используются для записи условия прохождения графика эмпирической функции через выбранные точки.

Применительно к исследуемому предприятию метод выбранных точек используется согласно алгоритму, описанному ниже.

Первый этап – описание зависимости. Очень часто некоторое явление (в данном случае – объем запасов) характеризуется двумя варьируемыми величинами x и y, из которых x (объем продаж) выбирается как независимая, а y (объем производства) – как зависимая переменная величина. Обычно предполагают, что между переменными x и y существует однозначное соответствие, т.е. каждому значению независимой величины x соответствует с заданной степенью точности одно значение зависимой переменной y .Такая зависимость может быть изображена в виде функции $y = f(x)$, причем аналитическое выражение этой функции пока не известно.

Второй этап – формулировка поставленной задачи. В общем виде задачу можно сформулировать следующим образом: пусть в результате исследования некоторой величины x значениям $x_1, x_2, \ldots , x_n$ поставлены в соответствие значения $y_1, y_2, \ldots , y_n$ некоторой величины y. Требуется подобрать вид аналитической зависимости $y=f(x)$, связывающие переменные x и y.

Третий этап – уточнение коэффициентов выбранной формулы. По результатам исследования имеются экспериментальные данные, описывающие объем выпускаемой продукции (y) в зависимости от объемов продаж (x). Требуется выявить вид эмпирической зависимости и вычислить ее параметры. Для этого при помощи метода выбранных точек выбирают произвольную точку $M(x^*,y^*)$, координаты которой определяют из графика. Для данного предприятия необходимо выбрать несколько точек, так как существуют несколько пиков продаж. В результате уравнение прямой примет вид $y=bx$.

Описание инструментария

На основе предлагаемого метода выбранных точек разработана автоматизированная система управления запасами предприятия.

Для создания удобного и понятного пользователю интерфейса системы было принято решение по созданию системы в виде GUI-приложения. Такая реализация значительно упрощает работу пользователя с системой, так как интерфейс построен по правилам разработки приложений для Windows , что способствует быстрой адаптации пользователя, когда-либо работающего с операционным системами Microsoft, к внешнему виду приложения.

Для возможности регистрации пользователя, сохранения первоначальной информации и результатов расчетов организована работа базы данных, созданной при помощи СУБД MySql Community Server 5.1.

Для работы с базой на стороне app-сервера используются стандартные SQL-запросы к базе. Доступ к данным в СУБД осуществляется при помощи драйвера mysql-connector-java-3.0.16-ga-bin.jar.

Для достижения быстрой работы программы на клиентской машине вся бизнес-логика системы реализована на стороне сервера, т.е. со стороны пользователя получаются лишь исходные данные и возвращаются результаты по их обработке. Связь между клиентом и сервером осуществлена с помощью EJB, что позволяет работать с системой, находясь на больших расстояниях[1].

Все результаты пользователи получают в виде таблиц. Пользователями системы выступают администратор и сотрудники.

Таким образом, предлагаемый инструментарий позволит не только определить уровень запаса на складе, но и предложить оптимальный план производства, что позволит создать необходимое количество запасов для удовлетворения потребностей клиентов в течение всего года.

Обсуждение результатов

На основе статистических данных реально действующего предприятия, производящего краски дорожной разметки, получен следующий график производства.

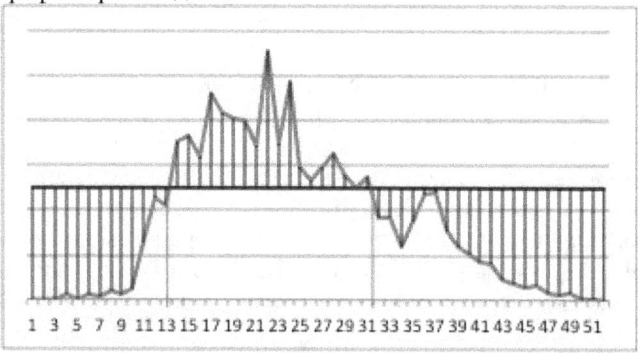

График 2. – График производства

На данном графике выбранными точками являются первый и последний пики продаж (12 и 37 недели соответственно). Следственно, к началу первого пика на складе уже должна находиться продукция, планируемая к реализации до 31 недели. На основе предложенного метода разработан следующий уровень складских запасов предприятия.

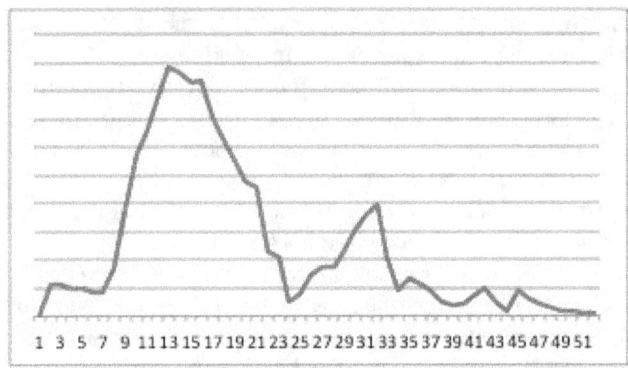

1 3 5 7 9 11 13 15 17 19 21 23 25 27 29 31 33 35 37 39 41 43 45 47 49 51

График 3. – Скорректированный график складских запасов.

Как можно видеть, при изначально завышенных складских запасах компании удастся справиться с пиком сезонной нагрузки. В данном конкретном случае они должны достигать почти 40% годового объема продаж компании. Таким образом, используя полученную функцию, можно определить необходимый объем складских запасов на будущий период с учетом заложенного процента увеличения продаж, а соответственно и объема производства.

Основной риск в сезонных колебаний отгрузок заложен в определении планового объема продаж будущего периода. Любые нестыковки приведут либо к повышенным складским запасам, и как следствию, замораживанию части активов компании в непроданном товаре, либо к нехватке товара, что приведет к срыву сроков поставок клиенту, либо к полному отказу продажи клиенту.

Следовательно, планирование продаж на следующий отчетный период это основная проблема, с которой приходится сталкиваться компании с сезонным видом спроса. Основываясь на статистических данных предыдущих периодов, а также запланированном проценте роста можно предугадать спрос на товар в следующем периоде.

Запланировав и предугадав спрос на товар возможно составление производственного плана предприятия. Для того чтобы была возможность отгрузить клиенту товар на пике спроса необходимо уже иметь произведенный товар на складах и отгружать его по факту со склада, т.к. в противном случае производственные мощности предприятия не дадут возможности произвести отгрузки необходимого объема всем клиентам.

Также немаловажным вопросом остается оплата счетов от поставщиков компонентов товара. В связи с повышенными складскими запасами материалов на 10-20 неделе предприятия, компания вынуждена оплачивать последующие закупки материалов для производства. Но в связи с небольшим спросом на этот момент компания не получает платежей от клиентов. Это является также повышенным риском замораживания денежных потоков в продукции.

Для рассматриваемой компании было принято решение не предпринимать действий для корректировки спроса на продукцию. Проанализировав данные реализации за прошлые периоды можно сделать вывод о целесообразности загрузки производственных мощностей таким образом, чтобы к первому пику продаж на складе находилось почти 40% готовой продукции от общего годового плана реализации.

Разработка автоматизированной системы по управлению складскими запасами с учетом сезонной составляющей позволяет оптимизировать уровень использования трудовых ресурсов и временные затраты для получения оптимальных логистических результатов.

Заключение

Использование предлагаемого инструментального метода позволяет не только обеспечить поддержание оптимального уровня складских запасов при минимизации затрат на их содержание, а также поддержать максимально качественный уровень обеспечения потребностей клиентов компании.

Литература:

1. Логистические информационные системы / Е. Н. Живицкая. – Минск: БГУИР, 2013 г. – 323 с.
2. Синтез моделей распределительной логистики на базе системного анализа / Е. Н. Живицкая, О. В. Гуринович, О. И. Швед. – Минск : БГУИР, 2008. – 183 с. : ил.

Хлебопашева О.Н.

РАЗВИТИЕ СТРОИТЕЛЬНОГО КОМПЛЕКСА КАК ФАКТОР РОСТА ЭКОНОМИКИ РЕГИОНА И МОДЕРНИЗАЦИИ НАРОДНОГО ХОЗЯЙСТВА СТРАНЫ

В условиях модернизации экономики важное место стоит уделить инвестиционно-строительному комплексу страны. Его эффективное функционирование благодаря мультипликативному эффекту обеспечивает гармоничное развитие другим отраслям, таким как машиностроение, химическая промышленность, автомобилестроение, электроэнергетика и так далее.

Доля вида экономической деятельности «Строительство» составляет 7% в ВВП страны (данные 2011-2013 гг.), в нем занято 7% экономически активного населения. [5]

На текущий момент эффективность строительного комплекса остается на низком уровне.

Обеспеченность жильем – один из важнейших показателей уровня качества жизни - составил в Российской Федерации в 2012 году 23,4 кв. м., приходящийся в среднем на одного жителя. Тогда как в развитых странах данный показатель составляет 50,6 в Дании, 40,1 в Германии; 37,5 во Франции. Это отражает низкую продуктивность строительного комплекса, поскольку обеспечение населения жильем является первостепенной задачей государства, закрепленной в 40 статье Конституции Российской Федерации. [4]

По данным министра регионального развития Санкт-Петербурга Игоря Николаевича Слюняева, наблюдается существенное снижение объемов производства строительных материалов с 2008 по 2012 гг.:

- Нерудные материалы – 4%;
- Стеновые материалы – 15%;
- Железобетон – 16%.[6]

Проведение мероприятий мирового масштаба (Форум АТЭС, Универсиада в Казани, Олимпиада в Сочи) не улучшило ситуацию в строительном комплексе, а скорее наоборот, обнажило существующие проблемы. Например, при проведении Форума АТЭС во Владивостоке, основные закупки цемента производились в Китайской Народной Республике.

Стоит заметить, что закупка материалов за рубежом вызвана не только недостатком российских производственных мощностей, но и низким качеством и высокой себестоимостью российской продукции.

Вместо развития новых строительных производств, возникли локальные монополии, которые резко увеличили цены на строительные материалы и работы.

Согласно статистическому сборнику «Строительство в России» за 2013 год, основными проблемами, ограничивающими производственную деятельность строительных организаций, были следующие:

1. Высокий уровень налогов (42%);
2. Конкуренция со стороны других строительных фирм (28%);
3. Неплатежеспособность заказчиков (27%)
4. Высокая стоимость материалов, конструкций, изделий (25%);
5. Недостаток квалифицированных рабочих (21%);
6. Недостаток заказов на работы (17%);
7. Высокий процент коммерческого кредита (14%);
8. Погодные условия (12%). [3]

Таким образом, из вышеназванных проблем следует, что самостоятельное развитие инвестиционно-строительного комплекса неэффективно и нуждается в коррекции со стороны государства.

Однако это не означает, что государство должно заняться прямым субсидированием отдельных компаний. Скорее наоборот, оно должно применять рыночные механизмы, способствующие интеграции и консолидации рыночных контрагентов.

Примерами таких механизмов могут быть следующие:

1. Налоговое стимулирование и эффективные механизмы налогового планирования;
2. Стимулирование инноваций в строительном комплексе, развитие современных технологий в отрасли строительных материалов.
3. Проведение целевых программ модернизации строительного комплекса и перевооружения.
4. Предоставление земельных участков;
5. Улучшения в области амортизационной политики;
6. Проекты государственно-частного партнерства;

7. Создание благоприятных условий для долгосрочных заимствований.[1,2]

Однако государственные меры не есть единственно верный путь для эффективного функционирования строительного комплекса. Прежде всего компании должны сформировать долгосрочную стратегию развития и придерживаться её при принятии оперативных решений.

Учитывая специфику функционирования строительной отрасли, одним из возможных вариантов решения проблем ИСК может выступать процесс консолидации и интеграции в строительной отрасли. Продуктом такой консолидации может являться инвестиционно-строительный холдинг.

Инвестиционно-строительный холдинг как форма собственности и организационная структура бизнеса получили большое распространение в строительной отрасли.

По данным Бюллетеня недвижимости со ссылкой на строительный комитет Администрации Санкт-Петербурга в 2009 году на долю крупных застройщиков приходилось всего 40% первичного рынка, в 2012 году этот показатель составил уже 70%.

Зачастую экономисты под терминами консолидации и интеграции понимают прямую угрозу конкуренции. Однако в данной работе хотелось бы отметить, что для строительной отрасли интеграция и консолидация ведут именно к росту конкуренции.

Такое влияние обусловлено в первую очередь следующими факторами:

- Строительство является материалоемкой отраслью (материальные затраты составляют свыше 50% общих затрат);
- Длительный операционный цикл;
- Сложность и комплексность продукции – требует вовлечения множества контрагентов из различных отраслей.

В рамках строительного холдинга удельный вес материальных затрат можно снизить за счет комплексного использования лицензий на добычу строительных материалов, которые могут требоваться различным предприятиям группы, что не влечет за собой увеличения затрат на добычу дополнительных ресурсов.

Длительность операционного цикла требует дополнительных затрат на финансирование текущей деятельности. Крупной компании, как правило, легче привлечь заемное финансирование как на рынке банковского кредита, так и среди покупателей в случае долевого строительства. Также значительный размер собственного капитала обеспечивает большие возможности с точки зрения финансирования крупных и долгосрочных проектов.

Сложность и комплексность продукции строительного комплекса означает согласованное взаимодействие различных участников процесса строительства: проектной организации, подрядчиков различных видов строительных работ (геодезические работы, земляные работы, монтаж сборных конструкций, устройство внутренних инженерных систем и так далее). [7]

Строительный холдинг обеспечивает большую управляемость и согласованность действий всех участников процесса, поскольку управление может осуществляться из единого центра. А также каждый из участников заинтересован в общем успехе проекта.

Инвестиционно-строительный холдинг – это вид корпорации, где вертикальная интеграция способствует более эффективному функционированию за счет мощного синергетического эффекта. Источниками данного эффекта являются снижение различных видов трансакционных издержек:

- издержек времени на поиск контрагента нужной квалификации;

- издержек управления, поскольку при вертикальной интеграции менеджмент способен установить единые стандарты управления в каждой компании, что способствует получению своевременной и единообразной информации для принятия управленческих решений;

- издержек, возникающих при исполнении принятых решений – управление из единого центра помогает подчинить задачи каждой отдельной компании задачам проекта, клиента и т.д.;

- издержек финансирования, что достигается за счет получения кредитов по более низкой ставке, большему объему финансирования, так как холдинг обладает более широкой базой для обеспечения кредита (здания, сооружения, машины и оборудование). В некоторых случаях возможен выпуск корпоративных облигаций или выход на IPO, на международные рынки.

Таким образом, интеграция мелких разрозненных предприятий в единый строительный холдинг обеспечит более эффективное функционирование отрасли за счет экономии на трансакционных издержках и единого центра управления. Это позволит реализовывать крупные, долгосрочные проекты в области строительства, включающие в себя комплексное освоение территории и развитие инфраструктуры. Такое развитие вызовет мультипликативный эффект на взаимосвязанные отрасли и позволит обеспечить экономический рост региона и народного хозяйства в целом.

Библиографический список

1. Щербина Г. Ф. Холдинги в строительной отрасли России: монография. [Текст]/ Г. Ф. Щербина; СПбГАСУ. - СПб., 2010
2. Щербина Г. Ф. Системная методология управления строительным холдингом: монография. [Текст]/ Г. Ф. Щербина; Изд-во Политехн. Ун-та - СПб., 2011
3. Статистический сборник «Строительство в России» за 2013 год. - [Электронный ресурс]URL:http://www.gks.ru/bgd/regl/b12_46/Main.htm
4. Статистический справочник «Россия 2013», Москва 2013. [Электронный ресурс] - URL: http://www.gks.ru/free_doc/doc_2013/rus13.pdf
5. www.gks.ru - официальный сайт Федеральной службы государственной статистики
6. Выступление министра регионального развития РФ Игоря Николаевича Слюняева на заседании президиума Коллегии Минрегиона России 26 июля 2013 года в г.Санкт-Петербурге- [Электронный ресурс]. Дата обновления – 05.08.2012. Игорь Слюняев. Проблемы развития строительного комплекса России] –URL:http://rossiyanavsegda.ru/read/1171/
7. ООО Консультационный центр «Эксперт» [Электронный ресурс] – URL: http://www.ikcexpert.ru/cpo/building

Нещерет А.К. - к.э.н., проф., заведующий кафедрой экономической
теории и прикладной экономики
ФГБОУ ВПО СЗИУ РАНХиГС, neshcheret@szags.ru
Шматко Ан.Д. - к.э.н., ст. преп. кафедры экономической теории и
прикладной экономики ФГБОУ ВПО СЗИУ РАНХиГС, shmatko@szags.ru

РЕГИОНАЛЬНАЯ КЛАСТЕРИЗАЦИЯ НА БАЗЕ ВУЗОВ

В развитых странах 80 % всех научно-технических разработок осваиваются малыми инновационными предприятиями. В России численность малых инновационных предприятий, действующих в приоритетных направлениях развития науки и технологий, составляет порядка 2 тыс., при этом только около половины из них имеют успешный опыт коммерциализации научных разработок. Используя технопарки в качестве мезокластерной структуры целесообразно ориентироваться на их разновидности с учетом специфики регионов [1] (табл. 1).

Активизировать деятельность малых инновационных предприятий призваны технопарки и бизнес-инкубаторы, а также венчурные фонды. Первые технопарки в России были организованы в 1990 г. в Томске, Москве, Санкт-Петербурге, Саратове, Уфе и других городах страны. Все эти технопарки, вскоре объединившиеся в Ассоциацию «Технопарк», создавались вузами при участии академических и отраслевых НИИ и КБ, предприятий и органов власти.

Одновременно с этим создавались технопарки, ядром которых выступали крупные промышленные предприятия. Технопарки здесь возникали в качестве кластеров малых и средних компаний, использующих инфраструктуру основного предприятия и выступающих поставщиками и подрядчиками. Отмечено, что наибольших успехов в кластеризации добились предприятия машиностроения (Уралмашзавод, Мотовилихинские заводы, КамАЗ, АвтоВАЗ).

Таблица 1

Типология технопарков

Виды	Основные функции	Тип региона
Инновационный технопарк	Разработка совместно с органами власти инновационных программ для региона; разработка инновационных идей и проектов; подготовка специалистов в области инновационной деятельности.	Обладает достаточными производственными и финансовыми ресурсами для самостоятельного создания инновационной продукции и ее коммерциализации.

Маркетинговый технопарк	Сертификация, патентование и продвижение инновационного продукта; поддержка в процессе коммерциализации новшеств.	Преобладают структуры, генерирующие инновационные идеи, и способные создавать образцы готовой инновационной продукции.
Инвестиционный технопарк	Финансирование этапов инновационных проектов; поиск источников финансирования инноваций; помощь в разработке инвестиционных проектов.	Преобладают научные и производственные структуры, а также самостоятельные творческие коллективы.
Производст-венный технопарк	Проведение опытно-конструкторских работ, создание опытных образцов инновационной продукции.	Преобладают субъекты инновационной деятельности, не имеющие опытно-производственной базы.
Распределенный (виртуальный) технопарк	Организация информационного взаимодействия и координация всех участников инновационного процесса в регионе.	Обладает существенными распределенными инновационными ресурсами, которые могут быть интегрированы в единую инновационную инфраструктуру.
Комплексный технопарк	Реализация всего инновационного цикла.	Регион с плохо развитым инновационным потенциалом.

Технопарк — организация, основная деятельность которой непосредственно связана с разработкой и реализацией инновационных проектов или их отдельных этапов. Основной задачей технопарка является коммерциализация новшеств. Технопарк выявляет перспективные разработки и в процессе их коммерциализации оказывает ученым, новаторам, изобретателям финансовую, юридическую, материально-техническую, консалтинговую и информационную поддержку. Технопарк не занимается организацией массового производства, а лишь доводит идею до стадии создания опытного образца нового продукта либо апробации новой технологии. Технопарки типологически различны, выбор типа технопарка обусловлен спецификой регионального развития.

Обобщая основные формы и направления взаимодействия образования, бизнеса и науки на основе вузов, можно высказать предположение, что интеграционные процессы актуализируют потребность образовательных учреждений:

- в управленческих инновациях и изменениях организационной структуры;
- в усилении контроля качества образования со стороны работодателя (как на «входе», так и на «выходе»);
- в сотрудничестве с заинтересованными сторонами в области обеспечения качества образования — как на внутривузовском уровне (посредством участия в учебном процессе), так и на уровне внешней экспертизы (посредством организации ассоциаций, оценивающих готовность выпускников вуза к профессии). Определенной синтезирующей идеей объединения разнообразных форм взаимодействия является идея исследовательского университета, который является центром инновационного технологического развития промышленности и социальной сферы, важнейшим субъектом управления регионального, а иногда и национального масштаба. Исследовательский университет — это в определенной мере идеал, к которому начинают стремиться передовые вузы.

Интегративные формы взаимодействия образования позволяют сформировать «кластер» - сообщество организаций, тесно связанных отраслей, взаимно дополняющих друг друга и способствующих росту устойчивости за счет синергетики информационного обмена. Для всей экономики региона кластеры выполняют роль точек роста внутреннего рынка. Вслед за первым зачастую образуются новые кластеры, и конкурентоспособность региона в целом увеличивается. Она держится именно на сильных позициях отдельных кластеров, тогда как вне их даже развитая экономика может давать только посредственные результаты.

Литература:

1. Шматко, Ан.Д. Перспективы реализации кластерной политики в целях инновационного развития экономики регионов России / Ан.Д. Шматко, В.С. Кудряшов // Власть и управление в современном мире. Мат. межд. междисц. аспир. конф. в рамках X Межд. форума «Государственная власть и местное самоуправление в России: история и современность» / Сев.-Зап. ин-т. упр. – фил. РАНХиГС. СПб.: ИПЦ СЗИУ РАНХиГС. – 2012. – С. 186 – 190 (0,4 / 0,2 п.л.)

Михайлова И.А.
кандидат экономических наук, доцент,
зав. кафедрой банковского дела БГЭУ
Артемьева Н.А.
ассистент кафедры
банковского дела БГЭУ

АНАЛИЗ ТЕОРЕТИЧЕСКИХ И ПРАКТИЧЕСКИХ АСПЕКТОВ ФОРМИРОВАНИЯ УЧЕТНОЙ ПОЛИТИКИ

В настоящее время в Республике Беларусь проводится научное исследование теоретических аспектов и практики формирования учетной политики преимущественно в условиях банковской системы Республики Беларусь. Целью научного исследования является выявление проблем разработки учетной политики, а также обоснование направлений ее совершенствования. Для достижения поставленной цели были исследованы сущность, содержание и процессы разработки учетной политики, предложена система критериев для оценки ее качества.

Под учетной политикой мы понимаем *систему нормативных правовых документов, устанавливающих основополагающие и качественные принципы ведения учета и составления отчетности, а также методы оценки и способы учета объектов бухгалтерского учета и элементов отчетности в соответствии с определенными целями и задачами бухгалтерского учета и финансовой отчетности.* Предложенная нами трактовка учетной политики направлена на лучшее понимание категории «учетная политика». В данном определении акцент делается на два аспекта. Во-первых, мы трактуем учетную политику как упорядоченную совокупность принципов и методов ведения учета и составления отчетности, соответствующую целям и задачам бухгалтерского учета и финансовой отчетности, что не противоречит мнению, распространенному в экономической литературе. Во-вторых, мы включаем в определение учетной политики такие важнейшие ее характеристики как системный подход, законодательный (нормативный) статус, взаимосвязь бухгалтерского учета и отчетности.

Разработка нами понятия «учетная политика» стала теоретической основой исследования содержания и процесса формирования учетной политики. Для решения выявленных в процессе исследования теоретических и практических проблем [1, 2, 3] нами предложена систематизация элементов учетной политики в соответствии с этапами ее формирования, она представлена в таблице.

Таблица – Группировка элементов учетной политики в соответствии с этапами ее формирования

Этапы	Содержание учетной политики	
	Разделы учетной политики	Группы элементов
Организационный	(1) Основания учетной политики	(1.1) Органы, осуществляющие государственное регулирование бухгалтерского учета и отчетности
		(1.2) Цели учета и отчетности
		(1.3) Задачи учета и отчетности
Аналитический	(2) База учетной политики	(2.1) Совокупность объектов учета и элементов отчетности, их трактовки
		(2.3) Состав, структура и содержание бухгалтерской отчетности
		(2.2) Принципы ведения учета и формирования отчетности
Технологический	(3) Технологии учетного процесса	(3.1) Формы ведения и регистры бухгалтерского учета
		(3.2) Технологии обработки информации (документация, документооборот, контроль)
Практический	(4) Правила и альтернативы	(4.1) Совокупность способов, методов учета объектов учета и формирования элементов отчетности
		(4.2) Раскрытие учетной политики в финансовой отчетности

В качестве критериев систематизации использована выделенная нами последовательность влияния одних элементов учетной политики на другие.

Для выявления слабых мест учетной политики и выработки рекомендаций по ее совершенствованию необходима оценка качества учетной политики. Изучение научных работ и публикаций отечественных и зарубежных авторов по вопросу анализа качества учетной политики выявило, что, как правило, такая оценка осуществляется в целях налоговой оптимизации или с позиции влияния ее отдельных элементов на показатели бухгалтерского баланса, отчета о прибыли и убытках, а также на финансовые коэффициенты, характеризующие деятельность организации. За пределами научных исследований остались теоретические основы измерения и оценки качества учетной политики. По нашему мнению, центральное место в решении данной проблемы занимает выработка системы обоснованных позиций для оценки учетной политики –

критериев и показателей, характеризующих ее качество. При этом критерий – отражает качественную сторону оценки; показатели – количественно выражают какой-либо критерий.

Осмысление, обобщение и систематизация качественных характеристик учетной политики, рассмотренных в публикациях отечественных и зарубежных авторов, с учетом мнения специалистов банков Республики Беларусь позволили нам выделить следующие основные критерии качества учетной политики: 1) соответствие требованиям законодательства (регулирующих органов); 2) подчиненность единой цели; 3) выполнение возложенных на учет и отчетность задач; 4) структурированное, рациональное, подробное, непротиворечивое изложение всех аспектов учетного процесса. Методика применения данных критериев для оперативного анализа качества учетной политики банков изложена в наших публикациях [4,5]. Указанные критерии дают основу для оценки качества существующей учетной политики как отдельного банка, так и в сравнении с другими банками.

Итак, предложенная трактовка учетной политики направлена на лучшее понимание категории «учетная политика», она стала теоретической основой исследования содержания и процесса формирования учетной политики. Разработанные нами критерии качества учетной политики могут быть использованы в практической работе внутренних и внешних аудиторов, а также служить основой для разработки более детализированных методик оценки различных аспектов качества учетной политики.

Источники

1. Артемьева, Н.А., Михайлова, И.А. Учетная политика банков нуждается в оптимизации / Н.А. Артемьева, И.А. Михайлова // Финансы, учет, аудит. – 2009. - № 10.- стр. 18-21.

2. Артемьева, Н.А. Учетная политика банков Республики Беларусь: проблемы разработки / Н.А. Артемьева / Вестник Белорусского государственного экономического университета. – 2011. – № 5. – С. 97-102

3. Артемьева, Н.А. Анализ практики формирования учетной политики и бухгалтерской отчетности банков Республики Беларусь / Н.А. Артемьева Вестник Ассоциации белорусских банков. – 2012. – №5. – С.11-19

4. Артемьева, Н.А. Методика оценки качества учетной политики банков Республики Беларусь / Н.А.Артемьева, Бухгалтерский учет, анализ и аудит: история, современность, перспективы : сборник научных статей к 60-летию кафедры бухгалтерского учета, анализа и аудита в промышленности учетно-экономического факультета БГЭУ / Г.В. Савицкая [и др.]. Минск : БГАТУ, 2013. – С.13-19

5. Артемьева, Н.А. Критерии качества учетной политики банка / Н.А. Артемьева Банковский вестник. – 2013. – №22 (603). – С.47-53

Пиджаков А.Ю., Байрамов Ш. Б., Иванов И.А.

зав. кафедрой международного права, доктор юридических наук, доктор
исторических наук, профессор; доцент кафедры международного права,
кандидат юридических наук, доцент; студент; Санкт-Петербургский
государственный университет гражданской авиации, Россия

pidzhakov@list.ru

ПРАВОВОЕ РЕГУЛИРОВАНИЕ БОРЬБЫ С МЕЖДУНАРОДНЫМ ТЕРРОРИЗМОМ

Зло терроризма имеет давние исторические корни, но подлинный разгул терроризма начался со второй половины XX в., с ростом изощренности и античеловечности террористических актов. Современный политический терроризм предстает как доминантный фактор дестабилизации политической ситуации в ряде стран и регионов. Он во многом отличается от терроризма предшествующих периодов истории по степени массовости жертв, разрушительному воздействию на общество. Реальной стала опасность катастрофических последствий в результате возможности применения террористами оружия массового поражения и использования ими других достижений техногенной цивилизации.

Международный терроризм в последнее десятилетие превратился в одну из глобальных проблем современности, дестабилизирующих обстановку в мире. К началу XXI в. более чем в 70 государствах насчитывалось около тысячи групп и организаций использующих в своей деятельности методы террора. Терроризм и экстремизм все больше угрожают безопасности стран и их граждан, влекут за собой значительные политические, экономические и моральные последствия, оказывают сильное психологическое воздействие на население, уносят жизни многих людей. В последние годы происходит эскалация террористической деятельности. При этом расширяются ее масштабы, усложняется характер, возрастают численность и изощренность терактов, становятся более разнообразными их формы, объекты и цели [1,3].

Международный терроризм по своему содержанию и основным формам проявления представляет собой сложное социально-политическое явление. Его опасность возрастает особенно сильно в период отказа от войн как способа решения межгосударственных проблем, ввиду их опасности для жизни на Земле, возможности гибели всех стран даже в локальных войнах. В 2000 г. было совершено 423 международных террористических акта, что на 8% больше по сравнению с 1999 г. В течение года были убиты 405 и ранен 791 человек (по сравнению с 233 убитыми и 706 ранеными в 1999 г.) [1,3]. Сентябрь 2001 г. вошел в мировую историю беспрецедентной по чудовищности замысла и многочисленности жертв террористической акцией.

В рамках системы ООН разработаны 16 универсальных соглашений (13 соглашений и 3 протокола), направленных против международного терроризма и касающихся конкретных видов террористической деятельности. В сентябре 2006 г. государства-члены ООН приняли глобальную контртеррористическую стратегию.

Неопределенность и расширительное толкование термина «международный терроризм» явно просматриваются в определении, представленном в ООН Великобританией, согласно которому к международному терроризму могут быть отнесены «такие действия отдельных лиц или групп лиц, которые при любых обстоятельствах являются недопустимыми, например, если эти действия затрагивают невиновных лиц, то есть лиц, не имеющих отношения к цели политических актов» [2].

Достаточно распространенным является подход, определяющий данное понятие слишком узко. Примером этого является определение, представленное международному сообществу Венесуэлой: «Любая угроза насилия или акт насилия, подвергающие опасности жизнь невинных людей или вызывающие их гибель, или подвергающие риску основные свободы, совершаемые одним лицом или группой лиц на иностранной территории, в открытом море или на борту самолета, находящегося в полете в воздушном пространстве над открытым или свободным морями, в целях насаждения террора или достижения какой-либо политической цели» [2]. Несмотря на то что определение достаточно объемно, оно не включает существенного субъекта террористического действия, значительно влияющего на международное сообщество и межгосударственные отношения.

Действия международных террористов могут быть направлены против международных организаций и их представителей, иностранных государственных или международных органов или учреждений и (или) их персонала, а также против других государств, их национальных государственных органов или общественных учреждений, национальных, политических и общественных деятелей, рядовых граждан других стран, а также средств международного транспорта и связи, иных международных или иностранных объектов.

Целью отдельных террористических актов может быть провокация международных конфликтов, насильственное изменение или подрыв общественно-политического строя суверенных государств, дестабилизация и свержение их законных правительств, насильственное противодействие самоопределению народов, установление более выгодных условий для национальных и транснациональных корпораций путем устранения экономических конкурентов.

Среди различных видов международного терроризма наиболее высокой степенью общественной опасности характеризуется так называемый ОМУтерроризм, т.е. терроризм с применением оружия массового уничтожения. Огромная поражающая сила такого оружия при использовании его в террористических целях способна повлечь катастрофические последствия для любого государства. В отчете по Проекту 2020, подготовленном Национальным советом по разведке США и содержащем возможные сценарии развития мировых отношений до 2020 г., в разделе «Расползание опасности» отмечается «большая заинтересованность террористов в приобретении химического, биологического, радиологического и ядерного оружия», которая «повышает риск крупной террористической атаки с использованием ОМУ» [3].

Большую проблему в современных условиях представляет использование ядерных, химических, бактериологических компонентов и технологических особенностей объектов при совершении актов насилия террористического характера. Сравнительный анализ материалов зарубежных и отечественных изданий по рассматриваемой проблеме свидетельствует о том, что в нашей стране состояние научных исследований и практическое их приложение не адекватно степени опасности данной форме терроризма. К тому же до настоящего времени нет криминалистической характеристики подобным преступлениям, недостаточно разработаны меры их предупреждения и пресечения с учетом возможных вариантов действий террористов.

Если исследования в сфере ядерного оружия ведутся в нашей стране более 30 лет и в этой области, как справедливо отмечает академик РАН А. Г. Арбатов, российская наука выступает наравне с западной, а в некоторых направлениях и опережает ее, то в области биологического оружия и биотерроризма Россия пока серьезно отстает в части открытых многодисциплинарных научных изысканий [4,16].

Все более отчетливо проявляются тенденции использования средств массового поражения, применения передовых технологий или террористические действия против ядерных, химических, биологических и других особо опасных объектов. Следует отметить, что в качестве метода и средства террористического акта рассматривается не только оружие, но и сопоставимое по последствиям поражающее действие при разрушении атомных реакторов, хранилищ ядовитых и болезнотворных веществ (техногенный терроризм), а также вторжение в компьютерные сети для срыва управления крупными системами: транспортом, связью, энергетикой, финансами (кибертерроризм).

Литература:

1. Василенко, В. И. Международный терроризм в условиях глобального развития: Политологический анализ: Дисс ... док-ра полит. наук. – М., 2003.

2. Василенко В. И., Теслев В. Н. Международный терроризм как проявление глобальных противоречий //Глобализация: синергетический подход. – www. spkurdyumov. narod. ru.

3. Очертания будущего мира: Отчет по Проекту 2020 Национального совета по разведке (в переводе аналитического центра «Намакон») // http://www.namakon.ru/arlicles.php?list=0&id=134&p=l.

4. Противодействие биотерроризму: политические, технические и правовые аспекты /под ред. А. Арбатова; Моск. Центр Карнеги. – М.: РОССПЭН, 2008.

www.ingramcontent.com/pod-product-compliance
Lightning Source LLC
Chambersburg PA
CBHW071756200526
45167CB00017B/251